2016
中国室内设计论文集

中国建筑学会室内设计分会◎编

中国水利水电出版社
www.waterpub.com.cn
·北京·

内 容 提 要

本书为中国建筑学会室内设计分会 2016 年 CIID 第 25 届杭州年会论文集，全书共收集论文 46 篇，图文结合、内容丰富，包括空间与材料、民居装饰艺术、设计实践、传统设计文化传承、科学与艺术融合等各类主题。可供室内设计师以及室内设计、环艺设计、建筑设计等相关专业院校师生参考借鉴。

图书在版编目（ＣＩＰ）数据

2016中国室内设计论文集 / 中国建筑学会室内设计
分会编. -- 北京 ：中国水利水电出版社，2016.10
ISBN 978-7-5170-4834-3

Ⅰ. ①2… Ⅱ. ①中… Ⅲ. ①室内装饰设计－文集
Ⅳ. ①TU238-53

中国版本图书馆CIP数据核字(2016)第247205号

书　　名	2016 中国室内设计论文集 2016 ZHONGGUO SHINEI SHEJI LUNWENJI
作　　者	中国建筑学会室内设计分会　编
出版发行	中国水利水电出版社 （北京市海淀区玉渊潭南路 1 号 D 座　100038） 网址：www.waterpub.com.cn E-mail: sales@waterpub.com.cn 电话：（010）68367658（营销中心）
经　　售	北京科水图书销售中心（零售） 电话：（010）88383994、63202643、68545874 全国各地新华书店和相关出版物销售网点
排　　版	北京时代澄宇科技有限公司
印　　刷	北京嘉恒彩色印刷有限责任公司
规　　格	210mm×285mm　16 开本　12.5 印张　490 千字
版　　次	2016 年 10 月第 1 版　2016 年 10 月第 1 次印刷
印　　数	0001—1500 册
定　　价	50.00 元

目 录

陈设艺术设计的创新表达[*]

■ 范　伟¹　彭曲云²

■ 1　湖南师范大学美术学院　2　湖南科技职业学院

摘要　陈设艺术设计概念的解析能更好地明确其在设计活动中的作用及价值。本文围绕室内物质与非物质环境的复杂关系，提出"形意场"的体系来评价各陈设物件及其相互关系在设计上的优劣。在陈设设计宏观层面精确分类把握的基础上，将微观层面的创新方法归纳为六类"动"的思维方法，更为直观有效地将人的物质欲望与精神追求统一起来，推动陈设艺术设计中人在自我价值追求上的创新。

关键词　形意场　陈设艺术设计　创新精神

1　陈设艺术的解析

陈设从字面上看，可作动词，意为陈列、布置、摆设。如汉代应劭所著《风俗通·声音·琴》中有："然君子所常御者，琴最亲密，不离于身，非必陈设于宗庙乡党，非若钟鼓罗列于虚悬也。"陈设也可作名词，意为摆设的物件。如宋代孔平仲的《孔氏谈苑·王文正清德》中有："一日御宴，陈设鲜华，旦（王旦）顾视，意色不悦。"陈设相对应的英语词有 display 与 furnishings，前者有显示、展出、炫耀之意，从人的使用角度阐释陈设的主观目的；后者包含广泛，意指家具、设备、室内陈设、服饰等，强调从空间"供给、装备、布置"的功能角度解释陈设的客观目的。

其实，陈设产生之初就具有"供给"与"展示"的双重属性，为了供给保证功用，为了展示添加装饰。最早围绕衣食住行学劳乐而制作的物件都是为功用而生的，连吸引异性的装饰花束、记录的字画、纪念的物件等也都有着其独特的生活功效。当这些物件被用作特定空间摆放时，就成了陈设用品，人们也开始有了自觉的空间陈设意向，并逐渐积淀出丰厚的陈设文化，如明代的《长物志》就记载了多样的陈设用具及使用方式。^[1]

从空间上看，陈设动作可以作用于建筑物的实体本身与内外空间部分，陈设物可放置于室内外所有可展示的区域，呈现为固定状态与可移动状态；从内容上看，陈设涵盖了除建筑及构件外的所有与人活动相关的物象，包括家具、家用设备、灯具、织物、器皿、书籍、玩具等具有一定装饰作用的功能性陈设品，也包括雕塑、字画图片、纪念品、工艺品、观赏性山石、植物等纯粹装饰性陈设品。众多物件只有放在某一空间中被组织起来使用才能称之为陈设物，如果横七竖八、东倒西歪，好似仓库中随意放置的物品时，它们就失去了空间内在逻辑秩序的陈设功用，

也只能回归到该产品的最初身份。

"陈设"与"艺术"两词结合的出现，表明生活的摆设开始更具规律性、审美性、情感性和创造性，这使得陈设现象的主观个性表达更为强烈，更具有开拓性追求的生活理想。所以"陈设艺术"是特定空间中，自觉创造或组织各类空间形态^[2]来满足特定人群在物质与精神上高品质生活追求的艺术或实践，其通常具备因利而生的功用、因形而华的美感、因感而忆的回味、因时而动的新意。将"设计"一词分别与陈设或陈设艺术结合，两词含义是一致的，说明社会已发展到重视陈设空间塑造中的目的性、专业性与商业性的阶段。所以陈设（艺术）设计是围绕既定空间场所，服务目标人群，完美制造或组织各类功用性、装饰性空间形态来提升物质与精神生活品质的创造性活动。这包括了陈设品本身的制作与组织。

如果仅针对室内空间，室内陈设（艺术）设计是指围绕建筑内部空间环境，服务目标人群，有计划地制造或组织各类功用性、装饰性空间形态来规范、提升物质与精神生活品质的创造性活动。其中陈设品创新的目的是为了营造更加理想的艺术空间，而不是以制作产品为目标。在室内设计中有用"软装饰"一词指代"室内陈设艺术设计"的提法，虽然二者涵盖的内容接近，但概念使用上还是有差别的。首先陈设物件包括功能性与装饰性两类，强调空间中规范性的供给与展示属性，软装饰从字面上看仅有"装饰"特点；其次，"软装饰"是相对于室内墙地顶等"硬装饰"而言，陈设却没有相对比的词汇；最后，软硬是相对的概念，不少"软装饰"概念的定义也较为混乱，涵盖或大或小，有的以软质材料为特点、有的以物品的可移动性为特征，还有的以软文化及行为表达为方向等。^[3]虽然"软装饰"一词易于室内物件归类，以便大众通俗理解，但"室内陈设艺术设计"比"软装饰"更能精准地把握学术的专业特性，更具未来发展的包容性。

---

* 本文为 2014 湖南省教育厅优秀青年项目"空间语境下家具形态的创新研究"（批号 14B120）、2015 湖南省教育厅优秀青年项目"湖南传统家居陈设文化的承传和创新研究"（批号 15B100）的阶段性成果。

2 陈设艺术的创新

在物质条件极大丰富、精神生活极度多样化的今天，围绕特定空间的陈设要求，如何从众多产品中挑选、如何组织合适的产品、如何创造更完美的产品成为室内陈设设计创新的关键。这可从陈设形态创新角度来把握。

2.1 宏观系统下的精确性

每件被选作陈设的产品，都有其特有的造型、色彩、材质等形态要素，各要素均传递着或多或少的物质与非物质的信息。每个形态都有自己的场域，这个场域既有人的行为活动所赋予形态的领地范围，又有在人思维参与下视知觉所判断出的空间区域。这个场域是实体的"形"与虚体的"意"相互复合于空间"场"的有机整体，我们可以称之为"形意场"，其具有张力性、层次性、多义性、包容性的特点。[4]

在特定室内空间中，硬装系统下的地、墙、顶、梁柱和软装系统下的家具、设备、绿化、灯具、陈饰、视传信息等共同构成完整的物质存在环境。这些汇聚在一起的形态又构成复杂多样的非物质环境，形成地域场、经济场、美观场、技艺场、功用场、情趣场、伦理场、民俗场等八个"意义"方向上的感知判断，并带动了人的情感走向。室内陈设艺术设计需要精准地宏观调配物质层面各个要素与非物质层面的各个场域，历史上各时期的物质与非物质环境规范化形成了室内各具特色的风格样式，如中国风、欧式古典、美式田园等。

社会的不断进步促使人总是在有意无意地改变着空间，人将众多静态瞬间感受串联为动态印象。如用八个"意场"动态考察各物质形态变化的优劣关系，可让设计者与消费者共同评价陈设形态设计的成败，并用"形意场"的交错平衡来化解矛盾。室内设计可从主体立意时就整体考虑陈设间的协调性，如以特色的火锅餐饮来全盘构思空间内的桌椅、餐具、灯具、墙面装饰等陈饰物，为特定就餐人群营造出独特的饮食文化（图1）。再如以"至善"为主题的教学楼大厅改造中，类似算盘珠的陈设隔断，正反两面都形成了"善"字意象，强调为善要真，不可虚假。"孔子"式样的手形雕塑相合后的中空部分如水滴，代表为善须点滴做起，才有积善成德的成果（图2）。

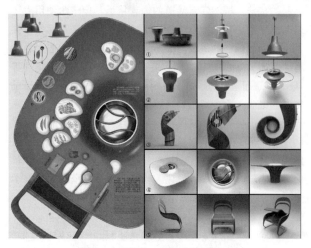

图1 室内物件一体化的陈设构思

图2 整体构思下寓意深刻的陈设配置

2.2 微观系统下的概括性

借助"动"的构思来把握过去、现在、未来的陈设样式，可以突破常态的固定思维表达由于人的情感可赋予"陈设形态"多样的创新思考，也使得陈设形态获得多样的被"动"的状态。"变"既是目的，也是过程，更是人类所有身心动作状态的概括。为此，宏观控制下的复杂变化可以在"动"的思维上归为六大类动态表达方向，[5]具体如下：

（1）"仿"的模拟式创新。这是以自然物或人造物为仿制对象，制作形式具象或意向化陈设产品的艺术活动。"仿"是人类获取创新信息的主要方式，"仿"既可是静态，也可是动态，甚至可以是对运动物质的瞬间模仿。如模仿具有慧眼开光意向的佛眼灯设计，适合安静禅意的空间（图3）。

图3 具有禅学意味的灯具表现

（2）"换"的置换式创新。这是形态自身或形态间置换相应的组成要素或全部要素，形成脱离原陈设产品样式的艺术活动，具有发散式联想的思维特点。视觉形态元素累积越丰富，可产生置换的符号样式的数量便越多，这促使了陈设创新以系列化产品的形式推陈出新。

（3）"调"的渐变式创新。这是通过物理机械或化合处理的设计方式改变原陈设方式或形态，产生相应变化特点的艺术活动。"调"往往通过渐进式的动态处理，对整体或局部施加动作来获得独特陈设形态，包括挤拉、按压、扭曲、撕扯、捆绑、喷溅等常见物理性质的动作与烧、煮、腐蚀等非机械性质的动作。当然，同一动态手法的使用因人而异，又会产生不同的视觉效果。

（4）"化"的形变式创新。这是在差异化事物形态间寻找联系点，并在形态的转变过程中确定陈设形态方向的艺术活动。"调"的结果或多或少地保留有最初形态的痕迹，而"化"出的最终形态则完全看不出事物创新的起点。"化"是一种在"调"的量变中获得形态质变的创新。如中国古代的《匡几图》正是以"化"的思维，使可收纳为一体的方盒组件转化为相互拼接的搁物架。

（5）"饰"的装饰式创新。这是以绘制、雕刻等方式将具有美化意味的形、色、质的内容融入到形态设计中的艺术活动。"饰"可以是表面化的形象装饰，也可以是肌理般的众多形态堆积。如整张弯折铁板上做了起伏的装饰镂空细节，视觉简洁大气中不乏细腻（图4）。

（6）"合"的组合式创新。这是将陈设在功能、材料、色彩、样式等方面的因素综合起来思考的艺术活动，其在思维上呈现集中式联想特点。如明代的《蝶几图》就是典型的多功能复"合"的家具设计样式。

可以说，上述陈设艺术创新的六类动态表达方式是微观创新层面的概括性思考，贯穿于人类思维创新意识的各个构思环节中，对物象动态改变的痕迹也会轻重不一。

结语

由于每个有限的生命体总是在社会空间中需找自身的定位与价值，彰显出文化与情感的陈设艺术空间正好满足

图4 简洁造型上的细微装饰表现

各类人群的差异化需求。[6] 所以除了物质功能的多样展现，陈设艺术设计更体现为精神生活上的创新。在亲身感受陈设实体带来心灵共鸣的基础上，人们借助图片、网络、甚至虚拟化体验等来比较和判断历史累积出的多样陈设空间体验，精神的价值追求也在不断地尝试与更新。在精英文化与大众文化交融并行的网络时代，"形意场"下的陈设艺术设计思维创新可以超越过去陈设艺术的常态模式，在风格的继承中不断演变，从而突破时空约束，获得身心状态的多样平衡。

参考文献

[1]［明］文震亨.长物志.汪有源，胡天寿，译注.重庆：重庆出版社，2009.

[2]范伟，彭曲云.形态创新的空间表达.家具与室内装饰，2012（4）.

[3]陈健.论发展中的室内文化体系——软装饰.同济大学学报，2007（6）.

[4]范伟.室内主题语境下陈设形态的创新探究·2014中国室内设计论文集.中国建筑学会室内设计分会编.北京：中国水利水电出版社，2014.

[5]范伟，彭曲云.家具形态设计的"动态"表达.装饰，2013（1）.

[6]［德］基德黑尔格·弗格尔.移动性：艺术和建筑中的第四维度.吴笑韬，李丽红，译.刘成纪，校.郑州大学学报，2007（3）.

"设计师酒店"的设计战略探析

■ 任永刚　王菲儿
■ 北方工业大学

摘要　随着历史的变迁和社会的不断进步，高速发展的旅游业大大刺激了酒店业的迅猛发展，人们生活质量的提高对消费产品提出了更高的要求，更加注重多元化、个性化、精品化以及情感体验，酒店市场为了提升竞争力开始不断寻求新的酒店经营模式。近年来，设计师酒店在全球范围内兴起，沉重打击了标准化的传统酒店模式，将设计师的原创设计和酒店文化理念作为了营销卖点。设计的作用日益显著，设计作为一种战略、一种创新、一种竞争力逐渐渗透到酒店的经营模式中来。本文试图在设计战略的角度上，从品牌、文化、创新和竞争等设计要素来展开设计师酒店的设计战略探析。

关键词　设计师酒店　设计战略　塑造策略

1　概述

随着各国经济的快速发展和全球一体化进程的加快，人们生活质量水平日渐提高，旅游成为人们生活中休闲放松的一部分。大众消费观念随着旅游业市场的繁荣发生了巨大的改变，而酒店最初的住宿功能已经远远满足不了大众的需求，人们开始注重追求精神层面的品质要求。随着体验经济的到来，大众消费朝着多样化和个性化层面发展，人们的体验需求越发强烈，传统住宿功能的酒店显得黯然失色，人们开始对标准无差异的酒店产品产生厌倦的心理，这为设计师酒店的出现创造了有利的市场空间。

"设计师酒店"又称设计酒店或设计型酒店，是酒店行业里一个全新的概念，业内对它的定义是：采用专业、系统、创新的设计手法和理念进行前卫设计的酒店，是酒店产品的特殊形态，实际上是在酒店消费群细分情况下出现的高级阶段产品，是设计文化和酒店文化高度融合的社会人文现象，具有独一无二的原创性主题，且不受酒店类型、规模和档次的局限，与传统标准型酒店或连锁型酒店都不同。[❶] 设计师酒店始于 20 世纪 80 年代中期，由世界著名设计师菲利普·斯达克设计的纽约派拉蒙酒店，开创了"设计师酒店"的新篇章。菲利普·斯达克对酒店做了整体而全面的设计，无论从酒店的大堂还是到客房的牙刷，他都亲自操刀设计，空间中的每一件物品都像是艺术珍品一样。这种艺术化的酒店形式很快受到业界的追捧和效仿，建筑、室内、产品等多个领域的设计师参与到设计师酒店的项目中，不同类型的设计师酒店相继在国外经营起来，形成了酒店业的潮流。国外的设计师酒店注重设计与文化艺术相结合，从酒店的整体风格到细微的空间物品无不体现着设计师的设计理念，比如美国 Loft 523 Hotel 体现了建筑师 Frank Lloyd Wright 的"有机建筑"的设计理念。另外，一些有历史的品牌酒店也通过设计师的设计有了新面貌，如 1911 年英国 Art House Hotel 改建成博物馆式的设计师酒店。设计的浪潮席卷整个酒店业，不同类型的酒店开始意识到设计的重要性，纷纷向设计师酒店转型，设计师酒店已经成为了一种城市文化的地标。

2　"设计师酒店"的价值性战略要素分析

2.1　设计战略的含义

设计战略顾名思义，即设计和战略，是企业在充满挑战和竞争的市场环境下，对自身产品的开发和未来发展的设计谋划。清华大学美术学院著名学者蔡军教授认为：设计战略是在符合和保证实现企业使命的条件下，确定企业的设计开发与市场环境的关系，确定企业的设计开发方向和设计竞争对策，确定设计中体现的企业文化原则，根据企业总体的战略目标，制定和选择实现目标的设计开发计划和行动方案。[❷]

2.2　设计战略中的各要素分析

2.2.1　品牌战略

品牌的载体是产品，一个好的产品获得了消费者好评的口碑，无疑就树立了品牌的形象，品牌就好比产品的身份 ID，代表着产品的质量和特色。在信息透明化的今天，品牌战略的持续变革已成为众多企业走向商业成功的关键，缺乏品牌战略设计的企业，必将面临被市场所淘汰的高风险。因此，品牌对于企业有着重要的商业价值，也关系到企业本身的市场地位。酒店的品牌战略也是如此，如桔子酒店为了迎合各个阶层消费群体的需求，打造了低、中、高三个级别的酒店品牌，分别是：桔子酒店、桔子酒店·精选、桔子水晶酒店。为了达到酒店品牌文化上的大一统和延续性，桔子酒店在设计它们的标识上可谓是下足了功夫，尤其在"桔子"二字上面。他们为了使设计具有新颖的品牌特征，不惜成本的大量投入，先后从 LOGO 和标识文字上花费了巨大人力和财力。先谈谈它的品牌缘由，

❶　龙健. 国外设计型酒店初探［J］. 城市建筑，2011（4）.

❷　蔡军. 设计战略研究［J］装饰，2002.

为了让"桔子"二字富有故事性，最初建设酒店时候就策划了一个非常有趣的故事：它的品牌创作灵感来自于美国加州的桔子郡，酒店的创始人吴海在这个郡入住了一户私人酒店，酒店的氛围带给他一种极其有趣味性、温馨优雅富有个性化的体验模式，在那之后，吴海被这种非常有创意的体验模式深深打动，后来他亲自策划打造出了富有个性化体验模式的酒店——桔子酒店。虽然这个故事没有得到创始人吴海的亲口确认，但是在各大互联网中已经被广泛传播。这个偶然的故事就带来了品牌战略的思维模式，创造出了"桔子"的最初形象，并在后来衍生成国际化的酒店品牌象征。

2.2.2 文化战略

酒店的文化象征和特点决定了顾客对于评价一个酒店是否具有品质的关键因素。它的文化内涵不仅仅体现在物质需求方面，精神财富的积累也同等重要。尤其是设计师酒店，顾客们更是围绕酒店主题的文化展开选择体验，因为设计师酒店的创造就是给顾客们带来独特的居所，以满足最大的精神需求，排斥同样性。文化的高级层次不仅仅是单纯地体现出它的区域差异化、民族化和都市化的财富。设计师酒店打造出独到的故事性，目的是为了实现出更好的居住、视觉审美、和大脑可记忆化的结合。这种文化是建立于功能基础之上的，要高于一般的精神享受，但还不能分离开功能之外。通常来讲，设计师酒店也可以称之为"主题"酒店，是酒店的策划者精心打造出具有意义的而且富有趣味性的一个

主题，通过这样的主题自然的体现出酒店的装饰特色和人文内涵，还有相关的地域性文化，以此让顾客在享受着异域风格的居住乐趣同时可以品位着酒店的文化魅力。

2.2.3 创新战略

品牌战略的创新必须全方位进行品牌设计，并提出全方位卖点的品牌观，其核心思想就是要更加善于利用消费者的感官力来营销推广品牌以最终实现品牌产品与消费者之间的情感互动。从消费者行为学的角度上看，品牌战略创新就是要使消费者在消费的全过程中得到视觉、听觉、嗅觉、触觉、味觉的全方位体验与升华，以满足情感上的需要。桔子酒店的创新是从一种如何表现自我情感绽放的情怀中切入的。无线网络设备遍及全酒店，所有的客房都配备了液晶电视机，私人定制化的娱乐节目或国际电视频道，每一家桔子酒店都有着不同主题的大堂（图1）。桔子酒店创新的是追求时尚而非奢侈，是建立在舒适居住环境下的高情感文化氛围。

设计师酒店的个性化服务也成为了桔子酒店的创新战略，桔子水晶酒店的客房设施已经超过了绝大部分国际五星级酒店标准，配备了飞利浦42寸液晶彩电、高品质的科勒卫浴、iphone和ipad均可以与电视以及客房高端音响系统相连接。酒店客房为了顾客高品质的住宿体验，还配有智能灯光控制和隔音系统的设计。另外，桔子酒店还提供定制服务，提供支持开门音乐点播功能，客人可以根据自我需求来定制属于自己的客房音乐（图2）。

图1 不同主题大堂的桔子酒店

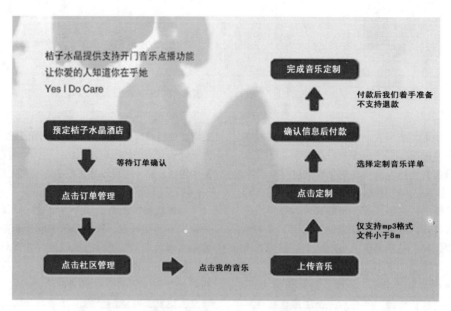

图 2　桔子酒店开门音乐定制服务

2.2.4　竞争战略

美国的战略管理学家杰伊·巴尼曾经研究表明：任何一个行业或者品牌的竞争优势，都会体现在它的优质品质和创新的角度，这几个优势结合会响应顾客的满意程度。而"桔子酒店"成功的案例表明，设计师酒店通过极其富有内涵的主题故事作为竞争的优势，赢得了客观的商业价值和客户价值，从而在激烈的市场竞争中脱颖而出。设计师酒店的竞争优势通过独特设计感的酒店空间以及非常卓越的服务品质、创新、管理能力、品牌内涵，集中有效的包揽了客户，在市场中获得了不可动摇的位置。

桔子酒店通过努力的打造自己视觉和装饰的品牌，从而使设计成为了核心竞争力，每一家桔子酒店的设计风格都不相同。另外，桔子酒店比较注重细节创新，比如每个桔子的大堂都会有一个独创的前台，顾客在此可以任意的放置行李物品，任意的拿取；每逢节假日，桔子会送给客户们倾心打造的主题毛绒玩具；桔子独有的宣传片——"十二星座"微电影，每一步的片头都会出现圆滑饱满的大桔子，完全与"桔子"的品牌象征高度契合。它的竞争优势无形中会被这些因素运用于日常的营销和服务中，潜移默化的感染着客户的反响，把桔子的品牌印象深深的印入脑海里。此外，桔子酒店推出的三款针对不同层次客户的酒店品牌，面向更广泛的消费群体，这种差异化的酒店品牌模式以及高性价比的酒店服务成为了桔子酒店最有效的竞争力。

结语

本文站在设计战略的角度，首先明确了设计战略的含义，其次从影响设计战略的各要素出发，分析了设计师酒店的品牌、文化、创新、竞争战略，结合桔子酒店经典案例，探析设计师酒店差异化的经营战略。通过对设计师酒店相关理论的整理归纳，结合国内外经典设计师酒店案例

图 3　土耳其 Mama Shelter 波普酒店

图4 香港 J Plus 酒店时尚个性的陈设家具的视觉效果

（图3、图4），对设计师酒店进行了初步的探析。通过对设计师酒店的相关理论研究，以设计为突破口，对设计师酒店的设计战略和设计策略做出了研究，设计师酒店不同于其他传统酒店，在酒店空间设计上相对复杂，需要考虑到社会环境、地域特色、消费文化等因素，在结合多种空间艺术和情感文化的表现手法外，巧妙合理的运用空间的塑造要素即空间形态、色彩、灯光、材质、陈设家具等方面来创造一个富有价值和魅力的酒店空间。

参考文献

［1］蒋正扬. 中国设计酒店的特点和趋势［J］. 家具与室内装饰，2010.7.
［2］董万里. 室内环境设计［M］. 重庆：重庆大学出版社，2002.
［3］刘娅."设计酒店"的文化特征［J］. 现代装饰，2011（12）.
［4］龙健. 国外设计型酒店初探［J］. 城市建筑，2011（4）.
［5］王奕. 酒店与酒店设计［M］. 北京：中国水利水电出版社，2006.
［6］孙佳成. 酒店设计与策划［M］. 北京：中国建筑工业出版社，2010.
［7］胡亮，沈征. 酒店设计与布局［M］. 北京：清华大学出版社，2013.
［8］刘曦卉. 设计管理［M］. 北京：北京大学出版社，2015.
［9］张道真. 国内酒店设计中若干实际问题的探讨［J］. 深圳大学学报，1999.
［10］设计酒店的前世今生［J］. 室内设计与装修，2009.
［11］王琼. 酒店设计的地域性和文化性［J］. 室内设计与装修，2002（6）.
［12］黄翠芬. 室内设计的色彩应用［J］. 广东建筑装饰，2004（3）.
［13］王玲. 浅析环境艺术设计中的情感空间设计［J］. 硅谷，2012（1）.
［14］埃莉诺·柯蒂斯. 酒店室内设计［M］. 大连：大连理工大学出版社，2004.
［15］牛虎兵. 关于设计酒店的思考［J］. 青岛酒店管理职业技术学院学报，2010（1）.
［16］张宇. 菲利普·斯达克与设计酒店［J］. 建筑创作，2010（1）.
［17］郑曙旸. 室内设计思维与方法［M］. 北京：中国建筑工业出版社，2003.
［18］崔笑声. 消费文化·室内设计［M］. 北京：中国水利水电出版社，2008.
［19］张琳. 酒店设计与酒店设计师［M］. 大连：大连理工大学出版社，2002.
［20］常怀生. 环境心理学与室内设计［M］. 北京：中国建筑工业出版社，2000.
［21］蔡军. 设计战略研究［J］. 装饰，2002.

羌族民居室内环境营造的特征

■ 陈依婷　李瑞君

■ 北京服装学院艺术设计学院

摘要　羌族民居根据其形式和用材大致可以归纳为石碉楼、碉巢、石砌民居、土屋、板屋五种样式。石砌民居、土屋、板屋虽然在用材上不同，但在建筑形式和内部格局上基本一样，基本都遵循着羌族传统样式，但又各有各的特点。尽管内部空间的组合各不相同，但有一个空间是所有民居中必然存在的，就是主屋。主室布置和陈设丰富庄重，其他房间自由随意，但神位、中心柱、火塘是每家主屋中必不可少的元素。经过长期的发展，羌族民居建筑在室内空间营造上形成了独有的风格。

关键词　聚居文化　羌族民居　影响因素　室内环境特征

任何一种聚落和民居都有其独特的地方，承载着该民族的历史和传统家庭形态，羌族聚落和民居自然也有其与众不同的特点和建筑文化。本文从微观的角度，探讨羌族民居室内环境营造的特征、住居方式与文化特色。

1　影响羌族民居室内环境营造的因素

人类文化的发展是一个不断适应自然环境和社会环境的过程，在适应的过程中，首先应该是对大自然的适应。生活在不同环境中的人们，在适应自然环境的过程中逐渐建立起自身的文化体系、生活习俗和住居环境。

在羌人眼中，万物皆有灵，他们崇拜天地、崇拜山林、崇拜先祖、崇拜万仙。他们把崇拜之物奉为神，因此出现了最具代表性的白石神、火神、角角神与中柱神。

白石神是羌人的最高天神，羌人堆砌白石于建筑最高处以镇宅庇护、保卫族人；羌人也崇拜火，视烈焰为太阳的力量，主室中的火塘便是这一精神的物质载体；角角神位于主室四角中的最重要的一隅，用于供奉各路神仙及家中先祖；中柱神便是羌人的一屋之魂——中心柱，他们将中柱视作维护宗族与家庭凝聚力的永恒力量，对其如神一般敬畏，平日里即便是小孩都不得触摸，若有人病痛则被认为是触犯了中柱神的后果。这种精神寄托有如古时对待帐幕中的立柱一般，是心灵支柱，是一家之魂。由此我们不难看出，主室中的中心柱便是把恋祖情节缠系其上，为古时候北方游牧时期所用帐幕中心柱的遗制。

这些文化习俗和宗教信仰对羌族民居的室内环境营造产生了巨大的影响。

2　羌族民居建筑

现今居住在我国境内各地区的羌族，唯属岷江上游地区保持了自远古以来最纯正的羌人古风。那里民风古朴，存留有数量可观匠心独运的古羌寨和民居，因此，成为大量羌族建筑、历史、文化研究者的必去参观考察之地。

笔者利用假期到桃坪羌寨等地对民居进行走访调查，近距离感受羌人的住居和生活。羌族民居根据其形式和用材大致可以归纳为石碉楼、碉巢、石砌民居、土屋、板屋五种样式，占地面积都不大，一般在 50～90 平方米左右，用石材、黄泥、木材等可以就地取材的材料建造而成（图1）。

图1　石材、黄泥和木材营建而成的羌居

碉楼是羌族村寨中最具特色的建筑，是羌族人独创的一种特殊的建筑形式与空间形态。碉楼不仅具有防御和瞭望的功能，还是羌寨的中心点和标志性建筑。碉楼的建筑形态和空间特征非常明显，一般在一座碉楼下必然紧连着住房，与民居内部相通。碉巢与碉楼有一定的区别，碉楼的功能比较单一，而碉巢是一种碉楼与石砌民居结合在一起的建筑形式，因此碉巢又可称为碉楼民居。这种方式，既增加了室内的空间面积，又从空间组合、结构、材料和功能方面与民居彻底融为一体，是一种住居与防御的完美结合（图2）。石砌民居、土屋、板屋虽然在用材上不同，但在建筑形式和内部格局上基本一样，基本都遵循着羌族传统样式，但又各有各的特点。

羌族民居建筑大多为三层，有的高达五层。羌族民居沿袭了干栏式建筑的样式：一层为畜养和柴薪堆放之地；二层为主室和卧室，供人日常居住生活；三层为晒台和罩楼，用来晾晒和储存。有的民居依山而建，一层甚至二层的后墙壁都是直接利用山体的原生岩作墙，甚至有的民居的地板也为天然岩石。

图2 羌寨中独具特色的碉楼

羌族民居三层的标准模式中，不同的民居内部空间的组合相异，窑洞式或四合院格局的民居在很多羌寨都能见到，有的主屋开三门六扇，甚至还有中间有天井四周建房的汉区民居样式；有的外墙虽为石砌，而室内均为木质结构，雕梁画栋，明显受到了汉文化的影响。

3 羌族民居室内环境营造的特征

3.1 民居的主屋

羌族民居三层的标准模式中，尽管不同民居内部空间的组合各不相同，但有一个空间是所有民居中必然存在的，就是主屋。主屋也就是所谓的堂屋，相当于我们今天的起居室。因此，主屋布置和陈设较为丰富庄重，其他房间自由随意，但神位、火塘各家必不可少。在统一外观的前提下，家家户户在内部陈设中形成了自己的风格，这也是羌族民居建筑室内空间设置的一个鲜明特色（图3）。

图3 羌居的主屋

羌屋的主屋犹如现代居室的客厅，但论地位却远比客厅重要。以火塘为中心的主屋空间承载着羌人传统生活中的大部分内容，除劳作、就寝、如厕外，凡大小适宜的活动基本都在主室进行，包括烹煮、祭祀、家庭聚会、待客、起居、烹饪、餐饮等众多功能。主室空间还起到了联系周边卧室和辅助功能房间的交通作用。

通常而言，主屋平面呈方形，中心柱则立于主屋对角轴线的中点位置，上顶粗梁，或横或纵，与火塘和角角神位所在的屋角处在一条对角线上，约占主屋空间四分之一。若主屋呈长方形平面，亦先满足这三者构成一条直线。主屋依各户自身条件，可大可小，若主屋宽度6米以上，则不少人家演化成距主室对角线中点位置等距离双柱的形式，如若更大则可发展成4柱，当然此种情况相对罕见。

在羌族的主屋中，神龛（角角神位）、火塘和中心柱必不可少。在神龛的摆设中，几乎每个羌族家庭都设"天地国亲师"位，但同时又有"角角神"与之并置；火塘和神位一般集中于主室，也有少数羌民家中的火塘和神位供于不同房间。因此，羌族石砌民居楼层和外观虽然比较统一，但在平面与室内空间组合上各不相同。这种丰富的空间组合令人惊叹，完全区别于其他民居的模式化。

在中国，饭桌上的规矩可以说独特的很，从座位的分配这种机制沿袭至今就得以窥见中国传统文化的根深蒂固。作为传统文化的精神载体，火塘自然继承这一古老民族羌族的文化机制。羌房一般都依山而建，而火塘在靠山的一边，即靠角角神龛的一边是"上八位"，也是最尊贵的位置，每日就餐等活动时，家庭中年高德劭的人或者贵客便坐此座；"上八位"对面是"下八位"，这是次于"上八位"的位置，一般就坐着家中男性和客人；其余两边则是女性与小孩的位置，靠近大门的一边叫"下祖呢"，是女儿、孙子等晚辈就坐的，靠近灶房的一边叫"上祖呢"，是媳妇、孙女坐的地方，也是添柴加火的地方。

3.2 中心柱

各种类型的羌族民居基本采用墙体承重与梁柱承重相结合的结构，由于天气寒冷和火塘位置的关系，羌族人的日常活动大多集中在主屋。因此，主屋的空间一般大于其他房间。在建筑结构上需要在屋顶的椽子下增加梁柱承重，于是便出现了中心柱。羌族人把中心柱称为"中央皇帝"。于是民居中普遍存在一种独特现象，即在主屋中央伫立着一根支撑木梁的木柱，这便是足以"顶起一个家"的"一屋之魂"的中心柱。从这个现象看来，羌民居主屋内的中心柱似乎与帐幕中的中心支柱颇为相似，其实就是一种游牧民族生活方式的遗存（图4）。

图4 主屋中的中心柱

羌人用木柱立于主屋中心位置以支撑横梁，承担房屋荷载，起到安全稳定的作用。从空间功能使用这个角度看，立柱并没有发挥什么特殊功效。恰如帐幕中的立柱一般，基于结构考虑大于空间形式和功能考虑。

中心柱多是针对羌族人普遍采用的正方形主屋，这样角角神、火塘、中心柱三者正好位于主室的对角线上。至于少数呈长方形的主屋，为了使角角碑、火塘、中心柱在主室平面的对角线上，中心柱就不一定能在中心的位置上，有时会出现双柱甚至四柱支撑的形式。

中心柱的装饰不像神龛那么繁缛，一般只是用彩纸剪出花样来挂在中心柱上，再插香祭拜；也有的人家将做活用的刀具插在中心柱上，时间久了，中心柱上满是刀痕，刀痕便成为中柱神的标志。

3.3 火塘

西南交通大学季富政教授研究羌族建筑多年，他在《中国羌族建筑》中写道："中国人对祖先的崇拜和以家庭为中心的社会结构是互为完整的，它不仅表现在传宗接代，同姓同宗的延续机制上，凡一切可强化这种机制的物质与精神形态，皆可纳入为之所用。"于是乎，"火塘"这一物质与精神的结合体便成为了一个好例子。

羌族的火塘设计在形制上与西南其他一些少数民族有相似之处，从族源上来说，彝族、哈尼族、普米族、独龙族等族均为古羌族的分支。火塘是各族之间至今可见的族源关系的见证之一，体现出西南各族在文化结构上的相似性和相通性。

火塘又称"锅庄"，是羌族人生活中重要的区域，也是羌族人家中最神圣的地方和活动中心，羌族人的日常生活都是围绕火塘进行的。羌族地处高山，气候寒冷，长期湿冷，火塘终年不灭，称"万年火"，因此火塘又具有火神的象征意义。

火塘一般位于民居二楼主室的中心位置，设置在神龛下方，结构简单。古羌人的火塘就是由三块白石垒砌而成，"三石为一庄"，在上面架锅，形成最原始的火塘，再在火塘上面烤羊，使火、白石、火塘这三个羌族物质生活和精神生活中最主要的内容通过火塘融合在一起，给火塘赋予了极为神圣的内涵。而且，从形制上来说，这种习俗也是一种游牧民族生活方式的遗存，是羌族历史经历的反映。

三块白石或三脚分别代表三尊神的神位：一个代表火神，它是羌族人传说中对火崇拜的表现，后来又吸收了汉人灶神的概念，如认为火神一天要向天帝汇报三天该家的情况；另一个名"迟依稀"，代表女宗神，又称为婆婆神或媳妇神；第三个名"活叶依稀"，即男宗神或祖宗神。羌族人将祖宗放在火塘里，可能和古羌人死后采取火葬的习俗有关。由于现在羌族人已经逐渐改为土葬，祖宗神位被移到神龛正中家神的位置。而火塘里的神灵也逐渐被后人遗忘。

火塘常见的形制是在地上开一个正方形凹坑，边长在150～200厘米之间。坑底部略低于周边的地面，内用三块向内的弯石砌成台基，在台基上放一个铁质三脚架，右上方一脚系一小铁环，这便成为了火神神位。平日里火塘

周围的地面上铺设粗麻布或兽皮，人们直接盘坐在坑沿边上，便可烹煮、熬制食物（图5）。此外，还有一种火塘是石砌的圆形凹坑，火塘底部基本与周围的木地板在同一平面上，周围放矮条凳坐人，形制规整实用（图6）。

图5　主屋中的火塘

图6　主屋中的火塘

现在的火塘架均为铁制，一般为三脚，但在有些地区出现了四脚火塘铁架，这些现象与羌族传统文化上的火塘的结构不同，可能是从功能使用方面的考虑。

火塘所在的空间是羌族人进行室内活动最为重要的场所，它的空间位置决定了民居室内其他部分的布局关系，不论有重大聚会或是闲暇小聊，羌人都会以火塘为中心，聚于此，聊天南地北，扯家长里短；火塘文化也是羌族民居室内空间文化的直接影响源，它是羌民族注重以家庭为社会生产单位的明显表现，也是中华民族的传统聚居文化的缩影。

3.4 神龛

羌族几乎每家每户都有神龛。龛首一般为镂空雕花木板，木雕花纹以云纹、花草纹、龙凤纹为主，各家繁简不一。以前龛内供白石，现多供奉"天地国亲师"。龛台下方普遍设有神柜，有的有抽屉，有的没有。神龛的两边都是一排靠墙的柜橱，用来放置杂物或生活用品。神龛的装饰与经济能力有关，经济富足的人家，神龛装饰多丰富样，形式比较复杂，装饰得比较充分，木板上雕龙刻凤，或者雕刻其他有吉祥寓意的纹样。经济条件不好的家庭就会简陋一些，一般多用彩色剪纸来加以点缀和装饰。

3.5 挂火炕

火塘基本由火塘架、挂火炕、台基和木围栏组成。

"挂火炕"是火塘中一件功能非常实用的木制构件（图7）。挂火炕呈正方形，边长大约为150厘米，腿长约为100厘米，像是一张倒挂在火塘上空的方桌，桌面为条状木格子的样子，挂在火塘正上方约200厘米高的地方。桌腿与第三层仓房的地板位置连接固定，三层地面的地板开口，大约2平方米大小，与屋顶相通，以排放火塘中上升的烟雾与火星。更有一绝美味是悬挂在"挂火炕"上的腊肉、香肠，将腌制后的猪肉、猪肠挂于火塘上方，经过数十天乃至数个月的烟熏火燎，猪肉将水分慢慢排出，肉质变得香醇肥美，久放不坏，因而成为羌人家家户户年年都爱备制的食物。此外，还可以把用来制作器物的木材放在上面烘烤，去除水分。

图8 羌居入口门头

羌族民族的窗户分为天窗、斗窗、羊角窗与牛肋窗、花窗等几种。

天窗的位置一般位于火塘顶部二楼的晒台上，一般都比较简陋，可以起到采光和排烟的作用，关闭天窗可以遮蔽雨雪。

斗窗是羌族民居中比较有特色的窗口。外口小、内口大，形状如斗，具有很强防御性，缺点是采光效果差。

羊角窗一般安在住宅三层罩楼的木板或油竹篾笆上，是专门用来在储藏室通风排尘的。羌族人在用油竹篾笆作窗时，将油竹弯成羊角形窗口，或在木板上锯出羊角型的窗口。牛肋窗和羊角窗的位置、构造、功能基本相似，只是窗形如牛肋。不同的牛肋窗既可以安装在实墙上，也可以安装在木板墙上。

花窗比较常见，尺寸较大，便于开启采光。花窗的纹样多样，有菱形纹、方格纹，有的还装饰其他图案，受汉族花窗的影响比较大（图9）。

图7 主屋中的火塘上方的挂火床

"挂火炕"不仅增加了堆放物资和炊煮的空间，丰富了使用功能，还可以使本来狭小的二层主屋空间层次增加，空间变大，削弱了空间的压抑感。二三层空间上下的贯通，使得屋内空气很好地流动，天井的存在，增加了主室的采光，使主室更显得明亮通透。

3.6 门窗

羌族民居的门除了门锁具有鲜明的地域特点外，其他方面没有什么自己的特征，主要还是考虑安全和实用。

户门的位置一般都在火塘的迎面，为单扇或双扇木制平开门，大多比较简单，有些门扇及围栏上都有木雕装饰，具有明显汉文化的特征。富裕家庭的门上，还会有类似垂花门样式的门头（图8）。

图9 花窗

3.7 羌族民居室内环境的装饰色彩

羌族人建房一般都就地取材，当地最容易得到的材料就是木材、石块和黄泥，建筑的内外墙面仍保留着原生态材料的朴素特征，很少在墙体和顶棚的表面进行油漆粉饰，散发着浓郁的自然气息。室内没有过多的装饰，基本上都是木、石、泥这些建筑材料原色表现，室内环境的装饰物及挂件较少，没有矫揉造作的粉饰和精雕细琢的工艺（图10）。

羌族民居室内色彩源于自然的颜色，"白色"是羌人特别喜爱的颜色，他们以"白色为洁，以白色为善"。在羌族人的心目中白色是白雪的色彩，是吉祥的象征。在室内布置上，有蓝白花布或白布蓝花、红花等纹样装饰。

在羌族民居建筑中，工匠们常常利用白石的洁白与青石片的灰暗所形成的反差，进行装饰，有的把白色的石块放置在大门的门楣或前墙的窗楣上形成装饰，也有的将小白石块做成图案作为装饰，或将白石摆放在室内的主要位置上。在室外用白石块装饰自己的房屋，有三块、五块、七块之分，按照大小顺序依次平放在屋脊上，以此代表"白石文化"和蕴含的崇拜含义。在他们的建筑门框上大多悬挂着缠着红条的羊骨头，起到纳吉辟邪的作用。

图10 羌居的室内环境

参考文献

［1］王明珂. 羌在汉藏之间——川西羌族的历史人类学研究［M］. 北京：中华书局，2008.

［2］李伟. 羌族民居文化［M］. 成都：四川美术出版社，2009.

［3］季富政. 中国羌族建筑［M］. 成都：西南交通大学出版社，2000.

［4］刘伟，刘春燕，刘斌. 羌族碉房的室内空间文化剖析［J］. 民族艺术研究，2010.

［5］阮宝娣. 羌族释比口述史［M］. 北京：民族出版社，2011.

［6］张犇. 羌族造物艺术研究［M］. 北京：清华大学出版社，2013.

传统工艺在当代室内设计中的新应用

■ 王凌宇

■ 中国矿业大学艺术与设计学院

摘要 我国的室内传统工艺历史悠久，文化底蕴深厚。在一定的自然环境和社会条件的影响支配下，各民族、各地区的人类发展在不同时期、不同地域彰显出其独特的风格和文脉传承。当今时代，随着高科技信息的不断发展，传统工艺依旧受到重视，并在新的技术条件和艺术理念不断产生新的应用方法，并在当代的室内设计中产生了很大影响。

关键词 传统工艺 材料 新应用

传统工艺诞生于人类对于客观物质的基本需求中，是传统工艺制作者对自然的物质材料进行最大程度发挥和加工的成果。在室内设计成为独立性的学科之前，传统工艺一直陪伴着工业设计和建筑设计的成长而成长。纵观各民族、各地区的传统工艺，在不同的时期和不同的地域，都有其独特的风格和文脉特征，传统工艺根据材料的差异，大致可以分为木作工艺、石作工艺、砖砌工艺、夯土工艺、编织工艺、裱糊工艺等。

1 传统工艺的特点

1.1 传统木作工艺

在古代，我国土地辽阔，并拥有着大量的森林资源，木材取材方便，适应性强，一直被用作最主流的材料。木作工艺在此基础上形成成熟的建筑技术和独特艺术体系。宋代《营造法式》中记载的木材加工有：大木作、小木作、雕作、旋作、锯作等几类工艺，并记载了合理、经济用料的制度。大木作由柱、梁、枋、檩等组成，是我国木构架建筑的主要结构部分，也是木建筑形体外观和比例尺度的重要决定因素。我国木构建筑的结构体系主要有抬梁式、穿斗式两种主要构架形式，广泛用于宫殿、陵墓、坛庙、楼台、衙署、宗祠、园林等的基本建筑类型，建筑平面格局为一堂二内双开间，建筑立面为台基、柱身和屋顶三部分。小木作分为室内和室外两个部分。一是如走廊、屋檐下的挂落和对外门窗等室外部分的外檐装修；二是如各种隔断、天花、藻井、罩等室内部分的内檐装修。中国传统木作工艺的一个鲜明特点就是框架结构与榫卯的结合。榫卯是我国传统建筑木构件的一种凹凸结合的连接方式，主要是增强构件之间的连接，将凸出部分的榫头插入凹入部分凿孔的卯眼之中，可使构件在构造上形成统一的整体，并使构件更加稳固，实现了功能上和结构上的统一。榫卯连接构件形态的不同，由此衍生出组合方式的不同，是木作工艺的灵魂。

1.2 传统石作工艺

石材是有着巨大耐火性、耐冻性、耐久性和抗压强度的装饰材料。中国古代建筑的结构体系以木架结构为主，土、砖、石等材料为辅。石材的使用方法更多的是与其他的建筑材料搭配结合使用，例如清代建筑中记载石作有：台基、踏步、栏杆、山墙、檐墙等内容，也有一些石材自身独自成建筑。石材本身具有人文与自然美的属性，不同的砌筑方式增添了砌体建筑的装饰性美感，营造出丰富的视觉感受。砌筑手法上，根据石材的几何形状、加工程度和砌法，把天然石材的砌筑分成不同的种类，例如毛石干砌、层状砌、乱砌、人字砌等。传统石材具有仿木的特征，仿木现象一方面可以将石材雕刻成橼条、斗拱、枋等形式，用于装饰构件，这样既不影响自身的受力特征，又可以用作建筑外观的模仿。另一方面可以单纯的代替木材使用，不需要考虑石材自身的受力特征，用作建筑结构的模仿。

1.3 传统砖砌工艺

砖，是将土坯经泥料处理、成型、干燥、焙烧而成的建筑材料。砖可作为墙柱构件、横向构件、悬梁构件的结构性建筑构件，也可作为铺地砌筑、贴面砌筑的非结构建筑构件，还可以作为装饰砌筑、砖石雕刻的装饰性建筑构件。在古建筑中，作为墙柱构件的砖大多以青灰色陶砖为主。砖的类型分为有条砖、空心砖，楔形砖、饰面砖等。顺砖顺砌、顺砖丁砌、立砖顺砌、立砖丁砌等多种砌砖方法多用于空斗墙或墓中，半砖顺砌、平砖丁砌两种砌筑方法多用于实砌墙。作为古建筑的非结构建筑构件的铺地砌筑，以砖漫地作法为主。砖漫地作法分为两种类型，如尺二方砖、尺四方砖、尺七方砖等的方形砖，和城砖、四丁砖、趴砖等的条形砖。最初为了满足防护的功能需求，使用贴面砖的做法，后来发展为了适应美观的要求，贴面砖常贴于栏杆、窗框和门框等，或常用于建筑中的重要部位。贴面砖要求砖在贴面之前进行刨磨或雕刻等加工，使得更加光洁美观。作为装饰砌筑，砖可以通过不同的组合方式砌筑出装饰性图案，展现视觉美感。

1.4 传统夯土工艺

夯土，是一种结实、缝隙较少、密度大的压制混合泥块，是将自然状态下的土以大力夯实，用于房屋建造的一种中国古代的建筑材料。在我国古代建筑构件中，夯土墙是较为古老的一种形式，夯土墙的做法是用黏土、灰土或者土、砂、石灰、碎砖石、植物枝条置于木板模具中，然后用杵分层捣实。夯土墙取材便利，施工也相对便意，具有一定的承载力，且隔音、隔热的性能好，夯土墙需要注重选址和排水，因为易于受到自然雨水的侵蚀，侵蚀后的墙体强度降低。传统土墙在土墙下砌筑砖石墙基，或在土墙内的一定距离放置木柱加固墙身。在一些多碱地区，则是在墙内距地面一尺处铺芦苇或木板一层隔碱。夯土墙保温隔热，夯土墙的使用使室内空间冬暖夏凉，保持了室内温度和室内空气湿度的稳定。

1.5 传统编织工艺

编织工艺是将草、麻、藤、竹等天然植物的枝条、叶、茎、皮等加工后，用手工进行编织钉串、包缠、盘结等技法的工艺。根据原材料的种类划分为草编、藤编、竹编、棕编、柳编、麻编等。原始的编结工艺是将草、麻、藤、竹等垂手可得的原始材料，经过打结、交叉、成编织成条状，如"绳""索"等，用作捆扎果实猎物。随着编织工艺的不断深入和研究，人们对编织形态经纬关系的不断认知和探讨，由最初条状编结构的经与经的关系逐渐由扩展为经与纬的平面状编结构以至体状编结构。编织工艺品主要有生活用品、家具、装置品等。其中有席、筐、篮、箱、盘、帘、罩、箕等生活用品；也有用于室内装饰的挂屏、屏风、地毯壁画。独具中国特色的中国结也是编结工艺的一种，吉祥结、十字结、平安扣、蝴蝶结等作为日用挂件或者装饰用品，都显示出传统编织的精湛技艺。

1.6 传统裱糊工艺

传统裱糊工艺用于中国古代建筑空间的三个部分。一是墙壁。传统的墙壁，是用土直接刷墙，但过于简陋，所以用裱糊工艺来达到装饰效果；二是窗户。中国的古代建筑多为木窗，窗户的裱糊既为空间保持了私密性，同时起到了装饰的效果；三是天花板。增加室内空间的美观性。

2 传统工艺在当代室内的新应用

在当今时代，随着高科技信息的不断发展，传统装饰工艺在新的技术条件下的又有了新的应用，对当代的室内设计和建筑设计产生了很大的影响。

2.1 木作工艺的新应用

传统木作工艺在当代室内设计中得以延续被用于顶棚、隔断、铺地、模糊等功能。坂茂设计的韩国骊州俱乐部（图1）中，几何形状的天花顶棚，是运用计算机技术控制木主体的结构形态的形成，在设计、制作、施工中配合结构的解析和检验，分析制作过程可能出现的问题和变因，最终完成。作为室内空间的上限构件，体现了技术的创新和传统工艺的延展，天花顶棚中六角形与三角形的复杂构造，采用榫卯的连接方式，利用钢材将屋顶与12根木质线条手束而成的柱子形体，使得天花形状展现力学的美，是整个空间呈现出活泼的建筑特性。邵帆创作的"八仙桌"将工艺与观念巧妙的联系在一起，正方形的桌子由标志性的榫卯—燕尾榫连接在一起，由使用者根据需求进行拼接，为传统的家具创造出新的面貌，榫卯是传统工艺的重要连接方式，榫卯的连接使得固定的家具产生无限的拼接，是对工艺和生活的探究，使得死板的家具充满活力。打破了传统家具的局面性，使得榫卯结构在现代生活中有了自由的空间（图2）。

2.2 石作工艺的新应用

传统的石作工艺在新的理念下呈现出丰富的艺术形态。石墙的透光性砌筑则是将传统的工艺与美学理念的结合。挪威奥斯陆 Mortensrud 教堂建筑位于南部，山地的地理位置较低（图3）。建筑采用玻璃，钢材，石块等建筑材料，为了体现自然与人间微妙的平衡，将堆砌的形体坐落在的矩形基座上，使建筑与自然环境融于一体。教堂采用裸露的钢架结构，将石块反复叠合砌筑置于钢架结构之中，幕墙上部的封闭感与下部的通透的通道产生光线对比，石块反复的叠合砌筑模糊了人工与自然的界限。双面墙高于填石铁架的隔板，使外部空间的光线穿过石墙到达室内，光线透过石块的缝隙，产生光影效果，通过格子窗般的光影效果，传达教堂设计中对光线的精神需求。这是石作砌筑工艺与美学观念的结合，所产生的建筑艺术形式。

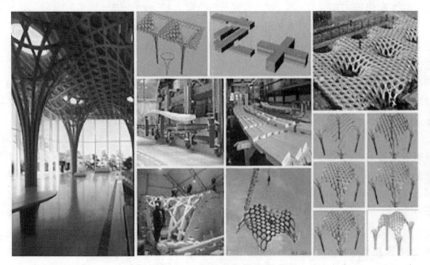

图1 韩国骊州俱乐部

图2 八仙桌

图 3 奥斯陆 Mortensrud 教堂

2.3 砖砌工艺的新应用

砖砌工艺不仅局限于对传统的继承上，而是更倾向于技术手段的应用展现新的艺术效果。例如，作为墙体砌筑十字形孔洞与菱形孔洞所基于的砌筑方式就大为不同。当砖不作为支撑结构，而是作为幕墙使用时。所依托现在技术手段，可以砌筑透空的砖墙砌筑。日本建筑师 Waro Kishi 设计的京都 KIT 学生会大楼（图 4），采用的就是多孔砖砌筑，建筑使用砖与砖之间的错缝砌筑，使用钢筋和砖墙后钢筋相结合的焊接手法，用钢筋用过砖的孔洞接连起来，使砖砌筑具有稳定性的同时，也具有较大的孔洞通透性，幕墙的厚度仅只有一块砖的厚度，建筑外观不仅整洁美观，体现出完整的工艺，透空砌筑呈现的光影关系和半透明性的空间划分模式成为透空砌筑的一大亮点。透空砌筑的光影效果在室内空间的变化，使建筑使用者产生丰富的空间视觉享受。曲面砌筑（图 5）是现代砖砌墙面在计算机技术的数字构建下呈现新的艺术面貌，相对于简单的堆砌和透空砌筑，在数字构件中可以呈现三维的立体墙面。通过计算机技术的构建，模型的模拟和参数的调整，可以确定出砖块的连接方式，旋转角度和旋转位置，以及砖块的角度和最终成果都可以达到满意的形式和效果。在曲面砌筑时，需要外部构建以及模具的支撑。

2.4 夯土工艺的新应用

在现代室内设计施工体系中，夯土不再是传统的土生土长的形式，计算机技术的进步为夯土的建造方式提供了很大的空间，夯土在现代技术中可以得到定制，它利用计算机技术进行计算机生成，工厂制作，搬运，安装等，使得夯土更具有活动性，夯土的预制在计算技术的协助下，与现代工艺相结合，例如夯土与混凝土、框架的结合使夯土墙更加稳固，打破了夯土墙的局限性，夯土墙也可以进行曲面的定制，使空间设计得到了更大的发展空间，这种方式可以使得夯土墙作为建筑内部的隔墙更加方便（图 6）。在现代室内中，夯土技术的改良使得室内空间隔音隔热性能加强，另一方面调节空气湿度，达到冬暖夏凉的空间效果。

图 4 京都 KIT 学生会大楼　　　　　　　　图 5 曲面砖墙

图 6　预制的夯土墙

2.5　编织工艺的新应用

随着科学技术的不断发展，编织工艺在当代室内空间被赋予了全新的面貌。室内设计中，编结物装饰（图 7）打破了硬装设计给空间带来的冰冷感受，而使空间色彩和趣味更加丰富。其中壁挂、地毯作为编织欣赏品的一种，在现代家居中，不仅可以起到防潮、隔音的作用，同时可以根据家居空间的设计理念，进行空间设计的软装搭配，编织工艺品可以进行手工编织，也可以通过电脑的设计使用机器编织，编织的形式更为丰富，形式更为多样，由传统的平面扩展为立体的，软装或者家具编织。编织家具使得空间更加柔和，不仅可以调整家居的气氛，而且可以增添美的视觉享受，由于时代的进步，和美学理念的发展，编织图案更为大胆，色彩更加丰富，线条流畅，且做工更为精细，编织家居也得到了新的应用，用传统的筐、箱、席等扩展为编织沙发，编织座椅，以及应用于墙壁、隔断当中。

2.6　裱糊工艺的新应用

传统的裱糊工艺在现代室内空间中赋予了新的个性观念。报纸作为新的裱糊材料在室内设计中可用于墙壁，在室内空间氛围的营造上，与室内设计主题相结合彰显独特的个性，并呈现现代美感（图 8）。

图 7　编织家居

图8 报纸裱糊

结语

  传统工艺，在不同的民族，不同的时期，不同的地域呈现出独特的风格和文脉传承，在今天，由于科学技术的不断发展，新的艺术理念的成熟，新材料的诞生，传统工艺也在不断发展和成长，人们对传统工艺的日益重视，使传统工艺将不断地进行丰富和延展，对传统工艺探究和深入学习也是当代设计师的首要任务，需要设计师和时代的共同进步。

参考文献

[1]潘谷西.中国建筑史[M].北京：中国建筑工业出版社，2009.
[2]刘大可.中国古建筑瓦石营法[M].北京：中国建筑工业出版社，1993.
[3]楼庆西.中国传统建筑装饰[M].北京：中国建筑工业出版社，1999.
[4]楼庆西.砖石艺术[M].北京：中国建筑工业出版社，2010.
[5]矫苏平.新空间设计[M].北京：中国建筑工业出版社，2010.
[6]矫苏平.空间设计新探索[M].北京：中国建筑工业出版社，2015.
[7]张鹰.传统建筑[M].上海：上海人民出版社，2009.
[8]江湘芸，刘建.设计材料与工艺[M].北京：机械工业出版社，2008.
[9]戴志中.砖石与建筑[M].山东：山东科学技术出版社，2004.
[10]王烨.中外建筑赏析[M].北京：中国电力出版社.2011.
[11]李梦洁，胡丹丹.浅谈手工编织在服装设计中的运用[J].科技信息，2013（4）.
[12]袁宣萍.以纸饰墙——中国传统花纸、外销壁纸及其影响[J].新美术，2013（4）.

城市地铁交通暴雨内涝时空间导向标识系统可识别性设计探析

——以武汉地铁二号线为例

■ 刘书婷

■ 华中科技大学建筑与城市规划学院

摘要 本文通过对人的行为心理、认知规律等方面的研究，从基于视觉的环境行为学角度出发，分析了地铁车站人流动线的特点，通过对暴雨内涝时地下轨道交通的标识系统表现出的突出问题进行造型及色彩等方面的塑造设计手法的探析，以提高标识系统的信息可识别性、分类内容的完备性及艺术表达性为目标进行了概念性的构思设计，并对地下轨道交通的标识系统设计在未来应对极端天气提出了新的问题与思考。

关键词 导向标识系统 城市地下空间 轨道交通 内涝

地下空间标识导向是城市设计的必然要求，它把城市环境与艺术设计学科交叉与融合，为人们提供一种导向性设计服务。标识是提供空间信息，进行帮助认知、理解、使用空间，帮助人与空间建立更加丰富、深层的关系的媒介，它通过记号的形式完成信息的传递，城市环境中的标识系统属于城市公益配置。凯文·林奇在《城市意象》中的"意象"一词为一种心理学语言，用来表达环境与人互动关系的一种组织，环境意象是观察者与所处环境双向作用的结果，具有可识别性。凯文·林奇认为城市长期沉淀会形成具有强烈识别性的目标事物，它不是城市特色唯一指标，但从其他事物中可得到区别。物体让使用者产生强烈并习惯性的印象属性，并以色彩、形式、排列等组合形成鲜明的特征，呈现出可识别的独特城市特征，给人视觉印象的往往是城市建筑风貌、街道形式、地域风情。地下空间标识作为一种特定的视觉符号，同时也是城市形象、特征、文化的综合和浓缩（图1）。

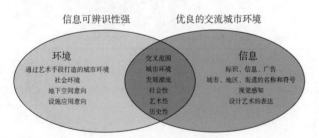

图1 信息与城市环境的融合性

做为人类遮风避雨的最初场所，地下空间不断被重新定义与利用。地下空间资源作为城市立体化空间发展的重要组成部分，日益为人们所重视，更有效地开发利用地下空间已成为全球性发展趋势。地下交通站是功能性、工艺性很强的公共交通建筑，除人流、车流外，信息流的组织也是其功能的重要组成部分，安全、舒适、高效始终是地下交通系统服务的宗旨。地铁车站标识系统是为了让人们在地铁交通中安全、快捷地到达目的地而将各种类型的标

识按一定关系组织的、以"导航"为目的所设计的视觉信息系统，它通过颜色、形状、图形材料等要素保持整个系统的一致性，传达关于环境、方位的信息，给予人们识别上的帮助。暴雨内涝对于地下轨道交通系统的顺利运行存在一定突发性和破坏性，也会阻碍受灾人们快速识别信息和疏散交通。由于在地下有环境封闭性、轮廓单面性、自然向导物的缺乏、内外信息隔断、可识别性差等一系列的原因，加之人们在面对内涝等极端天气时的惊慌、烦躁、恐惧等情绪会造成心理迷乱、疲劳与压抑、丧失方向感直至危险的发生，这就要求根据人的行为特点设计标识系统，使车站具有明确合理快捷的识别性与导向性。

1 内涝时地铁交通空间灾害特征及人流信息识别动线特点

1.1 内涝时地铁交通空间灾害特征

虽然在地下建筑中，设计清晰明了的空间布局和疏散路线是一个基本的条件。但在紧急情况时，人们仍然需要依靠标识的引导，以便于疏散。这在空间既大又复杂的地下建筑中或在人们不熟悉疏散路线和程序时尤为重要。因此清晰、易辨的标识系统也是地下空间疏散设计的重要组成部分。

内滞时地铁交通空间灾害特征为：

（1）出入口易集中危险水流。

（2）地下空间能见度低。

（3）隧道内障碍物多，疏散速度慢。

（4）人的心理等因素导致事故扩大化。

1.2 内涝时地铁交通人流信息识别动线特点

地铁交通标识系统（图2）在传递信息时的各个部分是环环相扣的，即使内容很完善的标识系统，若是有一部分出现失误，乘客就不能顺利得到信息，整个系统的功能就会受到影响。同时，防灾标识系统是灾时最贴近人们行为活动的应急系统，合理有效的标识能够使受灾人员第一

时间评估自己的受灾状态、缩短应急疏散的时间、找到最合理的应急疏散路线等，以此确保地铁应急救援工作的顺利进行，保障使用者的安全以及防灾应急预案系统中各项调度指挥系统、应急救援系统的正常运作。

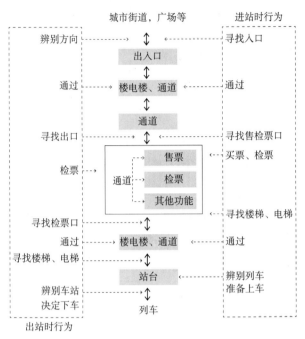

图2　内涝时地铁交通人流信息识别动线

2 武汉地铁交通标识系统分级、标识设置要点及标识设计原则

2.1　标识系统分类

武汉市地铁所采用的标识系统（图3）由两个互补的子系统构成：一是整个武汉地区的信息系统，另一是所在区域地铁站的信息系统。每个子系统（表1）都以地图、导向标识和定位标识（包括设施名称、位置等信息）这三种模式向使用者提供资讯。

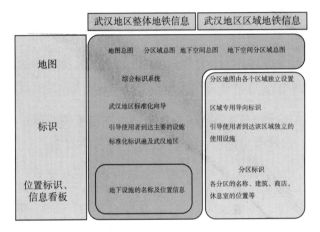

图3　城市标识系统分级

表1　城市标识系统分类

标识类型	标识用途	标识种类	标识内容	标识的设置场所
地图标识	出口编号 地下街外观 可选择的道路	地下空间总平面	主要目的地，出口编号，位置编号	多层地下空间中的重要位置
		地下空间图	店铺位置（商业目的）	多层地下空间中的重要位置 大规模垂直交通场所
		垂直交通图	垂直交通图	大规模垂直交通场所
方向标识	指示方向	出口标识 目的地方向	距离 目的地名称 出入口编号	垂直交通出入口 可获得信息的路线中交通站点、站台
	提示交通路线	交通标识	目的地，行动线路	
定位标识	所在点的位置确认	出口标识 目的地的位置	出入口编号	到出入口的道路
	更大区域中的位置确认	垂直交通标识	垂直交通出入口编号	垂直交通出入口

2.2　设置要点

地铁交通空间标识的设置应综合考虑使用者的需求、建筑物的公共管理、空间功能、空间环境、人流流线组织等，通盘考虑，整体布局。当设置条件发生变化时，应及时增减、调换、更新。标识系统的设置应以信息设计为基础，充分分析使用者的信息需求，对需求的信息进行归类、分级及重要程度排序，做到连贯、一致，防止出现信息不足、不当或过载的现象。设置基本要点为：

（1）信息指引连贯、一致。

（2）点位布置规范、合理。

（3）版面风格统一、协调。

（4）形式材料安全、实用。

2.3　设置原则

地铁导向标识系统作为引导人们的信息导视系统，其导向标识必须充分发挥交通设施效能，为达到传达视觉信息的目的，需要从多方面进行分析研究，并遵循导向标识系统的设计原则。

（1）功能性：整个导向标识系统的核心是功能，一切的导向设计目都是在功能的基础上进行的，地铁导向标识系统在功能上应当具有很强的识别性、指示性和便利性。

（2）规范性：地铁导向标识系统标准化的内容和目的是秩序，功能显示、方位显示都是标识系统设计的重要内容。

（3）艺术性：标识设计的艺术性不仅体现在使用功能上的完备，更要在形态表现、细部元素等方面体现人文精神及视觉的美化。地铁导向设计的艺术性还包括个性化、独创性、人文精神内涵、情感等层面，是达到标识功能性完美程度的表现。

（4）社会性：导向设计是现代社会的需要，它的产生和发展都来自社会，最终目的是推动社会的发展。

3 内涝时地下交通系统空间导向标识系统造型及色彩概念设计——以武汉地铁二号线为例

3.1 武汉市城市概况及地铁二号线现状分析

"黄鹤楼中吹玉笛，江城五月落梅花"，江城武汉市地处长江中游的江汉平原，长江、汉水穿城而过，城市呈现依江发展的汉口、汉阳、武昌三个组团的格局。全市现辖13个城区，3个国家级开发区，面积8467平方公里，境内江河纵横、湖港交织，上百座大小山峦，166个湖泊坐落其间，构成了极具特色的滨江滨湖水域生态环境，拥有多处风景名胜旅游点，是我国历史文化名城之一。

武汉地铁二号线于2006年开始动工，2012年12月28日正式通车。现已投入运行的一期工程全长27.2公里，并设有21个车站。武汉地铁二号线一期工程导向标识系统设计在吸收国内外地铁车站标识系统先进经验的基础上，逐步确立了设计思路与设计构架，与我国其他城市的地铁标识相比，具有鲜明的特色。整个地铁导向系统的基本色标采用排序第一的蓝（灰）底白字的色彩组合，为构建科学的标识体系，武汉地铁二号线标识系统依据乘客的行为

动线以及标识的作用进行分类，同时依据本市的特征，相应增加和删除部分标识，进行了包括导向标识牌在内的一整套导向标识设计。

3.2 武汉二号线地铁内涝时标识系统问题分析

2016年7月5日晚到6日晨，连续多日强降雨后，武汉再遭强降雨袭击。受江河湖库水位暴涨影响，武汉城区渍涝严重，全城百余处被淹，交通瘫痪，部分地区电力、通讯中断，武汉地铁2号线中南路、4号线武昌火车站、梅苑小区站等进水，处于临时封闭状态。内涝时，武汉二号线标识系统在使用中出现了部分问题。武汉二号线地铁标识系统在设计中，融入了武汉特有的文化和城市特征，但并未体现城市与未来的发展趋势，虽然完善了导向功能化、标准化、系统化的设计原则，标识的国际通用性发挥良好，但在细节部分仍有提升的空间，在艺术个性化设计上仍有发挥的余地，如在提示牌、站名牌及电子显示屏等方面都部分缺失审美情趣。在内涝时，由于许多标识系统无法快速提示人员所在位置、无法确保遇水是否漏电、断电时安全出口标识是否易于寻找以及部分高差位置警告提示等。

3.3 武汉地铁二号线导向标识系统创意构思与概念设计

3.3.1 创意构思

武汉地铁2号线是我国第一条穿越长江的地铁，其串起了长江两岸的常青花园、武广、江汉路、中南、街道口、光谷等最繁华的商圈，被誉为武汉市黄金地铁线。由于武汉城区（图4）地质条件复杂，这一穿越山体、高楼、湖泊、长江高风险地带地铁的建成意义深远。依据武汉市现代与历史并存、滨江与滨湖相互融合、密集与活力交织这样的城市特色，在其地下轨道空间特色塑造中，按照武汉市确定的"有滨江、滨湖城市特色的现代城市"的目标，以及"以水凸现城市的灵性，以绿提升城市的品位，以'文'挖掘城市的底蕴"的规划思路，将武汉地铁二号线设计造型的风格定位为"繁华与活力的交织"。为突出武汉作为滨江城市的自然环境及新城旧城过江往来相

图4 武汉印象

互交融的特色，标识系统会选择趋向高明度、低彩度、偏冷色的色彩基调加上充满活力高彩度的色彩进行搭配，着力于塑造一个拥有时尚魅力的地下轨道交通空间。作为滨水滨湖城市，武汉水泽密布，水文化十分深厚，地铁就像是一条条隐形的城市水脉，串联起了城市居民和城市灵魂之间的互动关系，每个融入到这个"大城市"当中的人们都像是汇入大海的一滴水。回归到武汉自身滨水文城的个性上来，是长江带给江城文质彬彬、浩瀚如海的气质。因此本设计灵感来源于长江岸线的折线形，以及书籍的折页形象（图5）。

3.3.2　概念设计

1. 地图标识

地下空间是一个相对封闭的空间，在其中定位自己的方位是件很困难的事情。疏散标识图，是有效地帮助乘客检索当前地铁位置和地面上的综合信息的综合信息图，可以帮助乘客获得一个相对准确、稳定的心理安全空间，能在发生紧急事故时及时逃生，协助应急疏散工作的顺利展开（图6~图9）。针对这一点，可在标识牌上明确地下建筑的内部三维结构、灾时逃生疏散的路线，并明确指出紧急出口和站内出口的位置和方向以及通讯报警电话、灭火器设置的方位。

图5　概念生成图

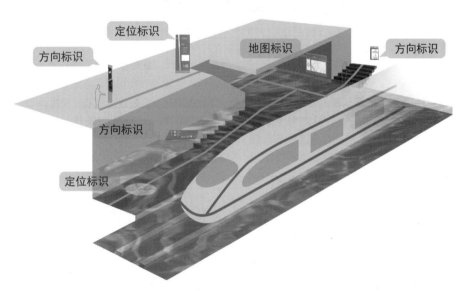

图6　地铁标识系统示意图

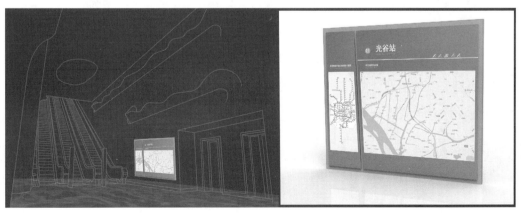

图7　地铁线路标识

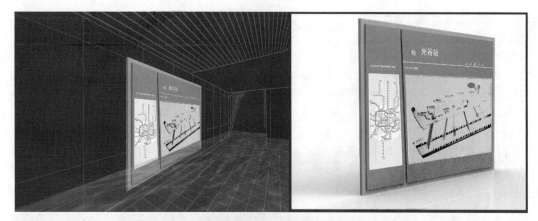

图 8　地铁垂直交通标识

图 9　地铁安全出口标识

2. 诱导标识

现在我国国内地下空间内紧急出口诱导灯标识的悬挂和安置大都与逃生线路同向，当灾害事故发生时，在能见度较低的地下空间，沿着通道方向逃生的人员不易发现标识和分辨紧急疏散的线路（图 10 ~ 图 12）。站厅内的柱子底部设有紧急出口标识，发生内涝时，柱子底部的标识有被淹没的隐患，且当人群拥挤时，底部标识可见度降低，不利于紧

急疏散工作。在韩国釜山地铁站内，设置了一种多功能的疏散标识装置，该标识装置在光线充足时即为一般疏散标识，当光线较差时，装置两侧就会发光，即为诱导灯标识，同时发出告警声音，从视觉和听觉上同时提供提示。

3. 定位标识

定位标识可考虑不同传递信息的形式，并结合连续性的方向标识传递更加准确的位置（图 13）。

图 10　地铁入口标识

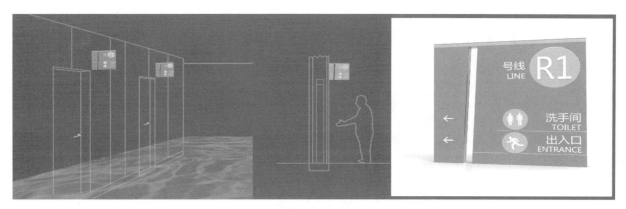

图 11　地铁设施标识

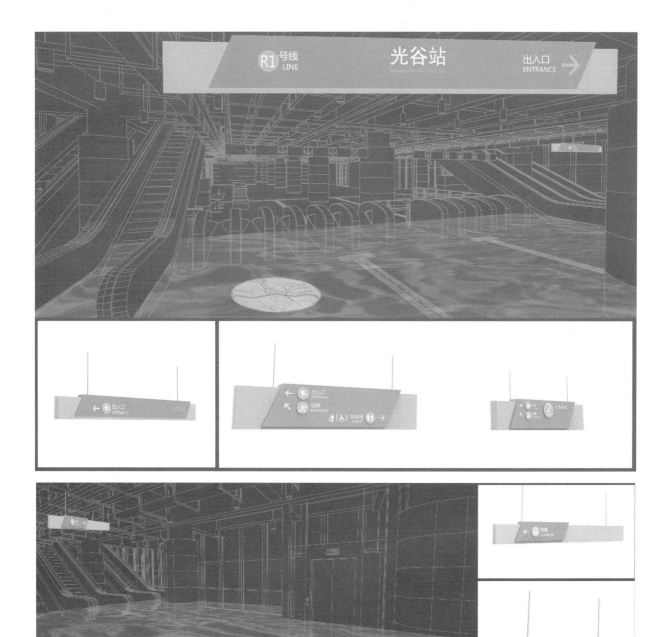

图 12　地铁指引标识

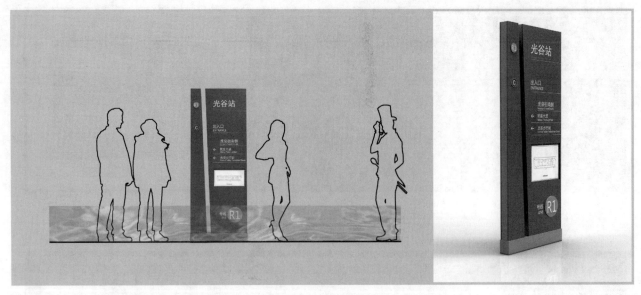

图13　地铁定位标识

结语

随着对城市地下公共空间的开发利用的迅速发展，在缓解城市压力、改善城市环境的同时也带来了许多不容忽视的问题，其中由于标识系统不完善而导致人们在使用中出现的导向困难，直接影响到人们对地下公共空间使用的积极评价。在地下交通发生内涝等灾害时，优良的标识系统对于人们安全转移及救灾活动都起到了积极的作用。通过合理设置各种标识系统不仅可以更好地引导人流，缓解人们潜在的心理压力和紧张情绪，还能进一步营造出地下公共空间风格独特、舒适愉悦的环境氛围，更多地渗透出对地下空间使用者的更多关怀。

在未来发展中，地下空间的开发利用都将成为人类社会生活不可分离的内容，建设生态与可持续发展的城市已经向我们提出了历史性的要求。在科技高速发展的今天，我们还可以为导向标识系统的开发注入许多新的要素：智能化、环保化与技术化的新兴科技手段，都为导向标识系统的发展开拓了良好的前景。

参考文献

[1] 崔曙平．国外地下空间发展利用现状私趋势［J］．城乡建设，2007（6）：68–71.
[2] 王薇．城市防灾空间规划研究及实践［D］中南大学博士学位论文，2007.
[3] 辛艺峰．室内环境艺术设计理论与入门方法．北京：机械工业出版社，2011.
[4] 辛艺峰．现代城市环境色彩设计方法的研究［J］．建筑学报，2004：18–20.
[5] 王保勇，侯学渊，束昱．地下空间心理环境影响因素研究综述与建议．地下空间，2000（12）．
[6] 石晓冬．加拿大城市地下空间开发利用模式．北京规划建设，2001（5）：58–61.
[7] 陈冬丽，王绍基．加拿大多伦多市地下街系统．冶金建筑技术与管理，1991（6）：37–39.
[8] 江昼，王娜娜，基于视觉认知、造型心理及地方感的城市景观标识造型设计研究．华中建筑，2007，25（10）：137–147.
[9] 王璇，杨春立，杨立兵．国内外轨道交通车站标识系统的比较研究．地下空间，2004，24（5）：677–683.

有机共生的拓扑空间建构

——南京链条厂旧建筑更新研究

■ 卫东风

■ 南京艺术学院设计学院

摘要 本文尝试将拓扑几何结构作为设计手法，运用到原南京链条厂旧建筑更新设计中，并以类型学理论指导，研究建筑类型转换和宾馆空间的流线规律、空间建构、建筑历史信息存续。在废旧厂房区的改造利用中，各种新旧元素通过整合而成为一个整体，通过新旧元素的重组，为新生体注入活力，提供发展的可能性与自由度。本文作为一种项目实践分析，补充了公共空间室内类型的研究资料，对旧建筑更新和室内类型设计研究有一定的意义。

关键词 厂房 更新 宾馆 拓扑 建构

引言

南京市江宁区的利民工业厂区，前身是原南京链条制造厂，原企业厂区共有 3 个主厂房，均是上个世纪五十年代的轻质钢桁架结构老建筑，老厂房区域现已经规划为创意产业园区。按照管委会委托，其中一桩厂房改造设计为民国文化酒店。厂房建筑长 100 米、宽 18 米，室内可加建使用净空 8 米，建筑表皮经过时间的冲刷，已经布满岁月斑驳的痕迹，整个建筑充满了那个年代特有的气息，站在厂房中，依稀可以看见未来回回忙碌的工人，可以听到机器的轰鸣声（图 1）。

本文尝试将拓扑几何结构作为设计的构思图式，运用到原南京链条厂旧建筑更新中，有机共生的拓扑空间建构给老厂房带来了新生。同时，从类型学出发进行建筑与室内设计的基本方法研究，在创作中把握原建筑与室内空间的内涵及精神层面的母题"原型"，探索与环境共生的类型学建构。

1 旧厂房建筑空间类型分析

1.1 南京链条厂旧厂房建筑类型归属

旧厂房建筑有着鲜明的时代性特征。旧厂房有着简洁、明快的现代主义风格。注重框架结构和钢结构本身的形式美，造型简洁，崇尚"机械美"，强调工艺技术与时代感。

通过对原厂区环境考察和本项目建筑实测调研，原有的机械设备和车间行车拆除，留下空旷空间。厂房功能性空间布局形成室内类型的原初形态和模式，考察原初形态和模式是认识室内类型特征的主要渠道。其室内车床设备功能布局，首先须满足内部空间开敞、高窗和顶窗充足自然光照的生产加工环境要求，无内部隔断更方便后期更新加建。其表现在简约的结构，钢桁架屋顶，自由平面为后期转换类型带来了方便。

1.2 范型类型学特征和更新设计依据

建筑类型学理论经过了原型、范型和第三种类型学的发展。19 世纪末，第二次工业革命之后，通过机器进行的大量生产，使得新类型、新模型演变为"范型"。范型类型学把新类型的产生当做中心主题，认为人是新类型的根本。依据人的身体类型建立一种标准居住设施：门、窗、楼梯、房间高度等。20 世纪初范型类型学的整体思路，即"人－住房－效率"和与之对应的"材料－机器－效率"，其交点是效率，表明了一种时代愿望，也是现代类型学的主要特征。课件、范型概念是工业化社会的发明物。旧厂房建筑转换类型设计过程，要遵循"范型原型"要旨，即体现"机器性"和"效率"：在立面、门窗结构、交通空间以及基本设施中保有产品性和现代大跨钢结构。建筑由产业空间类型转换为宾馆休憩类型，依然要尊重"范型原型"（图 2）。

图 1 链条厂旧建筑调研

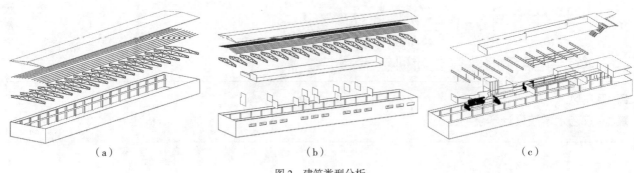

（a）　　　　　　　　　　　　　（b）　　　　　　　　　　　　　（c）

图 2　建筑类型分析

1.3　从物与物到人与物的空间尺度转换

依据类型学设计方法，运用抽取和选择的方法对已存在的类型进行重新确认、归类，导出新的形制。通过比例尺度变换可以在新的设计中生成局部构建，还可以将抽象出的类型生成整体意象结构。厂房建筑的工业类建筑室内空间以物为尺度，以人为辅助尺度，人的生产活动是附属于机器设备和工艺流程的，而且人与物在空间上不分离，决定空间的最重要的因素就是生产流程以及与之相符合的机器设施与设备要求。将厂房建筑转变为宾馆建筑，则由以物为尺度转变为人＋桌椅的尺度类型，厂房内部空间由单一大空间转变向空间复合叠加成为必然。

2　有机共生的拓扑空间建构

2.1　拓扑学原理作为概念图形的基础

根据拓扑学原理的室内空间设计，突出的成形概念与设计手法，表现在有限空间中的互为借用，互为衬托和反正关系，在反转共生中实现功能与形式的创新。在空间"扭曲""折叠"的变化中，空间的复合性与丰富性初步得以实现；删减不必要的体与面，使之空间结构回归基本使用要求，在选择删减体与面的过程中，不断观察空间的结构与层次变化，比较其表现特征和功能空间的结合性。在经过由简入繁、由单一到复合、由线性空间到体面空间的交错往来的反复推敲中，空间生成逐渐由模糊到清晰，由简单到丰富，由繁杂到趣味，空间设计质量会有很多提高和改善。

基于动线生成与空间流动的拓扑结构设计，从一个单元空间进入到另一个单元空间，人们在逐步体验空间过程中，受到空间的变化与时间的延续两个方面的影响，从而形成对客观事物的视觉感受和主观心理的力象感受。拓扑结构动线的主要机能就是将空间的连续排列和时间的发展顺序有机地结合起来，使空间与空间之间形成联系与渗透的关系，增加空间的层次性和流动性（图 3）。

2.2　楼层加建的拓扑空间有机性

依据拓扑结构生成室内空间，重点是如何搭建底层与加建层之间的关系。通过研究和模型推演，尝试解决空间生成的系列变化，解决如何使独立交通空间的建构形态更加富有空间趣味，这其中，将空间原型和生成关系分解为：基本空间→扭曲折叠→概括去杂→功能划分→建构完型等几个步骤，较好地表达空间设计与空间生成的序列关系：其一，在基本空间规划中，认识空间规模与存在现状，理解布局规划的功能意义；其二，在空间"扭曲""折叠"的变化中，新的建构创意来自对"莫比乌斯带"启示与设计手法的借鉴，空间的复合性与丰富性初步得以实现；其三，进一步的设计工作是删减不必要的体与面，使之空间结构回归基本使用要求，在选择删减体与面的过程中，不断观察空间的结构与层次变化，比较其表现特征和功能空间的结合性；其四，回到基本功能方面的初始性考虑，深度比较单一交通空间与复合交通空间的规模与体量，为确定细部空间比例分配作思考；其五，在经过由简入繁、由单一到复合、由线性空间到体面空间的交错往来的反复推敲中，空间生成逐渐由模糊到清晰，由简单到丰富，由繁杂到趣味，空间设计质量有了很多提高和改善（图 4）。

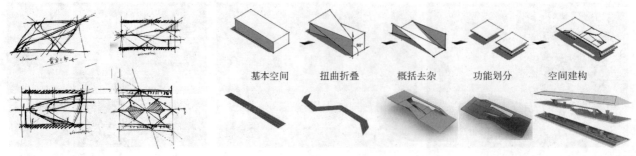

基本空间　　　扭曲折叠　　　概括去杂　　　功能划分　　　空间建构

图 3　拓扑空间概念图解

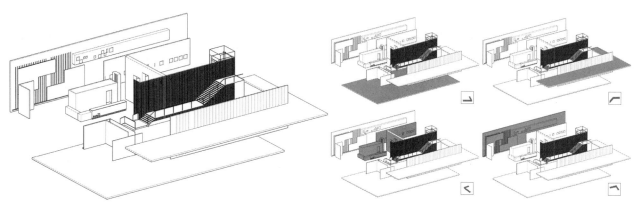

图4　宾馆大堂和交通空间有机建构

3　旧建筑空间更新类型学思考

3.1　折弯性与伸缩性是内部结构更新亮点

通过对旧厂房改造和建筑加建，内部公共空间的路径与复合空间规划，有了许多质量改善，表现在平面规划、休息区座凳等细部形式上，既保留了现代主义建筑空间的清晰与简洁特点，又在有规律和制约的空间脉络中，增加了丰富和趣味的形式美感和空间特质。表现在：其一，"折弯性"的变化，在线性交通空间设计中，原有的常规设计是规则性直线延伸空间，向上或向下的空间延展，在新的空间概念设计中，更多的变化表现在空间会适当地"折弯"改变前行方向，或是有一定的偏角弯折，因为不是大折弯，故不会对线性空间的功能有影响，相反，略微折弯的空间更有趣味性；其二，"伸缩性"的变化，路径和复合空间的设置与衔接中采用可伸缩的空间处理，具体做法表现为适当控制路径的尺度关系，如舒缓的长线，紧促的短线，长且窄，短且宽，在对观众视觉心理的影响中，表现出"伸缩性"空间影响；其三，"跳跃性"的变化，在底层与二层的空间转换中，使用者在建筑上下层空间的转换中穿行，路径的纵向抬升、平缓坡道、平层停滞、平缓流动、急速抬升等急缓静的空间体验，就如在空间中的"跳跃式前行"，有序而有趣，动静急缓结合，改造设计中重点梳理了纵向与水平空间的调配关系；其四，"大小头"的变化，在立面视角所展现的图形关系上，有宽窄"大小头"的形态变化，从功能方面考虑，设置坡道、路径、抬升关系，有意识的控制人流的穿行数量、流量、动静，从宽到窄，或反之，便于对人流的规整、引导，在空间视觉图形上，使

空间更加丰富变化，节奏韵律特性得以体现（图5）。

3.2　系统性与路径优化使空间序列清晰流畅

作为建筑的公共空间，在更新改造设计中注重室内路径、边界、区域、节点、标志营造。其中，路径是主导元素，也是线性要素，使用者在室内空间中的移动，浏览观察空间，室内形态及元素随路径延展。随着路径线性移动，自入口空间进入楼梯空间，沿途主要墙壁的线性装饰对流线的纯净化有帮助，有利于缓解使用者的拥挤和压迫心理。交通空间中的围挡、隔断等不可穿越的屏障，和台阶、地面质感等示意性的可穿越的界线成为边界，其不同区域间又可以以它作为联系的纽带。在公共空间新加建设计的区域，中心设置的坡道长梯和对应空间顶部表现出独特的"内部"可识别性感受。入口空间的地面结构设计，快速通过楼梯和电梯廊道，进入过厅的立面和停留区底层站台区和楼梯关系，其中最大的空间节点是电梯间立面装饰壁画，随着节点和路径的变化，表现出清晰的空间序列，丰富的空间节点是设计的重点（图6）。

3.3　"旧壳体"与"新内容"对接使建筑文脉延续

在废旧厂房区的改造利用中，各种新旧元素通过整合而成为一个整体，通过新旧元素的重组，为新生体注入活力，提供发展的可能性与自由度。每一个建筑作品都有着它自己的"环境"和"地域"，从设计的初始阶段开始，旧建筑结构作为一个原型与室内空间更新之间建立了一种相互依赖的关系。设计师面临的问题是如何使原建筑与新室内一体化，室内空间结构与原建筑语言吻合。在本项目更新关系处理上有以下三方面设计思考与表达，其一，在与

图5　空间的伸缩与跳跃表现

图 6　顶层钢结构与光的表现

旧厂房的图底关系上，通过分析建筑实体形态与空间形态的图底关系，梳理建筑墙体立面、屋顶钢结构疏密度、建筑朝向，把握旧厂房材料肌理的类型特征，作为确定新加建的基本依据，推进室内实体形态的合乎类型意义的空间生成，最终体现类型学建构；其二，室内空间与旧厂房"壳体"的生态关系上，通过对原有旧建筑自然属性的集合所构成的整个系统分析，原建筑墙体、开窗，屋顶桁架和采光等相互之间密切联系、相互作用，成为室内框架加建依据，生成动态平衡整体和有自身较完善的生态系统。在新室内建筑中，从外观角度观察不发生显著的变动，在室内建筑规模、加层高度、基本空间格局及室内空间表皮等方面和老建筑互动与对话，强调创新，但不突兀自立，从而体现类型学建构；其三，在与旧厂房的历史文脉关系上，通过旧建筑保留原有的外墙和窗户、屋顶和钢结构、部分墙壁表皮材质的历史遗存元素，并在新加建的内部围合、坡道起伏、扶手钢构件、主要固定家具及照明灯具等方面与原建筑风格统一，体现对老建筑的尊重和文脉延续，体现类型学建构（图7）。

结语

在南京利民链条厂旧建筑更新项目中，以有机共生理念将旧与新、建筑遗存与设计时尚缠裹，使它在这一建筑空间中以另一种形式表现出来。有机共生的拓扑空间建构是空间设计的主旨，其原则也蕴含在诸如建筑历史信息、新旧形式和材料的组织、细部的设计等。拓扑关系表达了一个相互缠绕的组织和不同的空间实体的分开以及在某一点相遇，两个实体有自己运行的轨道，但在某些时刻汇合，又有可能在某些时刻颠倒角色。拓扑结构带使建筑框架、交通空间、楼层结构紧密结合成一体，空间延伸和翻转，叠加的空间关系带来了新的空间体验。

图 7　底层大堂与细部设计

参考文献

［1］卫东风. 莫比乌斯带的启示——南京地铁新街口站空间设计研究［J.］艺术研究，2010（4）.
［2］卫东风. 以类型从事建构——喀什博物馆建筑与室内类型设计研究［J］. 华中建筑，2010（10）.

地域文化与色彩心理学的碰撞

——昆明医学院第一附属医院呈贡新区室内空间的色彩运用

■ 王凤娇

■ 中国中元国际工程有限公司

摘要 色彩是生活的调味剂，客观上是对人们的一种刺激和象征；在主观上又是一种反应与行为。我们如何利用色彩去改变生活，丰富生活，这是一个值得研究的课题。医院建筑中的色彩设计，既要体现医学的特点，更应注重人性的心理研究，我们将对不同色彩所产生的不同功效与医院环境进行结合，使色彩辅助医学治疗，缓解病患痛楚，提升医院环境的品质。

关键词 色彩心理 医疗空间 设计

在人类物质生活和精神生活发展的过程中，色彩始终焕发着神奇的魅力。人们不仅发现、观察、创造、欣赏着绚丽缤纷的色彩世界，还通过日久天长的时代变迁不断深化着对色彩的认识和运用。人们对色彩的认识、运用过程是从感性升华到理性的过程。并经过不断的实践总结出色彩的理论和法则。

色彩心理学是人机工程学的一个分支。它又称之为色彩管理、色彩行为、色彩实验心理、色彩调节学等，是一门研究色彩与人类行为关系的学科。不同色彩通过人的视觉反映到大脑，除了能引起人们产生阴暗、冷暖、轻重、远近等感觉外，还能产生兴奋、忧郁、烦躁、安定等心理作用，可见颜色在人们日常生活中的作用是神奇而巨大的。那么，在医疗环境中根据各病种各科室不同，采用不同颜色去辅助治疗并缓解病患的痛苦，这样的理念正在逐步被认同和应用，现代医院应重视对色彩工学的认识，赋予绿色环境更多的人文特征（图1）。

昆明医学院第一附属医院始建于1941年，原为"国立云南大学医学院附属医院"，1993年首批被国家卫生部评定为三级甲等医院。是集医疗、教学、科研、保健于一体的大型综合医院。昆明医学院第一附属医院呈贡新区医院作为云南省20个重点建设项目之一，要充分实现人性化医院、生态型医院、开放式医院、园林式医院、数字化医院的规划思想，塑造出人与建筑、环境、文化的有机统一，传统与现代相结合、特色鲜明的新型医院形象。

我们的设计内容为医疗综合楼室内及景观，总面积约为16万平方米。医疗综合楼作为大型国际医疗中心重要的组成部分，力求体现先进医疗设施和以人为本的特点，凸显对医务工作者和患者的人文关怀，并且充分展现云南昆明地区的地域文化特色。因此我们从地域文化出发结合色彩心理学，营造一个高品质、国际化的医疗环境。

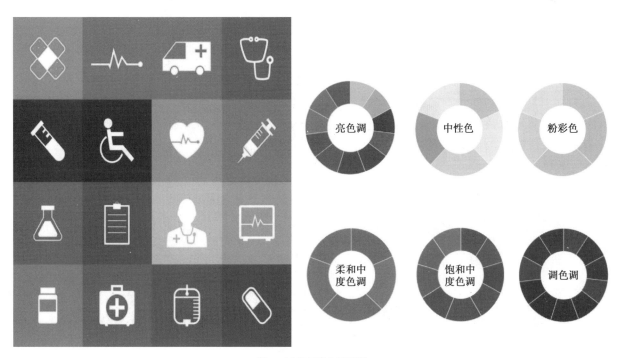

图1 医疗环境色彩案例

1 色彩概念

昆明，享"春城"之美誉，由于地处低纬高原而形成"四季如春"的气候，特别是有高原湖泊滇池在调节着温湿度，使得这里空气清新、天高云淡、鲜花常开。我们提取了花卉优美的形态和绚丽丰富的色彩作为设计母题。以花卉色彩像素化手法以及色彩心理学的科学理论为基础，将色彩融入设计中。

科学研究表明，人常常感受到色彩对自己心理的影响，这些影响总是在不知不觉中发生作用，左右我们的情绪。色彩的心理效应发生在不同层次中，有些属直接的刺激，有些要通过间接的联想，更高层次则涉及人的观念与信仰（图2）。

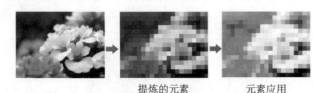

提炼的元素　　　元素应用

图2　色彩的提炼

2 门诊医技空间的色彩应用

由于本案为大型综合医院，其功能流线复杂，内部科室繁多，出入人流量也较大，这就需要我们在设计时既要考虑色彩的装饰性也要把握好色彩的实际功效。采用的色彩要既能够辅助治疗又可以提高工作效率，为患者提供一个舒适的就医环境。我们以绿色调为主题点缀色，米黄色为背景色。因为科学证明绿色给人无限的安全感受，象征自由和平、新鲜舒适；它可以安抚紧张情绪、降低压力，起到镇静作用，也可以缓解视觉、心理疲劳，提高工作效

率。在急诊大厅、门诊大厅、住院部大厅、医疗主街以及候诊区等主要空间中，墙面和地面以浅米色、米黄色石材错拼，局部墙面点缀小面积绿色树脂板或绿色调的丝网印玻璃。在各科室分诊区和护士站区域绿色作为提示和引导功能的强调色出现，有助于对人群进行合理且快速的导医分流。在儿科门诊空间设计中，充分考虑到儿童喜爱鲜艳明快的颜色的特点，并照顾到儿童对色彩的心理要求等因素，我们以黄色、咖啡色为主色调，营造温暖亲切的大环境；局部点缀绿色、蓝色，给患儿一种亲近自然的安全感和充满希望的心理暗示（图3）。

3 住院部公共空间的色彩应用

该院的住院部共13层，其中一层二层为出入院大厅及药房等公共空间，其余11层为护理单元。与医技门诊部通过连廊相连。公共空间均以浅米色、米黄色为主，点缀绿色。而护理单元则是根据不同功能的护理需求和色彩心理治疗理论为依据，通过局部重点的点缀色变化使每层护理单元都能够有一个清晰准确的区分和识别。例如五层的妇产科护理单元，因为这一层主要服务于孕产妇和新生儿，因此我们选用了温馨浪漫的粉红色，这种颜色能够使人感觉没有压力，可以软化攻击、安抚浮躁、缓解疼痛，并且对于神经紊乱和失眠有一定的调节作用。同时，在病房中通过一些配饰及软装物品来充分突出点缀色的作用，如窗帘、装饰画、座椅等，从孕妇的心理、生理需求出发，给予她们更多的关怀，从视觉感官上充分体现温馨感和安全感。在外科护理单元中，我们选择了蓝色作为点缀色，这种颜色可以使人完全放松，使心情平静，能有效抑制冲动和焦躁不安的心理。这样的不同功能区域的色彩点缀能够有效地提高治疗效果，也能够循序渐进地推进色彩治疗体系在我国的发展和应用（图4）。

图3　医院空间色彩设计

图4　住院部空间色彩设计

4 景观中的植物色彩应用

有人说"不像花园的医院不是好医院。"，植物的摆放其实是一种康复手段。德国研究证明，医院植物疗法有很多作用：一是制造氧气，使医院成为"天然氧吧"；二是阻隔杂音，植物的绿枝茂叶能吸收声波；三是植物的绿色对人的神经系统具有调节作用，能平静情绪，还具有促进血液循环的作用，能够改进心肌功能，促进新陈代谢，提高人体免疫力；四是净化空气，在有植物的房间内，空气中的微生物含量，比没有植物的房间低约 50% ~ 60%，还能杀灭结核、痢疾、伤寒等病菌；六是调节气温，冬暖夏凉。而不同植物的色彩对患者的心理治疗更是有着不可忽视的作用。

此次设计中我们在门诊大厅和医疗主街集中规划了景观空间，在景观设计中主要通过植物种类和植物色彩的合理搭配，使景观也能达到辅助治疗的作用。医院中的景观主要以安闲恬静的休息和观赏功能为主，因此我们极力创造一个亲近自然、舒适安静的空间，并且利用昆明极好的自然气候条件选用大量且丰富的植物营造出生机勃勃的自然氛围。在植物配置上我们选用当地适宜的乔木、灌木、花卉及地被，如香樟、八月桂、蒲葵、垂丝海棠、云南樱花、龙爪槐、花石榴等，在大片的绿色中点缀不同色彩的花卉类植物，丰富视觉感受，其中八月桂花朵为白色，白色象征着纯粹与纯洁。白色的明度最高，人看到白色易产生纯净、清雅、神圣、安适的感觉，使人肃然起敬。白色可使其他颜色淡化而使人有协调之感，在景观中，加入一些白色花卉植物，可以使色调明快起来；紫叶美人蕉、花石榴，开花为深红色，能为景观增色，也给人热情活力的感受；垂丝海棠、云南樱花的花朵均为粉红色，暖色调的植物给人容易接近且温暖的感觉。心理学认为，人在数目判断时，7是临界值，植物造景时都选用7种以下的色彩，一般为 3 ~ 4 种。即使是绿色，色度变化也不宜过多，否则会显得杂乱无章。因此，花卉植物的色彩也不宜过多，我们选择3种色彩作为景观中的点缀色，丰富视觉层次，为病患和医护工作者创造一个舒适的休闲空间（图5）。

结语

色彩有助于医疗环境气氛的营造，给患者提供更多的间接医学帮助。色彩有助于医患关系改善，体现医院的亲和力。色彩可以为企业积聚无形的资产。

色彩既要体现医学的特点，更应注重人性的心理研究，特别应研究色彩心理语言的应用，色彩氛围营造，设计师应该努力做到，并且实现色彩与医学两者之间的平衡。昆明医学院第一附属医院呈贡新区医院的设计充分体现了色彩的魅力和神奇，它将会服务于大众，呵护多彩的生命。而我们对色彩工学与医疗环境的关系已整合并形成一定的理论体系和设计手法，不论在景观、室内乃至建筑设计中都将得到体现和运用，形成综合医疗空间设计体系，提高环境整体品质。我们也会将其运用到更多设计中，做出更人性化、科学性的景观及室内设计作品。

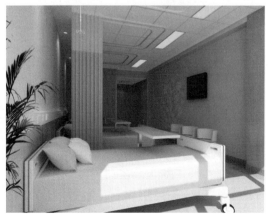

图 5　医院空间植物设计

现当代建筑光的精神意象营造

■ 姚晶淇　矫苏平
■ 中国矿业大学艺术与设计学院

摘要　光（阳光、自然光）是万物之源，是人自身潜意识的本体需求及生命的渴望，世间万物都离不开光。光是建筑的生命与灵魂。光线设计是空间设计的重要元素，既具有物质化的实用意义，又具有精神情感的表现意义，营造环境氛围，表现设计师的心灵并与观者相交流。

关键词　光　现当代建筑　精神意象　营造

引言

　　光（阳光、自然光）照耀在我们周围，是万物本体与生命之源，人们的生活时时刻刻离不开光。光孕育万物，引导人们认识世界，给予人们时间感、方向感和空间感，也正是有了光，世界充满了生机勃勃的景象。

　　光是建筑构建的重要元素，是建筑设计思考的主要内容之一。在《走向新建筑》中柯布西耶提出："建筑是对阳光下各种体量精炼地、正确地和卓越地处理。"❶ 自然光线具有生理与精神的多重意义，运用自然光线表现和营造种种精神意象是现当代建筑研究与探索的重要方面，很多建筑师从此方面进行研究探索。

1　自然光的心理作用

　　自然光的强度、形状、色彩能对人产生不同的生理和心理作用，现代心理学与格式塔美学指示自然光对人的心理作用机制。

1.1　光的强度

　　发光强度简称光强，指光源在给定方向上单位立体角内辐射的光通量，是描述点光源发光强弱的一个基本度量，国际单位是 candela（坎德拉），简写为 cd。光的度量是一个十分复杂的过程，需要借助精密仪器进行测量。站在光源处和远离光源处会有不同的体验，人们对光强度的认识主要表现在光源或光线的强弱对人视觉的刺激所形成的心理感受，强光让人感受到希望、兴奋、明亮，弱光给人以恐惧、害怕、黑暗，光强度的不同给人带来不同的心理感受。

1.2　光的形状

　　把物理学中的"场"引进"心理学"领域，是格式塔心理学的一个主要特征，它认为一切心理现象都与一切物理现象一样是一种完整的格式塔。人有心理场，物理场与心理场的交互作用便形成了一种"心理—物理场"，作为主体的知觉也是一个"场"，也是一个完整的格式塔。由于物理场中蕴含着某种动力结构，故作为主体的意识经验也同样存在着与之类似的动力结构，正是由于这种心理现象与物理现象存在着同形（场）同构（动力结构）的关系，所以，主体能对物理对象做出整体性的反映。格式塔心理学家称之为"同形同构"（或"异质同构"）。与理论相结合，笔者对光的形状进行了一项实验：在一间封闭的房间里，有三种不同大小不同方向的光照射入，第一种是在侧面墙上有一道细长狭窄的光（图1左）；第二种是在顶面有一个大而圆的光（图1中）；第三种是从顶面和侧面的交界处有一块不规则的三角形的光（图1右）。不同大小、不同形状的光会让人产生不同的心理感受，第一种细长狭窄的光让人产生一种禁锢与想要逃离的想法，第二种大而圆的光让人感受到希望，第三种不规则的三角形光会让本就害怕的你感到更加害怕与不安，感觉随时有危险。产生不同心理感受的原因是因为照射过来的光的形状不同，在心理学上，长方形代表随和与有安全感，当你看到狭长的长方形的光时会让你瞬间产生想要逃离的想法；圆形代表了和谐与团结，当你看到宏大而圆润的光时会使自己感受到开朗给自己以希望；三角形代表稳定与爱冲突，不规则的三角形破坏了三角形本身的稳定性，变得尖锐又不稳定，让人产生不安的心理。正是因为这些形状组成了不同的物理场，因此产生了不同的心理场，由物理场引起了心理场的变化。

图1　光的实验示意

1.3　光的颜色

　　自然界的色彩都与光联系在一起，光是大自然的化妆师。我们平时见的白色太阳光，利用三棱镜可将白光分解为红、橙、黄、绿、蓝、靛、紫7种单色光。由于天气、时间等条件的改变，白光会发生折射、衍射、散射等变化，往往呈现出不同的颜色，给人带来不同的心理反应。清晨的太阳从东方地平线上缓缓升起，阳光铺满大地的每个角落，让繁华人世的万千过客每日晨起都能感受到阳光扑面而来，点燃了人们的希望，以快乐和感恩之心迎接新的一

❶ 勒·柯布西耶. 走向新建筑. 西安：陕西师范大学出版社，2004.

天；正午的太阳上升到最高点，发出的光最白最强，仿若一股燃烧的火焰炙烧你的灵魂；傍晚的阳光随着太阳倾斜角度的增大，阳光的调子逐渐变暖，让工作忙碌了一天的人们感受到丝丝暖意。

自然光是无色的，但建筑可使自然光变成有色的光。在建筑中使用彩色玻璃窗或利用色墙反射等技术可使建筑中的光变得丰富多彩，营造空间氛围。阳光穿过哥特式教堂的彩色玻璃窗进入室内（图2），光线具有了强烈的色彩，在蓝、红色的主调中光线从各个方向涌进教堂，柔和地漫射着非尘世若隐若现的光辉，就像圣灵穿过圣母的身体照亮教堂，教士们认为这正是上帝居所的景象，是把彼岸世界搬到可以直接感知的现实中来，是光的洗礼，能使人们忘却现实的苦难。

图2 哥特式教堂中的彩色玻璃窗

2 建筑中光的精神意象

2.1 光的意义

光是所有自然现象中最具有张力和动感的元素之一，其体现出大自然给予世人的重要讯息，传达着生命、希望、动力的意境。柯布西耶认为"光"与"建筑"之间相辅相成的关系，被光照射之后的建筑是最美丽的建筑，空间也由此而具有了动人的意境。建筑空间中有了光的介入，我们可以清晰地感受到建筑形式的美感与空间的生命特征。因此，我们可以说，光是最佳的表现工具，其表现建筑空间，亦提升了人们视觉上、精神上美的感受。

光通过自己独特的语言确定建筑形象，诠释建筑思想，给观者带来视觉感受。在光的烘托下，感受空间，感受设计者情感的表达，感受空间所要传达的精神意境，进而与空间，与设计师进行交流。光线那种令人感动的空间魅力，丰富了建筑空间的氛围，营造出不同的空间性格，给予人不同的空间体验与种种精神意象。光的灵活多变及精神意

❶ 安藤忠雄. 安藤忠雄论建筑. 北京：中国建筑工业出版社，2003.

象的表现造就了许多伟大的建筑。

2.2 精神意象的营造

自然光是界定空间的要素，建筑中的光展现了空间的形象，塑造出各种不同的空间性格，使空间这一物质的存在得以上升到精神的高度。安藤忠雄认为：建筑并不是简单的形式问题，而是空间精神意象的营造。当代设计师运用光线进行种种精神意象及空间氛围营造的设计探索，创造出不同的空间氛围，给予人们精神情感的感染和启发。

2.2.1 与神灵对话

《圣经·创世纪》开篇讲到，上帝第一日造光，由此光成为神明的象征。在宗教建筑中，无论是什么建筑形式或处于什么年代的建筑，自然光的引入都会为空间增加神圣的意境。光在宗教建筑中被用作塑造崇高神圣气氛的元素，表现超凡脱俗的力量。宗教的价值始于天空，天空象征着无限的力量与永恒的存在，源于天空的自然光像是一种通往天空的媒介，被人们以一种特殊的方式引入空间，将天空的崇高价值导入空间，赋予空间神圣的情境。

"建筑设计就是要截取无所不在的光，并在特定的场合去表现光的存在，建筑将光凝缩成其最简约的存在，建筑空间的创造，即是对光之力量的纯化和浓缩。"❶ 这是安藤忠雄对建筑与光的关系的阐述。在他设计的光之教堂中，我们可体会到灵魂与神灵的对话，黝黑的教堂内，用光创造出了一个神圣的通灵空间，一个巨大的燃起人们内心希望的"光的十字"缝隙，被深深切刻在圣坛背后的墙上，表现了光的力量，也正是这种力量冲击了人们的视觉体验，让身处黑暗的人们顿时获得了希望，感觉自己像是连接到了另一个神秘的精神世界。我们知道，光只有在黑暗的衬托下，才能展现出它的明亮。黑暗阻挡了视觉，限制了认知，一种未知的恐惧涌上心头，正是这种恐惧促使我们对光线向往。当自然光以神奇和虚无的姿态飘落在幽暗的教堂时，对光的渴望升华到了对神的景仰，加深了空间的神圣气氛。在这里，宗教被淡化，建筑成了通灵的媒介（图3）。

图3 光之教堂

路易斯·康认为光是人与神对话的语言，也是人性与神性具体而微的共同显身领域。霍尔成功地运用光线塑造了这样的空间氛围。他设计的西雅图圣伊格内修斯小教堂运用隐藏的光源和变幻的光线创造了神圣的空间氛围。圣坛上方设置巨大的高窗，悬挂窗板，将光源隐藏其后，窗板后涂以明亮而浓厚的黄色，彩色光线反射到相邻的墙壁和地板上，一扇蓝色玻璃窗户掩藏在狭长的墙面洞口之后，营造出被过滤过的蓝光效果。天光本身就具有神圣的隐喻性，再加上从圣坛背后经过反射与折射，将带有变幻色彩的光线引入室内，犹如来自天国的神圣之光在召唤人们的心灵（图4）。

图4 西雅图圣伊格内修斯小教堂

光是表现教堂建筑空间崇高神圣意境的主要元素，用光线表现空间营造氛围是设计师喜欢的手法。Gijs Van Vaerenbergh 设计的比利时镂空教堂用 2000 块钢板叠合而成，光线由四面八方投射在建筑立面的轮廓线上，产生丰富多变的极具韵律感的日光网格，置身其中仿佛沐泽在神性的辉光之下，设计师运用通过造成人们视线错觉的光元素来塑造建筑的体量形制——镂空的缝隙随着视线的上移而逐渐弥合，光感的逐层递减使建筑的体量感愈发厚重；光线由参差的钢板缝隙中投射进来，一缕阳光的沁入便会衍射出极为玄幻的千变万化的光影效果，同时表达出信徒向往天国理想的设计概念（图5）。镂空教堂突破了传统教堂建筑封闭厚重的传统形象，以彻底通透的方式呈现出来，强化了光元素在建筑设计中的灵魂作用，使宗教建筑无论在建筑风格还是精神表达上都变得专一而洗练。

图5 镂空教堂的光影衍射

2.2.2 与自然交流

光作为自然界诸多要素中的一种，总是会和清晨的鸟鸣、新鲜的空气、花草树木的芳香或自然界其他美好事物联系在一起。罗杰斯在"光与建筑"的展览会上说："建筑是捕捉光的容器，就如同乐器如何捕捉音乐一样，光需要可使其展示的建筑。"然而建筑又是人类生活的容器，人与光在建筑中与建筑产生了非常密切的关系，光的变化使居于建筑中的人们感知到环境的存在、自然的变化及时间的流逝。正是在光的作用下，实现了人、建筑、自然三者的对话。

自然光随着时间有节奏的变化，强烈而有生机，促使空间构成明朗清晰。隈研吾在北京长城脚下设计的竹屋，外立面由巨大落地玻璃和纤纤细竹构成，伴随着太阳的升起与落下，阳光从不同的角度射入室内，再由竹林与玻璃的几次反射，将阳光以丰富多彩的姿态引入室内。春夏秋冬，太阳不同角度的照射，形成不同的光影景观。在隔出的茶室中，我们可以亲身体会光与自然不同时间的变化，正是这种变化拉近了人与人、人与自然的距离，在精神享受的同时又与大自然进行了亲密的交流（图6）。

图6 竹屋

建筑中引入光线，使空间中充满阳光，有利于植物的生长，造成外部空间与内部空间的交流，使人能感受到与自然融为一体。曼努埃尔·艾利斯·马特乌斯等设计的EDP总部大楼构建了模糊开放的内部景观庭院，将阳光、庭院引入室内。在地下一层及建筑周边区域设置了诸多栽植草皮树皮的内部庭院，一层的地面开设与之相对应大小不同的"窗"，使植物充分吸收阳光。走在一层广场上，看着阳光穿过或宽或窄的扁平柱体在地面上投下相互交错的阴影而感到心喜，时而又会被地下冒出的绿植而感到惊喜。绿植、精心设计的柱体在阳光的照耀下格外动人，光与柱体的投影、植物对光的向往，让人感受到光的气质，与自然进行密切的交流，空间中更加凸显自然意象（图7）。

图 7 EDP 总部大楼首层广场与内部庭院

BIG 设计的纽约"螺旋塔楼",将公园引入建筑内部,打造了一个延伸的高线公园。这座建筑的每层都有向外的开放空间,让内部的人们可以轻松地进入外界环境。窗墙将阳光大面积地引入室内,挥洒在空间每一角落,人们和绿植一起享受阳光浴,阳光、蓝天、绿植就好似身处室外公园,人们在这里可以尽情地交流、讨论,放松心情。这样的空间层层相连,形成了连续的绿色走廊,让人们的日常生活延伸到外面的空气和阳光之中,在工作的同时可以与自然进行交流(图8)。

休闲空间

双层挑高空间

图 8 螺旋塔楼

2.2.3 营造欢快的氛围

运用自然光可以营造出一种令人愉悦的空间氛围。因为欢快本身就是由光造就的,自然光与生俱来振奋人心的力量,被建筑用来活跃空间氛围。最早利用光进行空间设计可以追溯到哥特教堂,运用大面积的彩色玻璃窗,并在上面镶嵌圣经故事,当光照射上面时,玻璃上的图案便如活了般清晰地显现出来,绚丽的色彩将教堂的内部空间渲染得五彩缤纷,给神圣的空间增添了欢快愉悦的情绪,让身处其中的人们忘却现实的苦难。

"让光线来做设计"是贝聿铭的名言,由他设计的华盛顿美术馆东馆是现代展示建筑之典范。美术馆东馆为不规则的三角形,形态与尺度多变、结构错综复杂,自然光穿过三角形结构射入室内,经过玻璃的折射与漫射后以非常柔和的姿态落在华丽的大理石墙面、天桥和平台上。天窗架下安置了色彩鲜艳强烈的活动雕塑,阳光在玻璃、结构构件以及空间中悬挂的雕塑小品之间任意地穿梭,光与影的跳跃在空间中呈现出一种交织、复杂的视觉效果,活跃了空间氛围,使人感受到一个欢快的空间(图9)。

图 9 华盛顿美术馆东馆

伊东丰雄在伦敦博览会设计的蛇形画廊表现出浓郁的欢快空间意向。这里没有通常的墙、柱、梁、窗和门的区分,整个建筑就好像是用一堆不规则的"碎片"拼接而成,镂空部分与实体部分相互交错接连构成结构的支撑。阳光透过不规则的玻璃,从不同角度、不同方向进入室内,经过玻璃的折射与反射,光影在室内不规则地跳跃,制造出了迷乱闪烁的光线氛围,增强了室内的欢乐情绪(图10)。

图 10 蛇形画廊

法国建筑师让·努维尔（Jean Nouvel）在阿联酋首都阿布扎比的 Saadiyat 岛文化区设计了一座"古典艺术博物馆"，用来展示从卢浮宫借出的藏品。一个直径 182 米的巨大金属穹顶与所在岛屿的形状相呼应，努维尔称之为"半岛上撑起的遮阳伞"，中东地区炽烈的阳光，透过穹顶的镂式式样，照射到全白的阿拉伯式建筑上；努维尔又用水在地面上形成反射的镜面，微风吹来，波光粼粼，形成星辰般灿烂的光影效果，如梦似幻（图 11）。

图 11　阿联酋艺术博物馆

2.2.4　表现不安

光以不同的方式穿过建筑的表皮，进入内部空间，在被建筑改变的同时，也以自身独特的语言塑造了空间的性格，形成了不同的空间氛围。一些设计师通过运用光线制造幽暗的空间，表现让人感觉不安的空间氛围。

德国犹太人博物馆采用黑白两个主色调，整座建筑十分封闭，只有墙面上或多或少开有像被撕开的裂缝一样的窄窗，自然光透过窄窗进入室内，带来微弱的光线，整个空间幽暗宁静，人们的思绪在这幽暗中被触动，在幽暗的光线中静静地追忆历史，思考历史带来的经验和教训，同时又产生出一种不安的情绪（图 12）。

图 12　犹太人博物馆

里伯斯金在纽约世贸中心重建方案中，保留原建筑废墟的地下墙基，露出防止渗水的"地下连续壁"，用以表现该地过去发生的事件，体现出震撼人心的情感力量。冰冷、潮湿、阴暗、表面布满斑驳杂乱的颜色，布满长年累月人

们为了制止因渗水不断而增补的厚厚堆积的水泥斑块的痕迹，从顶部猛然照射下来的光线增强了不安的情绪，加强观者不安的情感体验（图 13）。

图 13　地下连续壁

2.2.5　表现沉思之境

人的思想在不断地行走，不会停留在可视可听的现实世界中，往往通过沉思的心灵重新构出一个自我的精神世界。笛卡尔曾经说过，我思故我在。沉思是人的精神需求，是思维产生飞跃的必要条件。在这个飞速发展的社会中，竞争的巨大压力给人们带来的精神负荷需要通过沉思来缓解。无光、幽暗、近似于黑暗微光、封闭内向的空间更容易营造出深沉的意境，从而达到心如止水的境界。黑暗意味着未知，牵引着人们的思绪去寻觅，激发起一种内向个体化的反省。很多设计师运用空间中的光创造沉思的空间氛围。

安藤忠雄利用幽暗的光线创造出了一个让人静思的空间。冥想之庭的外观就像是一个巨大的圆柱体，整个建筑没有侧窗，只在顶部有一个圈环形采光口，光沿采光口进入空间，光线落在混凝土墙体上产生由白到黑的光影效果，黑白灰的空间，灰色调的光环，营造出一种沉静的空间氛围（图 14）。由于光的参与，整个空间由物质空间演绎升华为精神空间。

图 14　冥想之庭

"设计空间就是设计光亮，没有自然光的空间不算是有生命力的。"❶ 由董功主持设计的北戴河三联海边图书馆，在阅览室的一侧设计了独立的冥想空间，空间东西两端各有一条 30 厘米宽的细缝和外部相联系，一条水平，一条垂直，太阳在早晨和黄昏透过缝隙，为这个空间投射出日晷般的光束，在相对封闭和私密的空间里形成了明确的光影，指引着思想的前行；下凹的屋顶，降低了部分空间的尺度，形成开敞—压迫—开敞的空间。光在缝隙间穿梭，在每面墙上都形成了微妙的光影变化。光与影的变化、细长的窗口、下凹的屋顶使空间呈现沉静的氛围，这种手法为人们提供了心灵净化、纯化的沉静的空间场所（图 15）。站在这里，你可以听到海浪的声音，却看不到海，聆听海之音，静静地思考。

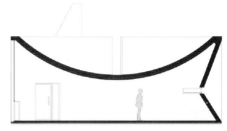

冥想室立面图

结语

在设计的过程中，将光作为一种元素用以表现建筑灵魂的一个方面，它可以把一个非常物化的固定的空间建造或转化成一个带有不可言说的模糊性的精神体验场所。建筑中的光有着丰富的空间意味，其满足着人们工作和生活的物理生理方面的需求，使之得以进行正常的日常活动；建筑中的光还具有情感表现及心灵沟通与交流的意味。精神意象的表现丰富着感知，充实精神感受。优秀的空间设计，既应当满足基本的功能需求，也应当注重精神意象的表现及设计师与观众的心灵沟通交流，创造具有表现张力的建筑空间。

图 15　三联海边图书馆冥想空间

参考文献

［1］詹庆旋. 建筑光环境. 北京：清华大学出版社，1988.
［2］李大夏. 路易·康. 北京：中国建筑工业出版社，1995.
［3］程孟辉. 现代西方美学. 北京：人民美术出版社，2001.
［4］勒·柯布西耶. 走向新建筑. 西安：陕西师范大学出版社，2004.
［5］安藤忠雄. 安藤忠雄论建筑. 北京：中国建筑工业出版社，2003.
［6］戴志中，蒋珂，卢昕. 光与建筑. 济南：山东科学技术出版社，2004.
［7］古佐夫斯基. 可持续建筑的自然光运用. 北京：中国建筑工业出版社，2004.
［8］徐纯一. 光在建筑中的安居：如诗的凝视. 北京：清华大学出版社，2010.
［9］矫苏平. 空间设计新探索. 北京：中国建筑工业出版社，2015.
［10］常志刚. 设计光亮——光与空间一体化研究. 建筑学报，2002（4）.
［11］闫杰，曾子卿. 光·传统·建筑. 华中建筑，2007（2）.
［12］李明同，王璐. 谈建筑式样中的力. 华中建筑，2009（11）.

---

❶ 李大夏. 路易·康. 北京：中国建筑工业出版社，1995.

绿色建筑室内装饰装修理念的实践

——以某部委办公楼维修改造为例

■ 董 强 韩 昱
■ 北京筑邦建筑装饰工程有限公司

摘要 绿色建筑室内装饰装修不仅仅与自然、健康或节能技术相关，它是指在室内装饰装修项目全寿命期内，最大限度地节约资源（节能、节水、节材、室内空间高效利用）、保护环境、减少室内环境污染和排放，为人们提供安全、健康、适用和高效的使用空间的过程和活动。以某部委办公楼维修改造为例，展现了绿装理念在室内设计全过程中的实践，探讨通过绿装来解决既有建筑问题的途径。提出可以通过把控投入与效果的平衡点、提高定量控制的比例，以引导使用者绿色行为为手段，来进一步实现绿色建筑室内装饰装修。

关键词 绿色建筑 室内设计 绿装 办公 改造

1 对"绿色建筑室内装饰装修"的理解

随着绿色建筑在国内的逐步推广，作为与建筑设计紧密相关的室内装饰装修行业，对"绿色"的追求也成为业主、设计、施工等各方共同的追求。但对于绿色建筑室内装饰装修（以下简称"绿装"）这个概念，各方的理解或出于字面意思、或出于既往经验，均有所局限。

根据《绿色建筑室内装饰装修评价标准》解释，"绿色建筑室内装饰装修"指：在室内装饰装修项目全寿命期内，最大限度地节约资源（节能、节水、节材、室内空间高效利用）、保护环境、减少室内环境污染和排放，为人们提供安全、健康、适用和高效的使用空间的过程和活动。其包含方面众多，贯穿室内设计、施工、运行始终，本文将以室内设计阶段为主，以某部委办公楼维修改造项目为例，详细阐述对绿装理念的实践。

2 项目概况

某部委是职能部门，也是对外交流的重要窗口。办公楼位于北京市东城区，工程总建筑面积3.4万平方米，地下主体二层，地上主体十七层。项目始建于20世纪90年代初，具有外事接待、办公、会议及工作餐、活动等配套功能的空间。随着时代的发展，办公人数的增长和使用功能的变化，办公楼的现状难以满足使用需求，亟待彻底的维修改造。

3 问题分析

通过实地踏勘与深入调研，将办公楼现有问题作出如下梳理。

3.1 空间利用

建成后二十余年，随着办公人数增长，办公内容变化发展，现代化的办公需求让使用者不得不在原有的空间格局上逐渐改变功能。受制于时间和空间资源，使用者难以从宏观上进行梳理、调整，满足部分需求的同时也造成了新的问题。这些问题累积下来，最终形成了现有的楼内空间分布。在空间利用方面，主要问题有以下几点：

（1）基本办公空间不足。办公人数增长是一方面原因；另一方面，办公室内的平面布置已不适应当前需要。办公室内未预留适当空间布置打印机、公用电脑等配套设施，将一个工位用来放置公用设施，浪费的工位数量可观。基本办公空间不足，导致会议室被挤占；体育锻炼空间也被占用，一些办公人员甚至只能在乒乓球台上办公。

（2）办公配套功能不足。部分功能用房被挤占，小型会议、接待空间紧张，影响使用者按规模选用合适的会议空间；缺乏临时等候、休息等缓冲空间，只能在办公室内接待访客，影响办公，也缺乏私密性；文体活动空间与会议空间混用，使用不便；原多功能厅集合了会议、文艺演出、体育锻炼等几乎所有配套功能，平日同时摆放有会议桌椅、乒乓球桌，混杂的功能影响使用和心理感受。

（3）功能设置分散，流线欠合理。依靠大堂上空跑马廊连接二层南北侧，人流在大堂上方停留、穿行，影响大堂形象；首层卫生间面向大堂开门，私密性欠佳，影响大堂形象；会议系统分散于主楼、副楼，其间无直接连通，需下楼后再上楼；新闻发布厅位于五层，媒体等外来参会人员深入办公楼，与办公流线交叉。

3.2 室内环境质量

（1）会议室声学设计等需求变化。大会议室、电话会议室的使用功能要求增加，原声学设计不足，且缺乏视频采集功能及相应的照明设计。

（2）自然通风采光不佳。标准层南北向走廊长52米，仅靠两端外窗直接采光和中段电梯厅的东侧窗间接采光，走廊内封闭、昏暗，使用感受不佳；首层大堂主采光面受跑马廊遮挡，大堂采光不足。

（3）文印中心噪音、废气影响办公。文印中心分为办公区与印刷区，现状两区域未进行合理区隔，打印、印刷产生的噪音和废气直接影响办公人员。

3.3 节能减排

（1）建筑节能性不佳。原建筑外窗为铝合金推拉窗，密闭性、隔热隔音性不佳，作为围护结构的重要组成部分，对建筑整体节能性影响显著。

（2）设备老化。由于使用年限较长，给排水管道老化，局部产生漏水情况；电缆、电元器件老化，能耗增大，产生安全隐患。

（3）缺少智能管理系统。各专业设备只能就地管理，难以对系统运行进行实时监测、实时管理、分区管理、分模式管理、统筹管理、事故异常报警等。

4 改造实践

针对既有建筑、室内的问题，结合使用需求，以绿装为实现目标进行维修改造。整体设计在空间利用、室内环境质量、节材、节能、节水等方面作了深入考量。

确定以下改造原则：

（1）充分利用楼宇现有条件，使功能在平面、立体上分布合理，相互关联紧密，空间利用经济。

（2）充分考虑外事接待、外来访客与内部使用者三方的需求，对平面布局、声学设计、采光、通风、智能化等方面进行革新与充分改造。

（3）重视安全环保，运用绿色环保的装修材料，尽力降低能耗，体现低碳节能观念，实现分区、分项计量，满足可持续发展的需要。

以此原则指导具体的改造内容，表明将以绿装为目标来进行设计，使该办公楼成为现代与绿色兼具的办公空间。

4.1 空间高效利用

对室内方案设计来说，实现空间的高效利用是实践绿装的最直接、最重要的途径。针对老旧建筑的状况，我们在解决问题的同时，运用不同手法，赋予一个空间多种功能，使有限的空间能够满足更多的需求，并且将各种功能有序地组织起来，达到既能用又好用的目标。

4.1.1 调整流线，充分利用空间

充分发挥中央电梯厅的枢纽作用，重新组织南北两侧的交通流线；取消二层连接南北的跑马廊，改为通过中央电梯侧厅连通，消除办公流线与礼仪空间的交叉；首层、二层局部挑空并配置绿植，临窗布置沙发，为访客及内部办公人员提供安静宜人的等待、交流空间；原朝向首层大堂开门的卫生间改向后开，进一步完善大堂空间形象。

三层中央电梯侧厅与大会议厅相对。大会议厅现状有两个问题：可容纳人数不足，200人以上会议需使用Ⅲ段多功能厅，而多功能厅各种功能并存，转换成会议模式极为不便；休息厅为暗厅，兼具交通及展示功能，实际可供候会缓冲的面积不足。经过重新设计，原有休息厅并入大会议厅，使大会议厅能容纳220人以上；中央电梯侧厅供候会缓冲，位于电梯厅前，位置合理，面积充足，采光好，可观景。

4.1.2 空间功能转换

在空间有限的条件下，通过功能转换来满足更多的需求。考虑到项目的性质和适用空间的条件，主要采用"时

间差"的形式来实现，局部采用"空间差"的形式。

1. 首层大堂

首层大堂位置中正，平面方正规整，两层挑高，且与中央电梯侧厅连用，便于人流疏解（图1）。某部委在履行日常办公职责之外，还担负文化交流的责任，首层大堂具有多种功能需求。平面布置分为平日情景、迎宾情景、展览情景、交流情景四种；在空间设计上充分考虑适应四种情景的需要；预留足够的供电容量，整合电点位，适应灵活展览；照明经专业设计，点状与面状照明结合，分路分情景控制；风口与顶面造型结合，经过特殊设计，可平稳、舒适地送风至地面。各专业配合设计，通过智能控制系统统一管理，保证大堂能够满足不同使用需求。

改造前

改造后
图1　首层大堂

2. 标准层电梯厅前厅

将原有办公室与走廊间的隔墙打开，形成半开放空间，来满足楼层的休息、接待、会议需求；前厅与中央电梯厅相对，适合作为交通空间与办公空间的缓冲；前厅与走廊间设活动磨砂玻璃门，平日玻璃门全部开启，供停留、休息；若有接待、会议需要，玻璃门可全部关闭，既可保证私密性，又可保证走廊的采光。

3. 办公室

办公楼使用者有午休的需求，考虑到办公空间有限，午休的功能也采用"时间差"来实现。首先是利用每个办

公室都有的双人沙发，午休时可倚靠可躺；其次，依照不同类办公室的空间条件，在空间允许处设置"壁柜床"，床立上墙，外观与书柜成一体，午休时可放下。这样同时保证了办公空间的专业性和午休的舒适性。

4. 标准层走廊

原标准层走廊为平顶，标高不足2.35米，加上长度长、采光不足，使用者感觉昏暗压抑（图2），强烈要求在此次改造中提高吊顶标高。但这一要求困难重重：走廊梁底最低距地2.70米，客观条件十分有限；水、暖、电各专业设备均在走廊走管，新增智能化系统还要增加管线，如按原有平顶考虑，标高甚至要降低。

要改善走廊吊顶标高，只能采用局部提高的方式，在梁间吊顶跌级向上。通过管线综合，若所有管线翻梁，跌级间平顶部分过宽，比例不佳，标高提高也有限，整体视觉感受改善不大。在建设方的支持下，确定方案：走廊局部穿梁并加固，管线部分穿梁、部分翻梁；并将最占空间的风管一分为二；所有管线两边沿墙布置。吊顶分三部分，沿墙两侧最低，标高2.40米，中间部分底标高2.60米，局部跌级标高2.85米。跌级内为可开启矿棉板，方便管线检修；消防末端和灯具集中布置在跌级内，采用平板型LED灯具，不占标高的同时，还有一些面光的效果。

建成效果达到设计预期，使走廊的使用体验得到极大改善（图3）。

图2　走廊（改造前）　　图3　走廊（改造后）

4.2 室内环境质量

4.2.1 声音环境

大会议厅、新闻发布厅等重点会议空间特别重新进行了声学专项设计。在精装方案设计阶段即开始与声学设计配合，通过讨论确定空间的适当造型。因室内面积紧凑，返声设备采用明装形式，设备位置与造型相结合；选材上兼顾功能与美观，如木饰面板与木吸音板结合，仿石材涂料与乳胶漆结合，局部使用石材。声学设计介入早，保证了声学和装饰效果的融合（图4）。

办公室、走廊等空间大面积采用矿棉吸音板吊顶，矿棉吸音板的NRC（降噪系数）达0.5以上，能够达到很好的吸声效果。风机房、水泵房、换热间等设备机房，顶面为穿孔胶合板吸声顶棚、镀锌钢丝网罩面，墙面为穿孔铝板吸声墙面、填玻璃棉毡，确保充分吸收噪音（图5）。

图4　新闻发布厅

图5　设备机房

设备噪音处理方面：除消防专用风机外，其余送排风机进出口及所有新风空调机组出风管上，根据风机出口噪声和使用房间的噪声标准设置消声器，风机及新风空调机组进出风管两端加软风管。水泵、空调机组、离心风机采用配套减震器或减震垫。

4.2.2 光环境

原室内总体给人感觉较暗，此次维修改造中予以调整，力图改善使用者的感受。

空间设计上，局部拆除来引入大面积自然光，改善重点空间采光；墙面去除大面积深木色装饰物，以浅色墙面为主；地面选用色彩柔和、反射比适中的装饰材料；因陈旧发暗的涂料见新，原水磨石地面、石材墙面进行保养。

根据室内照度、空间性质、各界面和家具的颜色及应用场所条件，确定光源色温。办公空间4000～5000K，重点接待空间3300～4000K，公共空间4000K左右，特定的色温塑造特定的空间氛围，满足特定的使用功能。选用的LED光源色温不高于4000K，R9大于零。

首层大堂、大会议厅等重点空间进行照明专项设计。采用点、线、面光源结合，间接照明与直接照明结合的表现形式来塑造空间的光环境、彰显室内设计的效果。运用照明智能控制系统，根据不同的使用情境转换室内照明氛围（图6、图7）。

通过本次维修改造，不仅改善了照度不足的情况，提升了光环境舒适度，还为重点空间营造出更适宜、更有氛围的光环境。

图 6　大会议厅（改造前）

图 7　大会议厅（改造后）

4.2.3　空气／温度环境

本项目机械通风与自然通风相结合，在改造设计过程中，优化室内平面布局，对自然通风起到一定改善效果。主要手法是打断南北向过长的联系，在中部形成东西向联系。措施有：一至二层东侧厅，与大堂入口形成对流；三层东侧厅，引入东面自然风；标准层电梯厅前厅，与电梯厅形成对流。

文印中心印刷区与办公区分开设置，并设置独立的排风；食堂位于Ⅲ段一至三层，与办公区分开设置，后厨区、用餐区均设置独立的空调机组和独立的机械排风系统。避免产生的污染物或异味对其他空间产生二次污染。

项目平面为中间通廊式布局，房间分列走廊两侧，朝北、朝南、朝西的房间数量相当，不同朝向屋内同时间的温差较大。中央空调系统选用风机盘管末端，各房间可独立调节控制，保证使用舒适性。

4.3　节能减排

4.3.1　节材

从设计到施工全过程，一直将"节材"作为实现控制造价和绿色节能的重要途径。

方案设计上，追求简约效果，改造空间不设大量装饰性构件，不使用复杂的吊灯、水晶灯。

提前评估改造效果，把握好改造与利旧的比例。一是

平面布局与尽量少做改动，仅在必要处进行拆改；二是装饰面翻新，办公区电梯厅墙面石材陈旧，局部有小缺损，进行养护修补；办公区走廊及办公室内，水磨石地面陈旧发乌，进行清洗翻新；三是家具，全楼办公家具、会议家具，绝大部分状况良好，养护后继续使用；四是移除的原有装饰性构件另作他用。重复使用和翻新，极大减少了因二次装修产生的废弃物垃圾量。

图 8　电梯厅（顶面）

图 9　办公室（顶面）

采用灵活、标准的材料。首层大堂、各层中央电梯厅顶面为金属板，办公室、走廊等大量空间顶面为可开启矿棉板，办公室回风口为通长金属板条，均方便拆卸检修；在石膏板顶面上，亦在适当处留有检修口（图 8、图 9）。灵活的装饰材料能减少因功能变化导致的浪费，而采用标准化的板材规格能使材料的利用更加高效。

材料选样时，在效果和造价相近的情况下，尽量选择就近生产的材料，减少长途运输产生的能耗。施工图设计中对各种块材细致排版，施工过程中现场复核尺寸，再与厂家配合进行排版优化，保证效果的精确度，减少材料损耗。

4.3.2　节能节水

本项目为改造项目，使用年限长，一些设备陈旧老化，易产生不必要的能耗，而系统、设备的进步发展又带来更节能的运行方式。针对这些方面，对项目进行环保节能设计。

1. 更新老化设备及耗能部品

高压进线电缆老化，根据实际老化情况进行更换。变电所元器件及供电电缆绝缘老化，易发热变形，存在人身触电及短路等事故隐患，同时存在火灾隐患。低压配电柜全部更换。

检查管材状况，更换老化管材。生活给水、热水管采用建筑给水薄壁不锈钢管，消火栓管道采用消防用内外涂环氧复合钢管，自动喷水管道采用消防用内外涂环氧复合钢管，污水管、废水管、通气管根据管径分别选用铸铁管和热镀锌钢管，室内雨水立管、悬吊管采用热镀锌钢管，与潜水泵连接的管道均采用焊接钢管。空调送风管、回风管、新风管除保温型风管外均作保温。

所有给水管、排水管均作防结露保温，所有穿防火墙处的管道采用不燃材料保温。保温层外采用不燃材料作保护层。

原外窗为铝合金推拉窗（图10），使用中能明显感受到气密性、水密性、隔热性、隔音性不佳，此次全部更换。外窗采用LOW-E中空玻璃，间隔层为12毫米空气；框料选用铝合金隔热断桥型材。整窗传热系数 $K \leq 2.5W/(m^2 \cdot K)$，窗口做外保温，与墙体间空隙用发泡聚氨酯灌实（图11）。

图10　外窗（改造前）　　　图11　外窗（改造后）

2. 空调、供暖分区域设计

办公楼内各空间条件不同，使用需求不同。将空调、供暖系统分区域进行设计，提高工作效率。

首层大堂为高大空间，为避免冬季的温度梯度过大，采用地板辐射采暖系统及全空气空调系统；大会议厅采用全空气双风机空调系统，新风由室外引入空调机房，与回风混合，经空气处理机组处理后送入；办公室、会议室、贵宾室、活动室采用风机盘管加新风系统；所有空调机组按照可调新风比设置，对应排风机可变频运行以满足过渡季新风需求。

3. 增设建筑设备管理系统

为提高智能化管理技术，加强管控力度，增设建筑设备管理系统。系统包括：冷冻水系统、冷却系统、空气处理系统、排风系统、整体式空调机、给水系统、排水及污水处理系统、供配电设备监视系统、照明系统，预留与火灾自动报警系统、综合安防系统的通信接口。

系统具有设备的手/自动状态监视、启停控制、运行状态显示、故障报警、温湿度检测、控制及实现相关的各种逻辑控制关系等功能。可根据空间条件不同，细分控制区域，独立调节各区域的供暖、空调等系统；可对用电、用水量分区域单独计量、分级计量；可对重点空间进行照明情景控制。

5　总结与展望

本项目旨在通过绿色装饰装修的手法，来解决既有建筑的使用问题。从功能分布、交通组织、空间布局上来解决空间利用的问题；从声学设计、光环境设计、空气/温度环境设计上来解决环境质量的问题；从利旧翻新、就近选材、更新老化部品、分区控制、增设建筑设备管理系统等方面来达到节材节能节水的目的；最终实现安全、适用、经济、绿色、美观的设计要求。

通过项目的实践，我们也发现，在目前情况下进行的绿色建筑室内装饰装修，还有可提升的空间。

1. 效果与造价

实现绿装的设计、系统、设备、运行维护所需的前期投入，在现阶段可能会高于常规设计。需要设计师和专业人员根据每个项目的特点，进行整体评估。在安全性、舒适性、高效性、公共形象、生态效益，以及后期节约的运维费用与前期投入间，寻求平衡点。

2. 定性控制与定量控制

设计师在目前的方案设计过程中，能够有意识地按绿装的要求进行设计，从各专业、各方面来整体把握，在重点环节做到定量控制。但是，要提升绿装设计的品质，可以把定量控制再扩展到细节。在每个设计点上，都可以进行定量控制，通过计算、分析、比较，选择较优的方案，为实现绿装提供切实的依据。

3. 引导使用者行为

绿装的影响不应只是一时一地。设计师应该更多考虑使用者的感受和将会形成的行为模式。通过对绿色室内空间的塑造，满足使用者的基本生理和心理需求，并且给使用者带来更多的舒适感和愉悦感。使用者享受绿色空间带来的益处，同时自发地以更健康更节能的方式使用空间。

参考文献

[1] 深圳市嘉信装饰设计工程有限公司. 绿色建筑室内装饰装修评价标准（征求意见稿，未出版）.

[2] 周浩民. 论绿色装饰装修的设计误区. 中国住宅设施，2006（3）.

[3] 聂佩珊. 基于《绿色建筑评价标准》的办公建筑室内自然通风研究——以合肥地区为例. 合肥工业大学硕士学位论文，2014.

[4] 刘晓敏. 住宅绿色室内设计研究. 中央美术学院硕士学位论文，2009.

从色彩出发　营造温馨舒适医疗环境

——北京市羊坊店医院工程新建门诊楼室内设计

■ 朱　轩
■ 中国中元国际工程有限公司

摘要 以"北京市羊坊店医院工程新建门诊楼工程"为例，利用色彩、科室空间的功能，合理地选择装饰材料，让患者在空间中能够感受到温馨、舒适的环境。

关键词 医疗室内设计　材料　颜色　吸音降噪性

该项目建设地点位于北京海淀区双贝子坟路1号，东至铁道部直属通讯处的围墙，南至北京商业机械公司围墙，西至双贝子坟路。新建门诊楼总建筑面积20050平方米，地上建筑面积10860平方米，地下建筑面积9190平方米。该医院为养老康复医院，服务人群主要以周边居住的居民及中老年人群为主。本次设计的主要理念是通过颜色塑造整体室内空间，如图1、图2所示。

图1　鸟瞰图

图2　立面效果图

1　合理选材，营造良好的室内声环境

门厅是该医院人流最集中、出入最频繁的空间。所以，空间的流线和舒适度要重点设计。在综合考虑功能和造价的前提下，顶面设计穿孔石膏板，该材质吸音降噪性能强，且经济美观。如图3所示。

图3　门厅效果图

护士站区域具有休息等待及挂号分诊的功能，也是人流量密集、噪音大的区域。综合以上因素，顶面大块区域采用穿孔石膏板与纸面石膏板，局部增加工艺缝，避免北方气候带来的变形问题，同时也具有装饰性。墙体的阳角处设计不锈钢护角。地面选用PVC卷材，降低噪声污染。挂号收费窗口采用高低台设计，方便残障人士使用。如图4所示。

图4　护士站效果图

2 根据楼层的功能要求，突出视觉引导性

吹拔空间为三层挑空，且有自然采光。顶部在采光顶上设计了电动遮光布，避免室内空间夏季的温室效应，节约能源，同时也可以吸声降噪。墙体面层材料为洁净漆。地面采用米黄色、深米黄色地砖。柱子阳角处考虑后期的维护和防火卷帘的安装收口，柱子两侧设计钢板装饰，美观且实用。本次设计的主要理念就是通过颜色塑造空间，所以，通过涂料的经济手段分楼层装饰空间并进行流线引导，如图5所示。

图5 吹拔空间效果图

电梯厅同吹拔空间一样，通过分楼层颜色变化，对空间的医患起到提醒作用，同时也让空间更加的温馨、活跃。主背景墙面层材料为洁净漆，并做搽缝工艺处理。电梯厅其他墙面选用米黄墙砖，拼缝形式采用横向留明缝竖向密拼的形式，电梯套口选用不锈钢门套，避免磕碰，方便后期的维护，如图6所示。

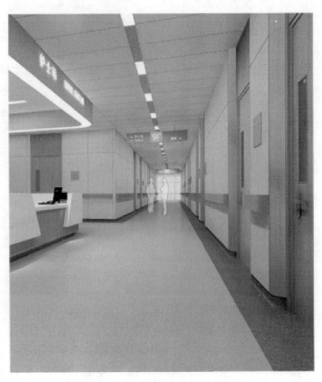

图6 六至九层走廊、护士站效果图

六至九层护理单元的走廊、护士站空间顶面使用吸音降噪性能较强的玻纤板，地面采用防滑、耐磨性能较强的PVC卷材。墙面阳角的区域采用倒弧角的处理方式与成品扶手相结合，最大限度地避免病床对于墙体的磕碰。考虑到6～9层的病人集中，标识的颜色采用柔和的蓝色，以缓解住院治疗病人的紧张、焦虑的情绪。同时，护士站服务台采用无障碍设计，方便残疾人士咨询使用，如图7所示。

结语

北京市羊坊店医院工程新建门诊楼室内设计，利用色彩、更为经济的材料等手段，满足中老年人群的心理、生理及使用需求，营造温馨舒适美观的室内医疗环境。

精品酒店室内设计对功能需求和审美需求的实现

■ 谷宗乾

■ 中国中元国际工程有限公司

摘要 人们生活水平以及生活质量的不断提高，对于酒店的设计也提出了更高的要求。近年来，一些四星级以上、规模较小、一对一贴身管家式服务、设计独特精致的酒店在国内一线城市盛行，国际上称此类酒店为Boutique Hotel（精品酒店）。在设计上，精品酒店从外观建筑到室内设计通常都出自名家之手，精品酒店区别于传统星级酒店，室内设计在其中扮演了重要角色。本文就精品酒店室内设计对功能需求和审美需求的实现进行探讨。

关键词 精品酒店 室内设计 探讨

近年来，精品酒店在一些大城市中悄然出现，设计师们对其进行了人性化的设计，逐渐成为一种流行的趋势。酒店设计中融入了文化的理念，独具特色。从精品酒店的由来上看，其主要诞生于西方欧美地区，将西方的文化以及个性融入到东方的静态文化中，精品酒店更多地体现出了质感和亲切感。对精品酒店进行设计是设计师们体现自身能力以及独到视角的方式，设计师们赋予酒店的个性美增添了酒店的灵动性。

1 精品酒店概述

精品酒店，顾名思义就是四星级以上的酒店，这些星级的标准是对精品酒店中硬件设施的认可和肯定，但是从其软件设施上看，要远远超出五星级酒店的配置。精品酒店从其规模上看，小巧是其主要的特点，巧而能觉温馨。从其提供服务的形式和特点上看，主要提供的是个性化的服务，采用的是贴身的服务模式，所以小巧自有小巧的理由。最重要的就是精品酒店的室内设计，其品位性是较为突出的，而且，接待的都是高层次高素质的客源。消费群体的自身素质和酒店的配置相符合，极具欣赏性、极具品位性、极具尊贵性。另外，精品酒店的价格也是四星级、五星级酒店所不能比拟的。可见，精品酒店集高端性和追求性于一身，是高消费形式的代表。从现如今社会发展的现状上来看，精品酒店是一种比较时尚的潮流形式，也是未来酒店发展的主要方向。

2 室内设计在精品酒店中的重要性

相对于其他传统酒店，室内设计在精品酒店中扮演着更加重要的角色，它主要解决酒店空间形象设计中的装饰问题，家具、布艺织物、灯具、饰品摆件、绿化等众多问题，以及设计、挑选、设置等问题，以表现精品酒店的文化、独特和时尚。强调软装陈设在精品酒店中的重要性，主要原因是近年来高端酒店千篇一律的奢华装修侵蚀了建筑空间的本质，而软装陈设艺术对于酒店特色文化的表现产生有益影响。将软装陈设引入精品酒店特色文化的塑造，即是营造酒店室内空间氛围的设计策略。室内陈设作为一

种关键性元素强调了陈设对于空间的重要性，还换位从顾客的角度来思考酒店空间的室内陈设，关注酒店室内空间的真正内涵。陈设特征的因素是与客人直接接触的地方，是反映酒店主体和景区地域性的主要因素。陈设之于精品酒店空间，不但是其亮丽的外表，更是其深厚文化脉络的延伸。任一品牌的精品酒店在不同地域、不同历史文化背景下，都应该有符合其特质的设计，以体现出不同地域的文化特征。

3 精品酒店室内设计对功能需求和审美需求的实现

3.1 精专的规模定位

精品酒店的市场定位于高端酒店，目标客源范围锁定于30～50岁的具有殷实经济基础和文化涵养的消费人群，所以客房价位通常高于五星级酒店，基本上在1000～5000元，甚至上万元人民币不等。此外，精品酒店的规模一般较小，客房数不超过100间，多在50间以内，少到个位也很常见。正是由于酒店规模较小、接待流量有限，配合建筑体量和外观的"低调的华丽"，使宾客在体验消费、享受服务方面获得较强的空间私密性和品质感，符合高端人群的消费特点和对自我身份的认定。

3.2 精锐的设计运营

精品酒店的精锐体现在投资、设计、管理、服务等方面的流程上，参与其中的前期投资者、设计师、管理方、服务员等均需要精锐的眼光、判断和能力，相互配合、缺一不可。在各方共同的努力下，才能促使一个精品酒店走向成功。如上海衡山路12号豪华精选酒店，业主为上海至尊衡山酒店投资有限公司，建筑方案由瑞士著名建筑师马里奥·博塔（Mario Botta）主持设计、华东建筑设计研究总院完成深化，并且酒店加入喜达屋酒店集团的豪华精选酒店系列，进行统一运营和管理。

3.3 精致的建筑语言

精品酒店看重建筑师的参与和地位，信任建筑师完成的作品。本文以精致的建筑语言归纳其特征意在强调其唯一性和原创性，以及其品牌价值和文化价值。建筑师运用精致的建筑手段，通过形式、空间、结构等表现途径，将

浓郁的地方文化特色或历史建筑元素融入设计理念，营造最佳的功能布局、交通流线、空间体验、景观视线等。如上海衡山路12号豪华精选酒店的椭圆形中庭，传达出建筑师博塔擅长的几何条线、中心对称、自然光线等建筑语言，而用来丰富立面层次的多角度外挂砖红色陶板的色彩，也呼应着衡山路片区前法租界红墙绿树的风格特征；再如，位于北京故宫东侧的皇家驿栈，屋顶视野直达故宫和景山公园，因此建筑师充分利用屋顶平台空间，同时融合聚会、酒吧、健身、SPA等多项功能。

3.4 精深的酒店文化

主题形式的酒店文化作为精品酒店不可或缺的特质，已发展为精品酒店的设计准则之一。精品酒店擅长从城市、历史、环境、自然等元素中汲取文化主题，并将其有效贯彻到与宾客感官体验相关的方方面面，主要体现在建筑、装饰、服务三个方面。上海黄浦江边的上海水舍，改建自20世纪30年代建设的日本武装总部，设计师在原有建筑中嵌入暗红色耐候钢，用以呼应船舶运输码头的工业文化，而建筑内部保留斑驳的历史墙面，并充分再利用废弃砖材，部分墙面修旧。紧邻北京颐和园的颐和安缦，在原有部分历史建筑的基础上进行修复和扩建，汲取北方传统官式建筑院落的特征，与颐和园建筑风格呼应，并在室内装饰上体现了明清建筑文化的特征。

3.5 精艺的功能配套

精品酒店的"精艺"在于其除了酒店的基本功能之外，往往特别从宾客需求出发并深度挖掘，结合当地的优势资源，对服务功能进行强化并设置专属的增值服务设施，打造成酒店的独特功能配套，借此使精品酒店成为宾客口碑相传的首选目的地。增值功能项目是精品酒店为了提高市场竞争力并根据客源需求而设置的配套功能，不同于其他类型酒店的功能项目，精品酒店立足功能性、强化体验性，结合建筑特色或文化主题进行精心布局，在空间感受、服务体验等方面体现"只此一家"的配备水准，具体可涉及餐厅、SPA、温泉、酒吧、书吧、视听、学习等方面。上海水舍的Table No.1餐厅虽然仅能同时容纳60人就餐，而其特意聘请的米其林厨师烹饪出的西餐远近闻名，临街的三面落地玻璃窗如同三幅并列而立的画作，模糊了内外的空间与视线关系。上海璞丽精品酒店别具一格的大堂，因其32m的长吧而声名鹊起，与室外水池和绿植相映成趣，此外特设的藏书馆也是静心阅览佳地。

3.6 精湛的服务水准

一座酒店的硬件设施不会永远领先，所以作为软件的服务水准是吸引宾客重复入住和保持长久竞争力的根本。精品酒店的服务人员数量通常是客房数的1~4倍，高于五星级酒店，服务水准的精湛还体现在可为宾客提供私人定制式的选择来满足其要求，因此服务人员必须对酒店特色服务的关键要素熟记在心，并了解当地的风俗、时尚、历史、文化、现状、特色、礼仪等，可以及时提供宾客想要得到的信息和所期望的服务。精品酒店了解宾客的需求并满足他们的预期，使之获得完美的入住体验，同时优质的服务也可以提升酒店的品牌效应。

结语

总之，如果说精品酒店的建筑设计是它的身躯，那么室内设计一定是渗透它躯干的血液灵魂。室内设计的范畴：室内架构布局、墙体造型机理、家具、布艺、灯饰、挂画、摆件饰品、地毯、绿植鲜花，这些元素直接贴近客户的日常起居，能激发人们心底的共鸣，它们的材质、色彩、形态和触感直接影响人们对空间环境的感观，这些元素在感染环境的同时，会使人产生联想，甚至有可能激发人们的审美情趣，使其沉醉其中，进一步的来表达投资者希望传达给入住者的感受。

参考文献

[1] 乔文黎, 张春利. 精品酒店设计解读 [J]. 城市建筑, 2012 (4).
[2] 王雪, 贾智红. 精品酒店的文化特色定位与设计表达 [J]. 华中建筑, 2012 (6).
[3] 梁杰. 对于现代酒店室内设计的探究 [J]. 现代装饰 (理论), 2013 (3).
[4] 徐宏, 赵慧宁. 精品酒店设计初探 [J]. 美与时代 (上), 2011 (5).

老龄化社会下社区室内设计的发展和思考

■ 张 凯

■ 中国中元国际工程有限公司

摘要 当前，随着城市化进程的不断深入，我国逐渐步入老龄化国家的行列。老年人是社会的宝贵财富，关心、关注老年人居住生活状况，为其提供更多的便利，不仅是子女等后代人的职责，也是社会的责任，是社会发展、文明程度提高的重要表现。在老龄化社会中，老人的居住环境是值得重视的一个问题，尤其是室内的设计。基于此，文章就老龄化社会下室内设计的发展进行分析，以期能够提供一个有效的借鉴。

关键词 老龄化社会 室内设计 发展

1 老龄人对住宅空间的特殊要求

按照年龄划分，可以把人分为未成年人与成年人两大类，其中成年人又包括青壮年与老年人。在住宅空间中，未成年人根据相关规定，是不能在住宅中独立生活的，需要有成年人监护。成年人在行为上、能力上都具备在住宅空间中独立生活。

然而，一个住宅空间，适合青壮年人群居住，并不等于也适合老年人居住。老年人由于年龄增长，身体各方面机能逐渐衰退，独立生活能力下降，对住宅的适应性提出特殊要求。在住宅套内和住宅周边环境设计中提供足够的方便，使老年人在晚年能尽可能长时间地在自己熟悉的家中生活。这不仅有利于老人们安度晚年，更长久地保持身心健康，也有利于减轻中、青年人的家庭负担和社会的压力。

2 老龄化社会下家居空间设计原则

2.1 生理方面

老人居住的地方应是宽敞大方的，整体的布局应该遵循无障碍原则，家居环境简单大方，结构不宜太过于复杂，不需要太多无必要的物品摆放阻碍老人的家居环境。那样他们做饭，上厕所等平常的小事都不是很方便。家居陈设应该整齐有序，每个位置留出较大的空间便于老人行走，尤其是对于有些腿脚不便，需要坐轮椅的老人。例如，我们的楼梯可以采用斜坡和楼梯结合的形式，坡度要适宜老人行走，腿脚不便的老人便可以自己通过斜坡来达到上楼的目的。老年人卧室最好选择在南面，光线比较明亮。老年人卧室布局的特点是无障碍，避免磕碰，室内家具尽量靠墙周边摆放，保持空间及过道通畅，以利于坐轮椅老人的活动。注意在床前留出足够的空间，以供轮椅旋转和护理人员操作。床、躺椅、沙发等一些供老人长时间休息坐卧的家具，不要放在正对门窗穿堂风的位置，以防老人在休息的时候受风寒。老年人卧室要靠近卫生间，卫生间里无论洗澡还是坐便器的地方都要安装扶手，方便老年人起坐。根据老年人长时间站立困难的特点，浴室内应放置供老年人使用的淋浴凳。

2.2 心理方面

我国现在很多家庭工作比较繁忙，不能有充分的时间陪伴老人。空巢老人越来越多，老人们独自生活，可能会有丧偶之痛，所以在家居设计方面也要给予老人心理上的开阔。我们可选择落地式的窗户，每天有足够多的阳光照进，给予他们愉快的心情。在阳台处，给予他们一部分没有安装地砖的地面，让更多的老人可以进行种草，养花，丰富生活。在阳台休息处可以摆放小桌椅和简单，便于收放的阳伞。让他们的下午可以喝茶，沐浴阳光，享受美好生活。更便于他们的身心健康。

2.3 安全方面

前面讲了让老人住的舒适，舒心。更主要的是让老人住的安全，这样在外工作的家人才可以放心。例如我们需要在一些尖锐的地方放一些可以防止磕碰的软物体。让老人生活在一个氧气充足的环境下，更加放松身心。窗户的设计不易过高，以免老人攀爬时受到伤害。

3 老龄化居住建筑室内主要环境的具体设计应用

3.1 出入口的设计

由于老年人的身体机能大大降低，行动较为迟缓，体力弱，视力不好，因此在出口设计时应采用防滑、耐磨、坚固的材料，防止使用中因地面的裂隙、凹凸不平等地面变化，导致人身事故。在出入口大小的设计上，必须要留足轮椅回旋的面积；在出入口方向的设计上，考虑到老年人的体质，出入口应采取阳面开门，以避去寒冷季风的影响。在出入口还应对雨棚等物品的造型有一定的设计，以满足老年人的识别度和归属感。

3.2 过厅和走道的设计

为了满足老年人的生活基本需求，在过厅设计时除了考虑轮椅和担架的回旋条件之外，还要考虑到为换鞋更衣准备的椅凳和橱柜的空间设计。老年人的反应力和身体反应都降低了很多，总的来说就是对于外界的刺激老年人多表现为反应迟钝、感受性弱，在过道、走道、房间不可以设置门槛，最好地面不要有高差存在。并且在老年人经常走动的过道安装护墙板和扶手，旨在帮助老年人安全通过。在走道的两侧可以设置距离墙壁 40mm 的直径为 40 ~ 50mm 的圆杆横向扶手，扶手高度宜在 0.90mm 和 0.65mm；在过道的两侧墙体下部设置高 0.35mm 的护墙板。

3.3 居室的设计

老年人起居室的朝向直接影响着他们的身体健康，最大限度地保证充足的日照和良好的朝向，最好能面向南方，北向次之，东向和西向夏季都会很热，不适合老年人的长期居住。老年人的起居室还应考虑到自然通风、视野开阔、天然采光等方面，这些都可以有助于老年人的身心健康。

3.4 卫生间的设计

卫生间对于老年人来说是事故多发地，因此要考虑好卫生间各个方面的设计，面积、坐便器等等。由于不合理的卫浴设施给老年人的生活带来了很多隐患。在我国很多家庭里面厕所依旧是采用的蹲式的便器，这样极易引发老年人的脑溢血；地面光滑，具有高差的地面会增加老人发生事故的几率，往往会引发老人摔跤、骨折。

3.5 燃气泄漏报警装置方面

由于现代厨房主要设计的是管道煤气，一般都有燃气泄漏报警装置。但是老年人的记忆力不好，手脚越发不协调，经常会忘记管道煤气阀门是否开启，以至于煤气泄漏，最终酿成大祸。所以，必须给老年人安装专用的调控阀门，防止由于煤气泄漏而在导致的危险事故发生。

3.6 电话与紧急呼救按钮

社区的养老网络是以社区服务为工作核心，以社区托老所、社区卫生健康中心、家政服务中心、社区敬老院为依托，以社区内有老人的家庭为服务的对象，社区的自愿工作者为补充，建立的一个畅通无阻的服务体系。一旦出现紧急情况，社区一接到电话就会派出相应的人员进行上门服务。

结语

随着我国改革开放及构建和谐社会主义社会体系的深入发展，为老年人创造健康舒适、人性化的家居环境会越来越受到社会的关注。因此，我们要对老年人的住宅设计注入更多的人性化设计，为老人们提供一个舒适的居住环境。

参考文献

［1］谢勇 . 人口老龄化趋势下的老年住宅设计［J］. 湖北职业技术学院学报，2014（4）：98-100.

［2］许苗磊 . 老年住宅建筑的发展与科学设计［J］. 江西建材，2014（8）：29.

［3］王慧 . 现代老年住宅设计分析［J］. 现代装饰（理论），2014（5）：167.

砖雕小考

——山西砖雕

■ 李 弢
■ 太原理工大学建筑与土木工程学院

中国传统手工艺似中国武林功夫那般也有着门派之别，而这门派之别往往是以迥异的地域文化和技艺表现风格来冠名区分的。中国砖雕艺术作为其中极具传统手工艺的一种艺术种类，就是秉承古老的传承脉络将精美技艺镌刻在青砖上得以薪火相传的。其主要门派依据地域与表现手法的差异，被分别命名为：北京砖雕、天津砖雕、山西砖雕、徽州砖雕、苏州砖雕、广东砖雕、河州砖雕等。其雕刻所表现的内容则多以人物、山水、花卉、走兽等内容居常，而其表现的载体演变则大致依循从装饰墓室—寺塔建筑—房屋建筑的发展脉络依次演绎着。可以这样说，中国传统砖雕技艺是中式传统建筑类雕刻中最具特色的一种艺术表现。而其中，山西砖雕这一流派尤以其极具地域性的表现和制作流程得以扬名。

1 山西砖雕的历史成因与脉络

据文献记载砖雕的产生是从周代（东周）建筑类瓦当及汉代画像砖的演变而来，它们是用湿的泥坯印模或刻印成型的各类砖雕的雏形。以往人们会以为砖雕初始就被用于常规传统建筑物上作装饰构件了，实则不然，砖雕这种承载着水火交融的艺术形式最初源于先民们在墓葬与祭祀的活动之中。如：画像砖就是汉代墓室中重要的装饰构件，这类装饰构件在全国各地已发掘的古代墓室中均有大量的呈现。而作为传统砖雕一派的山西砖雕，其历史传承真正走向成熟的时期则出现于两宋与金的时期。这种机缘成因据说是在宋金时期，戏曲及民间社火作为一种新的民间艺术形式已然盛行于山西各地及各个阶层。在两宋时期多样的民间社火表演，如：乔妇人、变阵子、拆旗子、瓜田乐等民间表演形式均被越来越多的社会各阶层人们所接受。这些多样的民间表演形式为山西砖雕艺人们提供了生动的、鲜活的创作素材，尤被贵族阶层所喜，更被各贵族阶层用于视死如视生的墓葬大事之中。其表现的题材中尤以喜庆娱乐居多，在已发掘的山西境内的墓葬砖雕中民间表演类如：跑旱船、舞狮、背棍、搭架火和扭秧歌等社火更是喜闻乐见的题材。这些民间的艺术形式一方面在很大程度上丰富了古代墓葬类砖雕的表现，另一方面这些生动的山西民间戏曲类人物砖雕被附于大量的墓葬使用中，也广泛影响着山西地域内的墓葬规制与形式，如图 1 所示。

图 1　社火表演砖雕

20 世纪五六十年代在山西发掘的宋金时期墓葬中，有众多带有戏曲表演场面的砖雕出现，其均以三面墓室墙壁或贴或砌筑以戏曲人物的砖雕表现场景居多。如：发掘的金代大安二年（1210 年）山西侯马董明墓室中，在近 4.7m² 的墓室墙面上布满了砖雕。其雕刻题材有大量集中表现戏曲人物的生动场景，其中还有模仿墓室主人生前生活中的建筑木结构斗拱、藻井、大门、格栅的构件出现。在墓室其中最为精湛的一面砖雕就有男仆托盘、侍女执壶，墓室主人夫妇相对而坐一起观赏舞台戏剧表演的生动场景，它从一个侧面也为我们印证出墓室主人生前的社会地位以及当时贵族阶层的生活场景。如：站立于戏台口的末泥、副末、装孤、装旦、副净（古戏曲人物表演角色称谓）的戏曲表演人物均运用了圆雕与高浮雕的表现技法，形象可谓栩栩如生。其砖雕面积、雕刻质量以及所采用的表现类型，从一个侧面着实映衬出当时雕刻艺人们技艺之了得，其墓室整体雕刻均属金时期墓葬类砖雕中不可多得之精品。在同期山西发掘的宋金墓葬砖雕中，还出现了表现“伎乐俑”的砖雕（“伎”为舞伎，“乐”为乐工），如图 2 所示。这些精美的实例足以证明山西砖雕作为传统地域流派发展的历史成因与脉络，如图 3、图 4 所示。

图 2　伎乐俑砖雕

图 3　墓室中的戏台杂剧俑

图 4　戏曲砖雕

2　飞入晋商大院里的砖雕

随着历史进入元代少数民族政权入主中原，外族文化进一步深入与中原文化碰撞并交融，这也对当时的中原丧葬文化产生了一定程度的影响，至此之后山西砖雕在墓室中大量的运用已步入衰落期。直至明代，砖雕已由墓室类砖雕逐步发展演变成为寺塔与官用建筑的装饰类雕刻了。如：明孝陵宫城东西两侧的砖雕八字墙所用的大卷草折枝花雕刻砖雕的图案例证。而进入清时期，作为山西砖雕更有着向民用建筑装饰的演变与转化。随着山西晋商在清朝的兴起与晋商事业的发达，山西砖雕在此时期被大量运用于晋商院落之中。那时经济上富可敌国的晋商们在他们的院落建造中竞相显贵夸富，百般讲究建房规模和建筑雕刻装饰，因此使得原来只用在宫廷、官衙、寺塔等建筑上的砖雕被山西晋商植入了三晋大地晋商的各类大院中。砖雕更多地成为了当时富商、地主阶级宅院、中堂、大门、照壁、祠堂、戏台、山墙等建筑构建上的华丽表现，且表现出的砖雕技艺更为精巧多样。其雕刻或以灰砖雕刻，或是镶嵌瓷片作陪衬，富贵华章，争奇斗胜。

晋商民居类砖雕在这一时期的特点也大都采用民间喜闻乐见的题材，多是对建筑构件如：大门、照壁、墙面等的装饰展现。民间工匠凭借他们精湛的技艺将这份美好祈愿赋予了人们，并以借喻、隐喻、比拟、谐音等寓意来传达对生命价值的关注、对家族兴旺的企盼、对富裕美满生活的向往、对自身社会地位的追求。考古发现在地处山西中段的汾河与潇河，曾为山西中部一带沉淀下了丰厚的可用于烧制砖雕材料的优质泥土，加之砖雕艺人对青砖成型、烧制质量上的精益求精，山西砖雕作为建筑构件的长久性才得以保证。直到今天晋商大院中还遗存有繁多的棱角俱在且完整的砖雕艺术精品。

用艺术的视角来分析，山西砖雕形象简练风格浑厚，在雕刻上不盲目地追求精巧和纤细，它呈现出的是一种远近均可观赏的完整视觉效果。在题材上尤以戏曲中的各类掌故为其创作源泉，如龙凤呈祥、和合二仙、刘海戏金蟾、郭子仪做寿及麒麟送子、狮子滚绣球等均是其创作蓝本，其间又穿插以松柏、兰花、竹、山茶、菊花、荷花、鲤鱼等寓意吉祥及人们所喜闻乐见的图案为其组合内容。就山西砖雕而言，其技法上多以阴刻（刻画轮廓，如同印章中的阴刻）、压地隐起的浅浮雕、深浮雕、圆雕、镂雕、减地平雕（阴线刻画形象轮廓，并在形象轮廓以外的区域铲平的技法）等技艺为其创作手段的组成，如图5所示。在清

代后期，山西砖雕之技艺更是随着时代的审美趋向于华丽精巧，并具有了模仿中国传统绘画的艺术趣味。到此山西砖雕从发展演变上已完成了华丽的转身，成为了全国各派建筑砖雕中的佼佼者。

3 山西砖雕的慢工与细活

在山西境内发现的都沟新石器遗址、马峪谷文化遗址中，相继出土了大量的灰砖，经专家鉴定均属于仰韶文化时期。这一点足以证明早在夏商之前，山西先民们就已经掌握了较为成熟的烧砖技术。而精美的山西砖雕制作，是必须经过从原料选取到最后完成的30多道严苛工序的。首先是要烧制优质的青砖，其从原料的选取到砖坯出窑，都要经过选土、制泥、制模、脱坯、凉坯、入窑、看火、上水、出窑九道工序来完成。且烧制砖的窑体一般还较小，据说是为了"好看火、易操作、出好货"的缘由。砖坯在烧制的过程中非常忌用"大火"烧制，开始点火加热窑体时用的是"小火"，行话称其为"热窑"。热窑大约一天后方才转为"中火"，一般烧制一窑砖的时间要三天三夜。在烧制完后还要用"柳罐"将池水泼洒在窑顶的土层上，经过土层的慢慢渗透过滤将窑中的砖块淋透，来慢慢为砖体降温。"成砖"被上水后，打开窑门与窑顶散热，冷却两天两夜后成砖方可出窑。成砖出窑后，须对焦砖、裂砖、变形砖进行严格剔除，而成型备用的砖色以青灰色为上好品质。而砖质烧制过脆、过硬则不易被雕刻，砖体太过灰白色则又不经久耐用。一窑成砖中，大抵只能筛选出六七成左右的雕刻用砖。

在成砖雕刻制作前，首先要把被雕刻用砖蘸水将雕刻面及其四周磨平，切割成所需尺寸。下一步就该进入给雕刻用砖"打稿"的过程了，"打稿"被分为"画稿"与"落稿"两道工序完成。传统的"画稿"做法是请当地的名画家、名书家打样完成"画稿"。"落稿"则是将选定的画稿拓印在砖雕面上，即先在画稿上用缝衣针顺着画稿的线形走势穿孔后（约一毫米一个针孔）再将画稿平铺在砖体表

图5　居民砖雕

面，将装有深色画粉的"粉包"顺着针孔轻轻拍压于画稿上，这样就可将图案落于砖体上，形成了"落稿"。在完成这些程序之后，就要进入对砖体"打坯"与"出细"的制作过程了。

"打坯"就是用刀、凿等工具在砖体上按落稿的式样雕琢出画面图案、景物的大体轮廓，并按一定的步骤刻画出景物在砖体上大体的前后层次，以区分出前、中、远景的立体效果。这道工序是需要经验非常丰富的大师傅来完成，非常讲究雕刻的"刀路"及"刀法"技巧。这期间的制作一是要在砖体上"打窟窿"，即用錾子将砖体图案以外的部分剔空到需要的深度，并将剔空的底部剖平，以显示出图案的大体形状；二是要"镳"（biao），即对图案的深浅层次、遮挡关系进行表现。而后才能进入"出细"活的过程，即最后对砖雕全面的修饰阶段，譬如对雕刻的整体深入以及细部进行更进一步的细致雕琢与磨光加工。如果砖体上还留有粗糙不光洁的地方，还需用"糙石"进行磨光。如遇在砖体表面还遗留有沙眼，还须用砖灰调适量猪血来填补并再度磨光细刻。山西砖雕就是这慢工出细活的30多道严格工序打造出来的艺术精品（图6），这也是山西砖雕真正的魅力所在。

图6　砖雕制作

结语

一件件精美的山西砖雕，带着历史的印迹走到今天。它仿佛就似一位会讲故事的老人般，为给我们娓娓道来那份值得子孙后代铭记于心的长久感动。

参考文献

[1] 石金鸣.生死同乐——山西金代戏曲砖雕艺术［M］.北京：科学出版社，2012.

个性化视觉语言在展示设计中的体现

■ 杨子奇

■ 湖州师范学院

摘要 本文以展示的最终效果如何更好地吸引观众，并促使观众对其留下深刻的印象，将展品的信息得到有效的传递为出发点，提出了展示空间要突出新颖、个性的原则。在此基础上，结合具有代表性案例进行分析，分析了个性化视觉语言的体现途径。

关键词 个性化 视觉语言 展示设计

在既定的时间和空间范围内，有目的地将科学、技术、艺术、经济融为一体，对展示内容的陈列与空间环境进行综合策划、实施的过程，我们称之为展示设计。它不仅含有解释展品、宣传主题的意图，并能使观众参与其中，达到交流宣传、接受信息的目的。因此，展示设计具有信息载体的特性，决定了它在现代高速的信息化时代中扮演着日益重要的角色。[1] 展示设计的过程就是视觉传达的过程。而视觉语言就是视觉传达的有效载体，它是借助视觉认知语言的基础元素来进行艺术表现，所以，视觉语言是展示设计中的一个重要环节。但是，在行业竞争愈演愈烈的今天，大众化的设计已不能满足时代的需要，人们开始追求新鲜、刺激、另类的视觉语言。展示设计为了营造一种具有视觉震撼力的、让人流连忘返的展示效果，就必须突出空间的个性，使其在众多的展位中脱颖而出，去迎合人的喜新心理、探奇心理。那么，展示空间的个性又是通过哪些视觉语言得以体现的呢？本文针对这个问题，全面地展开分析。

1 奇特的造型

造型是整个展示的骨架所在，也是一个展示设计大效果形成的关键，对远视效果的影响尤为重要，因为任何展示艺术最终都要落实到视觉形式上。而为了造就另类、夸张的视觉效果，我们可以运用常规环境中不常见到的造型，给展示空间注入新的活力。

残缺是一种不完整的美，它能营造出一种时代、前卫的主题，给人无限的遐想。残缺的造型是将完整的造型进行破坏，使之不完整，产生缺陷、瑕疵的效果。比如 2005 年爱知世博会日立集团馆（图 1），建筑物的一部分被削成峡谷，体现出极大的视觉冲击力和前卫的艺术感。而仿生的造型是模拟自然界各种物象外在形态的一种造型手法。在展示设计中，对于这些仿生造型的设计，不完全是对物象的复制，而应当是遵循美的表现规律，进行艺术的再创造。比如 2010 年上海世博会以色列国家馆的主造型为"海贝壳"（图 2），它就是将贝壳的外在形态加以概括、提炼。这种造型设计简练而又精彩，风格活泼，富有趣味性，其直观的形象使展馆如鹤立鸡群一般醒目。另外，不规则的造型可以给人以耐人寻味的视觉效果，它是非秩序性且故意寻求表现某种情感特征的造型。比如建筑大师盖里设计的古根海姆艺术博物馆，被称为解构主义的典范，这种形造型本身并无意义，但它别具一格的视觉特征可以让人产生联想。

2 别致的色彩

"远看色彩，近看花"，自古以来人们就认识到色彩具有先声夺人的效果。人们观察外界的各种物体，首先引起反映的是色彩，它是人体视觉诸元素中，对视觉刺激最敏感、反应最快的视觉信息符号。[2] 而别致的色彩具有鲜活、刺激的特点，它能迅速传递展示的信息，给人以更具体、更可感的形象记忆。

在商业展示环境中，色彩设计多以参展方的企业形象

图 1 爱知世博会日立集团馆

图 2 上海世博会以色列国家馆

图 3 爱知世博会西班牙馆

为定位基点，因为它具有极强的精确性和简洁性。比如可口可乐、百事可乐、柯达等国际上知名的企业，它们的展示色彩设计总是以标准色为基本面貌出现，不仅能起到宣传引导的作用，而且能够一目了然地给观众留下非常深刻的印象。另外，针对展品的属性，我们也可以利用反常规的色彩搭配方式，利用怪异无稽，荒唐离奇的色彩组合来营造空间氛围，给人以耳目一新的感觉。而强烈的色彩对比又具有明快、华丽的视觉效果，能营造出令人兴奋的空间氛围。比如 2005 年爱知世博会西班牙馆（图 3），围墙是由一万五千块色彩对比强烈的六角形陶器砖堆砌而成，鲜活的色彩在眼前跳跃，显得既统一又有变化，真可谓是别具匠心，因此也成了世博会的亮点。

3　独特的灯光照明

为了更好地突出展示的主题，我们可以将灯光做色彩处理。因为光色对观众的情感影响最直接，也最强烈，所以利用色彩的联想，可以用照明的手法渲染出展示空间的特定情调和戏剧性的气氛（图 4）。比如，用冷色调的光来模仿月光的自然效果；也可以用暖色调制出火光效果。[3]而近似色或对比色的综合运用又可以营造出如诗如幻的空间氛围，使观众获得强烈的视觉体验与心理感受。不仅这样，我们还可以利用灯光来界定空间（图 5），它能对展示空间进行划分，并且可以勾勒出展场的造型，使展示环境的区域性加强。

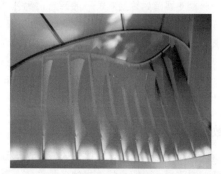

图 4　灯光效果

图 5　展示空间的灯光照明

对于灯具本身来说，它已具有装饰性，它所体现的美感已足够装点空间。所以，在设计中选择个性的灯具有着绝对的重要性，能达到事半功倍的效果。比如 2005 年爱知世博会韩国馆中印有装饰图案的吊灯（图 6），既达到了基础照明的需求，而且灯具的图案也体现出了地域风情。

图 6　韩国风格的吊灯

4　新颖的材料

材料是展示设计得以实现的物质基础，而新颖的材料不仅可以表现出造型和空间的最佳状态，使展示具有生命力，还可以给观众焕然一新的艺术感受。随着社会经济的发展，展示使用的新材料不断涌现，新的设计风格、新的功能、新的结构和新的形态也相应产生结构和新的形态也相应产生。比如 2010 年上海世博会英国馆（图 7），外形简洁，并创意无限。整个建筑最大的亮点，就是向各个方向伸展的大量触须，这些顶端带有细小彩色光源的触须覆盖在建筑外部，随着微风的轻轻吹拂，可以在展馆表面形成可变幻的光泽和色彩、组成各种图案。

除此之外，我们还可以大胆运用非常规材料，以此来增加观众参观的兴趣。比如这些材料可以是买来的现成品，也可以是被扔掉的废弃物，每个物件都可以得到自身的确认，但它们结合到一起所产生的可解释的空间却非常大。[4]而肌理作为材料的表面特征而存在，能给观众不同的视觉效果与心理感受。所以，利用材料独特的肌理特征，能给展厅与它所在的环境之间提供一种鲜明的对比，通过这种对比来强化其独特的魅力，从而给观众一个全新的视觉刺激。比如 2010 年上海世博会通用汽车馆（图 8），由于展馆表面采用先进金属材料，好似一件炫酷外衣，质感十足，再加上投影、LED、变色玻璃的应用，使其产生丰富的肌理变化，兼具随机性与主题性。

图 7　上海世博会英国馆

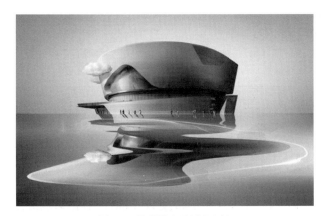

图 8　上海世博会通用汽车馆

5　新的媒介

信息社会的到来，各种新媒介的涌现，改变了传统的展示方式，它解决了很多传统展示中的设计难题。比如地球的发展、生物的进化、细胞的组合等，以前难以表现的主题现在都能成为现实，这比单单用图片、文字介绍更直观，更容易达到展示的目的。[5] 当下，高科技在展示设计中应用比较普遍，它不仅能吸引观众的注意，满足观众的好奇心理，而且可以使展示具有时代性，并赋予展品很强的时代感。

另外，模拟现实的手法具有直观的视觉效果，可以极大的增强展示的说服力和感染力。它不仅能增加观众的参与性和身临其境的感觉，还可以使展示具有回顾性和前瞻性。模拟现实可分为：实物模拟、场景模拟和多媒体虚拟

三种。比如 2010 年上海世博会世界气象馆中的气候变化长廊（图 9），通过 4D 影院模拟未来气候变化可能导致的灾难，给参观者以心灵的震撼。在展示中，我们还可以通过机电增加自动、可动的效果。如制造旋转的展台，这样观众不需要走动就可以看到展厅不同的部位，使展示更具人性化。

图 9　世界气象馆中气候变化长廊

结语

综上所述，要创造出令人神往且富有魅力的展示空间环境，就需要我们深入地对个性化视觉语言进行探索与研究，从而开拓创新意识。但是，我们在追求个性化艺术形象的同时，还必须牢牢把握展示设计的主题，因为展示形式与展示内容是有机的统一体，通过一切个性化的视觉语言对外传递展示内容的信息，而不是一味盲目地追求特异效果。

参考文献

［1］汪建松.商业展示及实施设计［M］.武汉：湖北美术出版社，2001.
［2］苏里曼.色彩在包装设计中的运用［J］.包装工程，2004（5）：67-69.
［3］蒋尚文，莫钧.展示设计［M］.长沙：中南大学出版社，2004.
［4］李远，宋春艳，丁立伟，等.展示设计与材料［M］.长沙：中南大学出版社，2004.

装置艺术在胡同更新中的运用研究

——以北京青龙胡同为例

■ 杨　琳　李奕慧　滕学荣

■ 北京建筑大学建筑与城市规划学院

摘要　青龙胡同是位于北京北二环内的一条胡同。作为一条历史古老的街区，青龙胡同见证了北京城近年来的兴衰更迭。随着经济和文化艺术产业的发展，如何在对现有环境有效的保护的前提下，实现对老胡同的更新，让胡同与周围环境相融合，成为当前需要解决的问题。本文通过对青龙胡同实地调研的方法，分析了青龙胡同的历史和现状，从装置艺术的运用入手，对装置艺术介入胡同公共空间来促进胡同的更新进行分析。

关键词　青龙胡同　装置艺术　胡同更新

1　背景介绍

1.1　北京胡同

胡同是久远历史的产物，它反映出历史的面貌。它不仅是城市的脉络，更是普通老百姓生活的场所，记录了历史的变迁，并蕴涵着浓郁的文化气息，遗留各种社会生活的印记。北京胡同众多，文化内涵丰富，它起源于元大都城，元朝时的房屋结构为三进的大四合院，四合院中间有很多空地，随着人口的增加，后代人们多在中间的这些空地上再建四合院，很多小的街巷由此而产生，于是从明朝开始，胡同的含义有了扩大化的趋势，再到后来，人们将街巷之类的通道统称为胡同，并且相沿成为一种惯例。胡同到现在经过了近八百年的演变，总体上呈现不规则网格状，其走向以南北、东西向胡同均匀分布。

1.2　青龙胡同介绍

青龙胡同位于北京北二环内小街桥西南侧，西临雍和宫，处于歌华大厦、雍和大厦和青龙胡同南边的传统民房的交汇区域。青龙胡同长约800米，沿街一面是北京现有的老社区，而另一面则为新兴的创意产业办公楼，周边有众多文化创意产业和创新孵化空间，是一条极具发展潜力的创新型社区，如图1所示。

1.3　青龙胡同的保护与更新

自元朝建大都城开始，历经时代的更迭，如今的北京胡同面貌已经发生了历史性的变迁。变迁是人类发展和进步的常态，但无论是社会变迁还是经济文化变迁，都需要一些能够代表古老文化的事物来支撑其文化内涵，胡同就是北京古老文化生活的最好体现。它是北京历史文化的重要载体，每个胡同都有其独特的邻里关系，不能脱离周围环境而单独存在。对于青龙胡同的保护与更新，要以可持续、再生和共生新发展为概念，对胡同加以发展和更新，不能破坏胡同根基，使胡同居民生活更美好。

2　青龙胡同现状

北京的胡同是依照棋盘形蓝图而建的横竖笔直的走向，东西走向的胡同多，南北走向胡同少。青龙胡同则是一条东西走向的胡同，分隔了创意产业办公楼和传统老社区，通过对青龙胡同的实地调研，发现了许多存在的问题。

2.1　现存空间现状

随着居民人口的增加与生活质量的提高，原有胡同内的居住空间显得过于局促狭小，不能满足胡同内居民的需求，居民通过加建二楼或在屋后加建来扩大居住空间，他们希望居住的环境可以得到改善，有更加合理和宽敞的空间。并且由于胡同历史久远，年久失修，消防、排水等基础设施不够完善，存在安全隐患。在对青龙胡同实地调研中发现在老社区内老年人比青年人多，对于居住空间，他们更需要一些无障碍设施来方便他们的生活与出行。在青

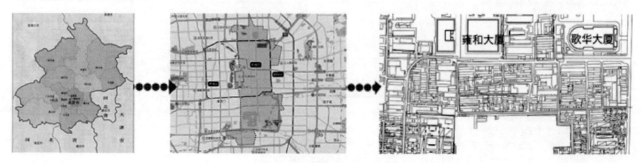

图1　青龙胡同街区区位图

龙胡同内，用地以居住用地为主，商业用地很少，街区中仅有几家小商铺，经营规模较小，并不能满足周边居民和办公族的需求。

2.2 公共空间现状

青龙胡同内道路现状狭窄，根据实地调研对数据进行统计得出，街区内一级胡同路宽 4 ~ 6 米，二级胡同路宽 2.5 ~ 5 米，如图 2 所示。一方面，这种传统的街巷并不能满足人们对汽车停放的需求，街区内只有一处停车场对外开放，并不能满足办公楼工作者和居民的需求，外部交通流量的大量引入，使得车辆多停放在街巷两侧，占用了大量公共空间；另一方面，随着人口的增加与生活质量的提高，传统的胡同住宅已经不满足居民的居住需求，为了增加居住空间，居民在原有建筑的屋前或屋后和街巷内任意加建建筑物，不仅破坏胡同内原有的肌理，也导致公共空间遭到挤占，并且很少有人去维护，使整个街区巷子风貌变差。街区内缺少休憩娱乐设施，居民只能在自家活动，使得街区内生活氛围逐渐丧失。

3 装置艺术介入胡同公共空间环境

3.1 装置艺术介入胡同公共空间的目的

通过装置艺术在胡同公共环境中的应用把装置艺术引入胡同公共空间，最大限度提升胡同的文化活力，加强胡同公共空间与人们的互动与交流；利用装置艺术现成品与拼接的特性从生态角度出发，科学而艺术的突出胡同的生态性，使胡同焕发生机；装置艺术介入胡同中可以令居住在胡同中的居民有休憩交流的空间，令他们在休闲的同时感受艺术的活力；这对构建居民社区、办公区和谐共生的生态环境，吸引更多的文化创意工作室进驻胡同，提升胡同的活力，促进胡同活态更新也有重要的意义。

3.2 装置艺术的特征

装置艺术可以理解为现当代艺术的一种门类，它区别于传统艺术，装置艺术强调观念，并且需要结合周围环境，把观众融入其中产生互动的一种艺术形式。艺术家在特定

的时空环境里，将人类日常生活中的已消费或未消费过的物质文化实体、进行艺术性地有效选择、利用、改造、组合，以令其演绎出新的展示个体或群体丰富的精神文化意蕴的艺术形态。简单地讲，装置艺术是"场地 + 材料 + 情感"的综合展示艺术。在装置艺术中，人内心的情感是艺术的主导因素。美国艺术批评家安东尼强森这个评价过装置艺术："有时候连艺术家都很难把握装置艺术的意境，读者可以自由地根据自己的理解去解读即可。"装置艺术的产生是时代必然与偶然的结合，它受到达达主义、极少主义、波普艺术等的影响，最初出现在 1917 年的展会上。在之后的 40 年间，装置艺术表现形式并没有得到强劲的发展。直到 1961 年，在纽约现代艺术博物馆举办的装配艺术展中，现成品、立体构成、拼贴等方式才被列入装置的范畴。装置艺术成为一个备受艺术家和大众关注的艺术表现方式。

3.3 装置艺术在胡同公共空间中的运用

公共空间是为胡同居民提供日常生活和社会生活公共使用的室外及室内空间。公共空间不仅仅只是个地理的概念，更重要的是进入空间的人们，以及展现在空间之上的广泛参与、交流与互动，多表现为居民自发的文娱休闲活动。在青龙胡同里很缺少这样的场所，设计师可以通过在胡同内做一些装置艺术，来为胡同内居民提供娱乐的场所，并且吸引更多的人参观胡同，促使活态更新，激活胡同本身的潜能。

装置艺术应用广泛，形式众多。对于装置艺术家来说，公共环境的任何一个地方都有其独特的文化精神，每一个地方的历史背后都蕴涵着人文烙印。设计师通过对历史和文化的了解，运用艺术的表现形式，设计出具有强烈个人情感的装置作品。使得观众在面对这些装置作品时，会产生独特的情感体验。

根据对于青龙胡同街区实地调研所得到的数据，在街区现状的基础上，总结出可以利用空间的特点。如车流量小的路段、人流量大的路段、街区内足够宽敞的公共空间、可以置换的居民住宅等。这些区域都可以作为装置作品介

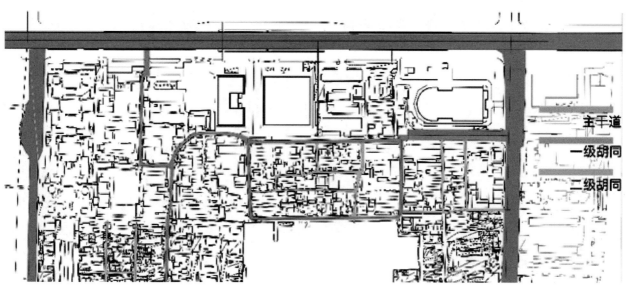

图 2 道路分析图

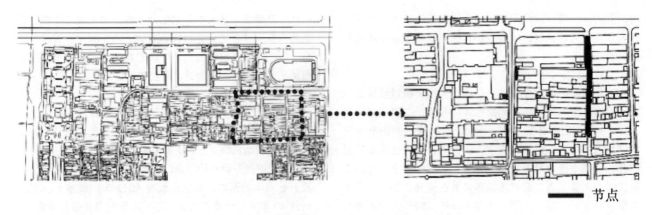

节点

图3 街区局部区域装置作品节点图

入胡同空间的节点。以图3中局部区域为例，右侧灰色路段一侧为停车场，一侧为居民住宅，通达性良好并且车流量小，可以作为节点。在这些空间里可以利用互动装置艺术、"垃圾"装置艺术等多种装置艺术形式来促进公众参与，将艺术装置融于青龙胡同环境布局中，形成胡同中的组成部分，对周围环境进行融合和塑造，使其发展成为一条创新型街区。

3.3.1 互动装置艺术

在互动装置艺术中，互动性是连接作品与公众的关键点，观众由原来的艺术欣赏者转变为艺术创造者。互动装置引发公众的参与热情并主动回馈给艺术作品，在这一过程中，公众的参与作用被放大。例如位于加拿大魁北克区的某条小巷的"海葵"装置作品（图4），运用大量游泳用的浮力棒沿墙两侧覆盖巷子，这组装置看起来很像海葵。并且每根浮力棒的长度不同，营造出起伏不定的效果，引导人们各种不同的互动形式，同时唤起人们对其触感以及材质的好奇。

另外还有以科技作为依托的"站着的人"装置作品（图5）和具有趣味性的人形装置作品（图6）。法国艺术家团队的作品——站着的人是在2009年里昂灯光艺术节期间展出的一组互动感应装置，从首次展出后，这组作品便在很多公共场所、艺术节里展出。装置作品外形是和真

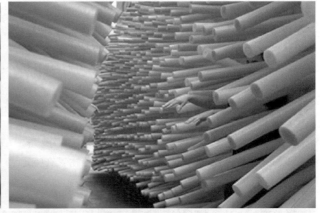

图4 加拿大"海葵"装置作品

图5 站着的人　　　　　　　　　　　图6 798艺术区装置作品

人大小一样的荧光模特雕塑，观众可以通过触摸、对话等方式与人形雕塑进行互动。作为对公众的回应，人形雕塑会通过发光、变换颜色、回声的形式表现出对公众触摸的反应。人形装置作品位于北京市798艺术区，是一组极具趣味性的装置作品。作品用金属板做成人的轮廓，人们可以把自己放进轮廓中，与装置作品互动。

这些装置作品不同于传统雕塑，它们被赋予了新的内容，在艺术表现形式上能够抓住公众的眼球，勾起公众的好奇欲望。

3.3.2 "垃圾"装置艺术

"垃圾"装置艺术是设计师把生活中容易找到的物品或是现成的物品作为应用材料，把这些碎片以拼贴、组合、重构的手法，拼置为一个新的装置。以一种新的方式来表达自己的艺术思想。"垃圾艺术"这一名词最早是在1961年英国艺术评论家劳伦斯阿洛威用来评论美国艺术家罗伯特劳森伯格创作的那一类用破和碎衣服等废料拼贴而成的"融合绘画"时提出。这不仅是一种艺术创作形式，也代表了一种资源回收利用的观念，以艺术的方式来唤起人们对于城市的反思。

在温哥华某街区中，设计师以市区中的生活废品为材料，通过重新组合，把这些材料变成柔软的垫子放于街区中，让居民可以在这里休息娱乐（图7）。一些设计师还将回收的废旧自行车与绿植组合在一起（图8），引发人们思考环境与废旧物品关系的思考。

图7 温哥华街区装置作品

图8 街区装置作品

这种将废旧物品或现有的物品收集起来重新组合成为公共空间中的设施和装饰的做法启迪公众用全新的眼光重新观察被自己排斥和忽视的垃圾，同时做到了废旧资源的再利用。这样，废弃品和日常用品的艺术化应用节约了材料和成本，同时还能引起人们对于环境和生存现状的思考。

3.3.3 其他装置艺术案例

（1）墙面装置。法国艺术家Mademoiselle Maurice的墙面装置作品（图9），运用视觉元素的力量，传达着不同的理念。这种独特的艺术装置为平常沉闷的街道增添了几分清新的色调与活力，改善街道面貌。

图9 墙面装置

（2）涂鸦。涂鸦首先出现在20世纪60年代的美国。经过多年的发展，街头涂鸦文化已经散布到世界上的许多国家，在纽约、柏林、伦敦、哥本哈根等一些大城市，并慢慢被人们接受，而且逐渐成为一种艺术。涂鸦本身作为一种图像语言能够与人们进行沟通与对话。并且大人、小孩都能参与创作，装置本身突破了年龄的界限，让更多人参与，引起情感的共鸣（图10）。

图10 涂鸦艺术

（3）空间装置。以葡萄牙波尔图南部的阿格达小镇的缤纷雨伞街为例，作品以五彩缤纷的雨伞为设计元素，令它们悬浮在半空中，它为漫步街头的行人提供了一个独特的阴凉处（图11）。教育研究员Patricia Almeida在一次行程中偶然发现了这不寻常的景象，她这样描述雨伞街：走在雨伞的天空下，让我想起了爱丽丝梦游仙境，我为所有的颜色感到惊奇不已，并在这简单的装置中感到快乐。

在胡同的更新过程中，借鉴装置艺术的多种形式来丰富胡同的文化氛围。装置艺术秉承着艺术与公众相互联系的观点介入到胡同公共空间中，一方面，装置艺术不是永久固定不变的，不断创新的艺术形式能够不断吸引设计师和观众参与到其中；另一方面，装置作品本身的公共特性更容易引起人们的共鸣。装置作品能够带给胡同居民不一样的感官体验，也会为胡同营造一种轻松愉悦的艺术氛围，吸引公众的目光，给胡同带来活力，激发胡同潜能，让胡同与周围环境相融合，更好地参与到现代城市发展中来。

图 11　雨伞巷

结语

　　装置艺术表现形式多样，融合了公共艺术的各种特性，能够让人们的自发行为融入到作品的意义中，同时也使艺术完美融入到胡同居民的日常生活中，使青龙胡同积极地纳入当代城市生活。艺术家通过装置作品从设计与情感的角度出发，用艺术改变胡同环境，让居民参与到艺术中来，不仅可以吸引更多人来关注青龙胡同，还会吸引企业和社会的关注，让更多的人思考和参与到胡同的保护与更新过程中。

参考文献

［1］孙川. 装置艺术在城市公共环境中的应用研究［D］. 浙江农林大学，2014.

［2］陈子归. 互动装置艺术在中国城市公共空间中的发展思考［D］. 中国美术学院，2014.

［3］徐淦. 装置艺术［M］. 北京：人民美术出版社，2003.

［4］李宇鹏. 北京胡同的变迁及其对城市发展的影响［J］. 内江师范学院学报，2007（1）.

城市文化视野下的公共艺术

■ 谢玄晖[1] 韩 冰[2]

■ 1 西南交通大学建筑与设计学院 2 北方工业大学建筑与艺术学院

摘要 公共艺术作为城市环境中重要的组成部分，不同于一般的景观设计，其设计的出发点是文化。作为后现代的产物，它的产生与社会的发展密不可分，公共艺术的设计离不开它所处的城市文化，城市文化为公共艺术的设计提供了丰富的源泉。同时，良好的公共艺术设计可以增强大众对城市的认同感，恢复城市的记忆，促进城市文化健康良好的发展。

关键词 城市文化 城市建设 公共艺术

如果说现代主义设计是单调的功能至上，当代艺术设计就是多元化的思想解放。当代艺术已不再是精英们的独享，它走向大众，走向生活，走出象牙塔。当代艺术已不再是美术馆，博物馆中让人敬而远之的高贵艺术品，它已深入到我们的日常生活中。公共艺术设计就是在这样的历史背景下产生，它的"公共性"使之成为消解精英文化和大众文化之间鸿沟的良药。然而由于现代社会工业文明的高度发达和文化思想的多元化发展，人们似乎只看到眼前城市中高楼林立却忽视了其背后文化底蕴，公共艺术似乎只是城市美化过程中的一件装饰品。

经济一体化的浪潮正铺天盖地般地向我们袭来，这股浪潮几乎席卷了我们生活中的每一个角落，它的核心目标是"经济""高效"，建筑、高速公路、GDP数据的增长，在经济增长的背后生态危机、文化危机问题也随之显现，设计的全球趋同化趋势也随之而来。虽然经济极大提高了我们的工业生产效率，但它同样带来了一些值得我们深思的负面问题，中国的城市形象的塑造简单粗放，城市建设犹如"火柴盒"一般地堆砌，城市环境趋同化的现象日益严重，由此引发了设计上的"时尚风""简约风"和"千城一面"等问题。因此公共艺术作为城市形象的"脸面"和城市文化的重要载体，无疑在塑造城市形象中的有着举足轻重的作用。当我们的经济建设取得举世瞩目成就的同时，人们也逐渐开始意识到繁荣背后的危机，公共艺术设计的概念不能依旧停留在早期"城市雕塑"的层面，它的进步需要借助城市文化的"母体"向真正意义上的公众艺术的精神家园转变。正如美国著名哲学家刘易斯·芒福德所说："城市不仅仅是我们居住生息、工作、购物的地方，它更是文化容器和新文明的孵化器，甚至成为我们精神栖息的家园。"公共艺术从物质的层面上说是城市里的一件大众艺术观赏品，从精神层面上说也是一种文化现象的产生，它必然与它的城市文化的"母体"密不可分。

1 城市文化和当下中国城市文化的现状

1.1 城市文化的含义

何为文化？《现代汉语词典》对文化的定义是：文化是人类在社会历史发展过程中所创造的物质财富和精神财富的总和，特指精神财富，如文学、艺术、教育、科学等。由此看来文化是一个非常宽泛的概念。同样，城市文化的含义也是非常丰富的，美国社会哲学家刘易斯·芒福德曾对城市文化有着这样的论述："城市文化归根到底是人类文化的高级体现"[1]，中国建筑大师吴良镛指出："广义的城市文化包括文化的指导系统，主要指对区域、全国乃至世界产生的文化指挥功能、高级的精神文化产品和文化活动。狭义的城市文化指城市的文化环境，包括城市建筑文化环境的缔造以及文化事业设施的建设等"[2]。城市文化是在城市在历史的变迁中所产生的各种精神财富，它是在数千年城市的演化中社会民俗、语言、艺术、人文和建筑风格的沉积，是城市历史文脉的"基因"，也是城市美化工程的灵感来源，是城市形象设计的原创基础。

1.2 理想与现实的落差

城市的设计，既是对城市整体的风貌的规划和空间环境的设计，也是对城市文化形象的塑造。它的目的是为居住在城市中的居民营造良好的物质环境和精神环境。饱含着城市文脉的城市文化，千古流芳城市的名仕和精神品格是城市自身的宝贵遗产和城市的文化象征与文化符号。当大量的古镇街道被钢筋混凝土的堆砌物所吞噬时，新的城市环境能否成为都市居民舒适的栖息家园？这个问题的答案值得人们去思考。

当前，我国城市建设正如火如荼，现代化的城市环境设计大大提高了人们的生活质量，同时也带来了城市设计上的文化危机。大兴土木的同时，城市的形象塑造出现了诸多不良现象，所谓的城市美化运动沦为外来元素和符号的"收容所"。城市建设一味地追求高楼林立，政府在城镇化的建设中一味追求政绩和速度，这些不良的设计理念在一定程度上抹杀了城市的独立品格，这种品格与城市文化息息相关。我国的城市设计理念滞后于城市发展的速度，这就导致城市形式设计上的"拿来主义"盛行，从表面上看这是设计对形式的过分着迷，现象背后，造成这一问题的根本原因是城市文化理念的缺失和设计对文化的忽视。

2 公共艺术的概念

公共艺术从字面上理解就是公共的、大众的艺术。从历史的角度看，公共艺术最早可以追溯到古希腊、古罗马的广场建筑及雕塑设计，广场作为民众的公共场所，使得其区域中的建筑及雕塑具有公众参与的特征（图1）。现代意义上的公共艺术亦称公众艺术（Public Art），这个词以和它的概念最早来源于美国。[3] 公共艺术的最基本前提是它的公共性，将本属于精英阶层的艺术与大众相结合，以乌托邦状态将艺术展现在大众的面前。公共艺术的发展是随着民主主义思想不断进步与传播及民众的政治、经济地位不断提高而产生和发展起来的。[4] 它不仅仅是一种艺术形式，更是一种文化态度，它不同于一般的环境雕塑，其更强调从文化的角度去营造和美化空间的氛围。"公共艺术"这个名词最初在我国出现大约在20世纪90年代。随着中国城市化建设的发展，城市的"美化运动"也应运而生，它最初以具有宣传意味的城市环境雕塑的形式在中国各大中城市出现，随着国内对公共艺术研究的深入，我们逐步开始从城市雕塑朝着真正意义上的公共艺术转变，认识到公共艺术不仅是一个艺术概念，更是当代文化价值的一种体现。

图1　美国芝加哥允门公共艺术设计

3　城市文化视野下的公共艺术设计

3.1　公共艺术与城市记忆

全球一体化的发展给城市形象塑造带来了一个新的命题。任何艺术形式都是理性与感性的交织，文化与审美的互融。公共艺术作为城市美化运动的一张重要"名片"，它不同于私人的产品设计，它与城市的历史、文脉、性格互为一体，与公共大众密不可分。面对全球化的"文化入侵"，城市的设计不能忘掉自己的过去。公共艺术作为城市文化重要的载体，是城市文化建设的重要组成部分，承担着联系城市的历史与未来的重任，它的发展与城市形象的演变紧密相连，城市的出现本身就是一种文化现象，这也就决定了公共艺术的产生与发展和这个城市的记忆密切相关（图2）。

城市文化的记忆来源于城市发展的各个方面，包括城市人口的组成、当地特有的语言、民间流传的故事，民俗艺术的、城市建筑与景观的变迁、社会形态的发展等等各个方面，这些元素从不同的角度共同构成了城市独有的文化记忆。作为城市文化表现形式之一的公共艺术，承载着城市记忆再现的功能，城市的文化记忆是公共艺术精神内涵的重要组成部分，也是艺术家进行公共艺术设计和创作的基石与核心，公共艺术的创作如果脱离了城市文化的根基，无疑也就失去了它独立的品格而变为生硬的艺术符号的堆砌，城市的美化也就陷入了"尴尬的文化断层境地"。

图2　韩国清溪川公共艺术设计

3.2　公共艺术是社会精神的福祉

古希腊谚语曾说："人生虽短暂，艺术永久远。"今天我们对历史的回眸，既是人类对自己的审视，解释今天的一种途径，也是我们寻找艺术本源的一种方式。艺术从远古走到今天，既受到思想启蒙熏陶，也经过现代主义理性思维的影响，它是人类最高的审美体验，艺术的美是一种高度抽象的美。现代公共艺术作为后现代的产物，属于当代艺术的范畴之一，它是将公众生活与艺术相互结合的"大舞台"。从某种角度来看，公共艺术具有大众精神层面的"医疗作用"。城市是大众心灵的交集，这里凝聚大众的集体记忆，公共艺术作为大众的艺术理想，综合了大众心理、社会文化和城市历史三者的交集，成为民众的精神栖息地。它不仅是城市里物化了的"艺术"，更是城市展演活动、节日庆典、特定事件、城市故事的催化剂，给大众精神生活和城市文化的传播带来福祉。

人类对美有着与生俱来的需求，[5] 人们对美的真正含义的理解随着人们对客观事物的认识的深入而变化，经济指数的上升所带来的喜悦和对文化的忽视暂时蒙蔽了人们的双眼，因而对真正艺术之美的认识产生了偏差。公共艺术最根本的前提就是它的公共性，它不是艺术家的个人游戏，它的目的是为大众服务，实现民众的艺术理想，让艺术深入到城市的每一个角落。公共艺术要做的就是打开人们的双眼，让民众找到本属于自己的审美意识和精神领土，寻找到真正的艺术之"美"。从现代环境美学的角度看，一件优秀的公共艺术往往是一座城市最富特征的文化符号，公共艺术可以说是将美的特征进行实践并形象化的手段，它是社会精神的福祉，从而提升大众的文化生活品质。

3.3　公共艺术促进城市文化的繁荣

公共艺术是城市文化的物化，让城市的文化以物质的形式与大众互动。公共艺术在城市中也许是我们最亲密的"朋友"，它的产生与公众紧密联系在一起，它就像城市文化的一张名片。相比影剧院里的歌剧、美术馆里的绘画展览，歌唱家的音乐会等等其他城市里公众参与的艺术形式，公共艺术可以说是离大众最为亲近。凝结着城市文化精髓的公共艺术是对民众最直观的吸引，也是城市形象最为直接体现。以北京为例，人们每天与地铁里的公共艺术作品擦肩而过的次数要比踏入影剧院的次数多出数倍（图3）。每天有数千名来自全国的各地游客前往北京前门商业街游览参观，夜晚世贸天阶的天幕和其独有的艺术氛围吸引着青年人前往。此外，公共艺术相比其他艺术形式，公共艺术得到媒体关注的几率和关注的便捷性都要比其他的艺术形式大得多。这些在无形中使城市的文化形象被放大，庞大的受众群体和广泛的社会关注形成了无形的文化资源，它反过来促进城市的文化向着更加繁荣的方向发展，这使得城市的文化的提升走入了一个良性发展的道路。

结语

物质文明高度发达的今天，城市文化的意义不仅仅是城市历史发展过程中所积累的物质财富和精神财富的汇集，它更是城市健康发展的根基。公共艺术作为城市文化的一张"脸"，是城市文化形象最直接的体现；作为与民众最为亲密的"朋友"，是民众得到精神慰藉的温暖之床。公共艺术的创作有赖于城市历史和社会长期的文化积累，它的产生就是社会文化变迁的结果，而不是简单地将艺术符号堆砌加工完后再放置于城市公共环境中。合理的公共艺术设计不仅能使城市的文化得以继承与延续，并且能够带动城市文化的良性发展。当代公共艺术的任务不仅仅是美化大众的生活环境，更是一种社会责任的体现，只有立足于城市的本土文化，才能获得公众的语境认同。文化是创造力的源泉，公共艺术如果脱离了城市文化这个母体，它同时也就失去了大众这个群体，也就失去了公共艺术最根本的"公共性"，城市也就失去了一位重要的文化"传播者"。

图3　北京地铁公共艺术设计

参考文献

［1］刘易斯·芒福德. 城市发展史［M］. 倪文泽，等 译. 北京：中国建筑工业出版社，1989.

［2］吴良镛. 城市研究论文集合（1986—1995）［M］. 北京：中国建筑工业出版社，1996.

［3］［日］谷川真美. 公众艺术（日本模式）［M］. 上海：上海科学技术出版社，2003.

［4］孙振华. 公众艺术时代［M］. 南京：江苏美术出版社，2003.

［5］王中. 公众艺术概论［M］. 北京：北京大学出版社，2007.

基于创新型人才培养的环境设计课程体系研究

——以展示设计课程教学为例*

■ 韩 冰[1] 谢玄晖[2]

■ 1 北方工业大学建筑与艺术学院 2 西南交通大学建筑与设计学院

摘要 展示设计作为环境设计专业的核心课程之一，对其课程体系的研究具有深刻的理论意义。当下我国设计教育仍没有形成成熟、完备的体系，环境设计教育仍然具有强烈的美术教育色彩，针对设计类课程建设中的一些典型问题，以创新作为设计教育的核心，以实践教学和理论教学为两翼，以思维教育为主导，构建较为完备的展示设计课程体系具有积极的现实意义。

关键词 创新型 人才 教学 展示设计

我国的艺术设计教育最早可追溯至全国艺术类专业院校的图案科、工艺美术、装饰艺术等，其侧重点主要是强调设计表达技法的传授与艺术审美能力的培养。然而，随着我国社会与经济的发展，传统的以工艺美术，装饰艺术为主体的教育模式已经不能够再适应当下社会对艺术设计类的人才需求。据初步统计2015年全国艺术设计专业的在校本科生已超过五十万人。在理工类院校、专业艺术院校、综合性大学纷纷设立艺术设计专业的今天，艺术设计专业教学体系的建设与发展并未形成较为合理的框架。设计教育的相关从业人员对设计的本质与设计教育的理解并没有完全适应时代的发展。

教育部于2012年颁布实施新的《普通高等学校本科专业目录》，在新的学科目录中，学科门类由原来的11个增至12个，新增艺术学门类，原艺术设计部分则转入新增的艺术学门类下的设计学类，设计艺术学二级学科升级为设计学一级学科，可授予艺术学或工学学位，原"艺术设计"专业下属的各个专业方向升级为正式的专业，分别为"视觉传达设计""环境设计""产品设计"等。这些举措都预示着传统的设计教育已不能够适应当下社会与市场的需求，因此，本文将从培养创新型与实践型的复合型人才的视角出发，探索新时代背景下的艺术设计专业课程建设的问题。

1 当下展示设计教学中所存在的问题

展示设计作为环境设计专业的核心课程之一，其重要性不可言喻，无论是在高校教学中，还是在学生毕业后的工作中，展示空间设计都是环境设计专业学生经常需要处理的课题和项目。传统艺术设计专业的展示设计强调的是以艺术技法的传授为核心的课程教学体系，其侧重点是提高学生的艺术感觉与传授学生艺术技法，对于设计的核心理念、市场需求、前期调研等思维性教学和技术性知识讲解有所忽视。并且我国各高校的设计课程的基本模式为教与学的相互结合，在这种教学模式下，学生的创造力必然有所丧失，然而今天的艺术设计教育的核心正是创新型、复合型的人才培养。虽然我国各大院校纷纷进行设计教育的改革研究，但美术教育的思想仍然具有很深的根基，仍然有部分高校对设计的认识停留在美术的层面，缺乏对设计思维，设计技术等相关课程的重视。香港地区早于大陆进行设计教育转型，其教育的核心理念就是培养具有创新素质的设计人才，其课程建设正是围绕这一教育目标所展开，教学强调对学生信息组织与分析能力、未来思考与表达能力和自我激励和自我学习的能力的培养。

2 以创新与实践为教学体系的核心

设计是联系科学与艺术的桥梁，在今天设计教学的核心已不再是表面化的装饰。新世纪对复合型人才的需求势必要求艺术设计的教学需要使学生具有丰富的知识结构与熟练的实践技能。当代艺术设计人才的培养，创新型复合型的人才培养模式是必然的发展趋势，在设计教学的过程中教师应充分围绕着这个核心点。从不同的层面来构建出教学体系，实现设计教学从技法向思维的转变（图1）。

展示设计作为环境设计室内方向课程的重要组成部分之一，就整个展示空间设计而言，从设计的前期调研阶段到设计创意的形成阶段，再到设计形式的表现和最后的建造实施阶段，其过程很难从单一教学结构和知识层面来构建。笔者简要从三个维度来构建展示设计的教学体系，分别从课程体系，教学模式，动手实践等各方面来构建当代创新型复合型设计人才的培养体系，打破传统的教师讲授与学生练习的传统二维教学模式，建立更为立体、多维的展示设计课程教学体系。

* 本文为2016年度北方工业大学教育教学改革和课程建设研究项目（项目编号：XN093-025）的研究成果.

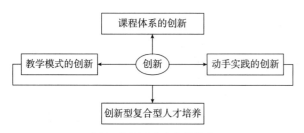

图1 创新型人才培养体系

3 教学课程体系的构建

3.1 课程内容的知识性与趣味性的统一

传统展示空间设计的课程内容构建基本是以不同展示的空间类型为基本框架或者是以空间的划分，空间的装饰，施工工艺为基本框架所展开的，其课程存在教学内容之间联系不足，教学内容过于分散等问题。笔者从事展示设计教学与研究多年，试图同宏观的层面来构建展示设计课程内容的知识性与趣味性。[1] 笔者将设计课程从三个方面来构建（图2），首先是展示的原理，其次展示的空间，最后是展示的道具，打破传统的理论与实践的二维结合的课程体系。

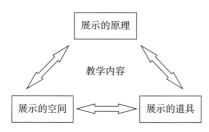

图2 展示设计课程内容的创新

笔者通过对传统的展示设计课程内容进行重组（表1），以展示的原理、展示的空间、展示的道具三个模块构建课程的教学内容，提高学生对于课程的兴趣，增加教学过程中的学习气氛。在教学过程中，尽量以学生的独立思考为主，教师启发为辅，整体教学内容应注重对学生思维能力与分析能力的培养与提高，展示设计不同于其他室内空间设计，其主要突出的是展示目标本身，其设计具有极强的自由性和艺术感。

表1 课程内容与教学模式

展示的原理	展示设计的概述，基本理论	教师讲授为主
展示的空间	空间设计的研究与练习	学生探究为主
展示的道具	物理环境设计，施工工艺等	讲授与实地考察结合

3.2 实践创新与思维创新的统一

艺术设计的教学并不是纸上谈兵，艺术设计本身具有较强的实践应用型学科色彩，传统专业美术院校注重设计表现技法的训练，但随着计算机时代的来临，这种美术式的教学模式已无法再适应当下社会对设计人才的需求。笔者认为环艺设计课程的实践教学并不是简单的动手技能性训练，其真正目的是让学生通过对身边事物的观察，在制作模型或实物的过程中，了解相关的空间构成规律，色彩规律，施工工艺等方面的知识（图3、图4）。

实践课程教学与理论教学是展示设计的课程的两大维度。实践课程的教学不仅仅是简单的技能性训练，传统的实践教学课程主要是让学生了解展示设计相关的材料、构造等知识和电脑操作的学习，这种教学模式将理论学习与实践学习互相分离，导致学生在学习过程中无法将两者相互结合。实际上实践教学就是要让学生是通过对材料的质感，性能的把握，通过动手，将它们整合为具有功能与审美的设计作品，在这个过程中学生对于作品形式感的把握，审美的意识会得到更为全面的提高。[2]

在课程的教学上，应鼓励同学主动思考，自己发掘材料的特性，研究制作的途径与方法（图5、图6）。在此过程中，不仅学生的学习积极性得到大大的提高，并且对于展示设计的一些原理性知识，展示设计特有的特性有了更为深入的了解。笔者在展示设计的课程中设置橱窗设计课

图3 空间练习

图4 实地调研

程，学生对此课题有极大的兴趣，通过学生的前期调研，市场分析，结合自身的特点，同学们在制作过程中对灯光照度的把握与光线的布局有了更为深刻的了解，取得良好的教学效果。学生在1∶1的实物制作过程中，对体量的关系，材料的把握，空间氛围的营造，设计形态的认知等方面都有更为直观的认识。

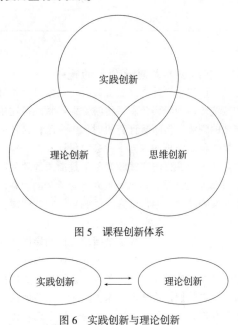

图5 课程创新体系

图6 实践创新与理论创新

3.3 构建真实的教学场景，树立学生的职业意识

传统的设计教学模式基本为老师给学生任务书，学生按照任务书的一些的规定与细则进行设计的创作。这样一种教学模式最大的弊端是学生对于设计的理解从"概念"到"概念"，对设计的理解流于表面。在新时代的背景之下，我们可以改变这一传统的做法，通过与真实业主建立沟通机制，使学生在真实的场景之下，学会平衡设计者与业主的偏好，并且能够对设计的材料，设计与特定的文化，设计与经济之间的等细节性问题进行了解与学习。

图7 艺术设计知识结构的多元化

我们在课上建立讨论机制，学生结合设计报告，自己对自己的设计作品进行讲解。其余同学对其作品进行点评，这种新的互动机制中，使学生懂得设计不同于艺术创作，这种教学模式化限定为创意，激发学生的学习兴趣，锻炼学生处理设计与其他要素之间的关系的协调能力。在众教学方法的课堂上，学生的思辨能力，团队协作能力得到极大的提高，并且最终完成的设计作品的深度超出我们预期的效果。[3]学生在与其他同学的讨论过程中，不断地获取灵感，最终形成设计概念，通过对设计模型的制作，学生对材料的特性有更为直观的了解，在制作与探讨的过程中培养学生发现问题、分析问题、解决问题的能力。这正是新时代背景之下的设计教育的目的。

结语

展示设计课程作为环境设计专业中的重要组成部分，对其课程体系的建设与研究具有广泛的代表意义。随着信息技术的发展与后工业社会的到来，设计教育的改革势在必行，传统的美术式教育模式必然不能再符合时代的需求（图7），设计艺术是时代的一面镜子。技术进步与社会发展都势必会影响到设计教育的发展。本文针对目前环境设计专业教学过程中的典型问题进行分析，从问题出发，以社会需求为导向，试图构建较为合理的课程教学模式。在课程教学中强调学生的独立思考能力，让学生在学习过程中不仅仅只是被动地接受，而是一种主动的参与。使设计教学从知识中心到思维中心，再向能力中心转变，构建出具有中国特色的设计学教学之路。

参考文献

［1］傅祎，黄源. 建筑的开始：小型建筑设计课程［M］. 北京：中国建筑工业出版社，2011.
［2］夏燕靖. 对我国高校艺术设计本科专业课程结构的探讨［D］. 南京：南京艺术学院，2007.
［3］史习平，范寅良，马赛. 2009清华国际设计管理大会论文集［M］. 北京：北京理工大学出版社，2009.

蚁族家园的优化性设计

——微型住宅空间的弹性设计

■ 任永刚　吴冠群

■ 北方工业大学

摘要 大城市蚁族们居住的小户型居住空间环境随着时代的发展而不断地变化。"蚁族"代表着大多数低收入群体，他们主要生活在聚居村。由于生活条件差、工作与生活压力大，导致他们思想情绪波动较大。为了得到生活与工作的双赢设计一套实用性的住宅使他们的生活更加舒适便利。形成一个以微型建筑风格为主体的住宅聚集群落。建造一种经济实惠、高性能、便捷个性且能满足人们日常生活所需的住宅。提高空间的利用价值，为他们提供稳定的居住环境，在更加人性化的同时节省土地资源让更多的"蚁族"能够安居乐业而室内空间中的弹性设计使空间具有应对时间变化的弹性和调整人与人之间距离的弹性。

关键词 微型住宅　弹性设计　多样性　经济型

引言

"蚁族"代表着大多数低收入群体，他们主要生活在城乡结合部，形成独特的"聚居村"。长期的"蜗居"生活，对他们的身心健康造成了巨大损害，成为了社会稳定的不利因素。本文为打造蚁族的理想家园与微型住宅设计相结合提出了一系列具有建设性的意见。从而体现出空间设计的优越性、多功能性和个性化等。通过设计探讨，为"蚁族"构建一个廉价、温馨、舒适的家园。当下，在人口不断增加、土地越来越稀缺的背景下，我们在未来的住宅设计中，指导思想也应该有所改变，应当特别强调功能的增量而不是面积的扩大。是随着人口的不断增加，平均人口使用面积的不断减少，住宅的设计理念中将越来越多的强调功能，而不是面积如何扩大。一个人的生活空间到底需要多少呢，这一直让人们永久思考的问题。而对于设计师，在最小的空间内做出合理的规划，却是一个很具挑战性的题目。在这种时代背景之下，微型住宅应运而生。[1]

1 弹性设计在微型住宅中的具体需求

1.1 弹性空间概念

弹性空间设计具有较强的灵活变通性，能够应对不同的个性需求和解决使用者在时间变化上的需求，是针对使用困境而被提出的有效对策。弹性空间设计还是一种可持续发展的设计思维方式。弹性空间在时间维度的变化上能随之变通、能够应对使用者不断变化的个性需求而调整。是利用特定空间中的结构部件来对建筑室内空间进行有效的调整，形成一种可变的室内空间。让有限的空间取得尽可能大的利用率，让居住者在心理和视觉上产生比实际环境更为愉悦的空间体验。这样的弹性设计手法能够使空间既具有连通性，还可将空间合理分区使用，如日本的合式住宅，多用活动推拉门来分隔和围合空间。如此，室内设计作品赋予了空间可调整转换多种用途的弹性功能，节约了空间成本，弹性空间设计是对空间的灵活使用，给使用者带去了便利，增强了设计的适应能力。[3]

1.2 弹性设计的规划策略

弹性设计具有良好的适应性，多种功能能够同时或相继在同一空间中产生，而不需寻求更多的空间，这也是节约资源的一种方式，符合环境保护的原则。弹性设计中许多种功能在同一空间中发生，功能之间的联系更加方便，节约能源，增加空间吸引力。加强功能之间联系就是意味着人与人之间的交流，因此弹性设计还能促进人际交往。人们对空间的多种不同使用方式，尽量发挥人的创造性，使得人们能够按照自己的意愿自由支配空间；鼓励多种功能在同一空间中发生，也就是为偶然的联系和偶然事件提供了可能，弹性设计能够满足空间的人性化需求。分析主体人在某段时间内的心理、行为，对相应空间进行的设计方法探索，并分析这一轴线对空间设计创作的作用，从而更好地让人们了解、把握空间，更好的指导空间设计，为空间设计提供一些新的思路。

弹性设计本身能够满足多种功能的要求，或者是为空间的变化提供可能，以适应功能的变更，所以弹性设计理念能够增强空间的适应能力。弹性设计具有良好的适应性，多种功能能够同时或相继在同一空间中产生，而不需寻求更多的空间，这也是节约资源的一种方式，符合环境保护的原则。弹性设计准许多种功能在同一空间中发生，功能之间的联系更加方便节约能源，增加空间吸引力。加强功能之间联系就是意味着人与人之间的交流，因此弹性设计还能促进人际交往。人们对空间的多种不同使用方式，尽量发挥人的创造性，使得人们能够按照自己的意愿自由支配空间；鼓励多种功能在同一空间中发生，也就是为偶然的联系和偶然事件提供了可能，因此弹性设计能够满足空间的人性化需求。

2 小户型住宅的灵活性、可变性设计

2.1 小户型住宅灵活、可变的必要性

住宅作为物质实体，其物质老化期（结构寿命）较长，可长达100年；其精神老化期（使用功能）较短，一般仅为20年左右。随着现代人生活方式的多样性、易变性，人和住宅在时间上的矛盾日渐突出，使得住宅的物质老化期与精神老化期的不同步性日趋加大。为充分利用建筑物的物质生命周期，使其能够适应家庭长期需要，就必须对住宅套型进行灵活性、可变性设计。尤其是对于小户型住宅，灵活性、可变性显得更加重要。小户型住宅由于其需求人群一般为单身人士、新婚夫妇、"丁克家庭"、中低收入家庭，这些不同特征的人群有着各自鲜明的特点。同一时期不同兴趣爱好、居住生活方式；不同时期家庭生命周期的演变，这都使得小户型住宅应具备良好的灵活性和可变性。而且小户型住宅由于面积相对较小，为了适应某些家庭因规模和结构的变化，生活水平的提高而对大套型的需求，也需要通过对小户型住宅进行灵活、可变性设计，使其能够"生长"，从而获得小户型住宅的可持续发展。

2.2 小户型住宅灵活性、可变性设计

小户型住宅应本着可持续发展的理念，充分考虑住宅是以居住者的需求，给予住宅以活、可变性，给予住宅以生命，使其随居住者的发展变化而变化，随居住者的生命成长而成长。其途径是设计建设能够调整用途、调整空间的灵活、可变式套型，实现套内可变、同层可变、异层可变等，其方法可通过局部墙体的灵活划分，以适应房间大小的变化及数量变化的要求；或通过预留门洞的开启与封闭，以实现房间的分隔与合并等，对小户型住宅进行重组，提高其使用效率，延长其功能循环周期，使其可持续发展。套型的重组是指套型的面积大小、数量、种类等在住宅建设、使用和改造的过程中根据住户的需求，通过简单的技术来调整和改变原有套型。以下就结合具体实例从套型内空间的局部重组和套型间空间的相互重组，分析说明中小套型灵活、可变性设计。[5]

3 微型住宅弹性设计的核心价值与设计原则

微型住宅的弹性设计的诞生无疑是遵循"适者生存"的自然规律，发展趋势也即是看"微型住宅"的将来的走向如何，然而发展是需要时间的，任何事物都会随着时间

的推移发生变化，一个事物具有可发展性，它才可能去发展，同时才会发生变化，发展的最终结果体现出最终的变化，怎样看"微型住宅"有没有可发展性呢？其发展趋势又在哪里呢？本文通过"微型住宅"的各项特点（优势）来分析"微型住宅"的可发展性。

3.1 智能化

光纤入户、手机和无线WIFI普及；电视已不再是家庭生活中主要信息媒介。专为大电视机准备的大开间客厅（电视越大需视距愈大客厅开间愈大）变得空旷多余浪费。人们可能躺在床上、围坐在餐桌前就可以WIFI上网了。大客厅可以取消了。

3.2 减少空间资源浪费

微型住宅可利用立体家居设计使室内空间利用效率大幅提高，从而减少面积浪费；然而现在常见的住宅建筑层高2.9m不利于室内立体空间的利用；过高的层高将提高造价，开发商会不高兴的，如何平衡两者之间的关系这个问题有待解决。我们建议出售房屋的经济指标除要表明建筑面积、使用面积外在加入可使用空间体积概念指标。结合现行常见框架结构、剪力墙结构和抗震规范来看，层高最好控制在3.3～3.6m有利于立体家居的设计施展。[6]

3.3 经济性

经济性即是空间的高效利用性。例如，有些住宅中的起居厅的面积达到60～70m^2，卫生间甚至达到了15m^2，空间大的令人不能接受，而住宅的舒适程度是以人的行为尺度和心里接受尺度为基准的。而微型住宅在设计过程中追求的是住宅空间的高效性，使用系数必须高，与普通设计要求相比在相同的面积基础上，利用率高。

3.4 可变性

虽然微型住宅从面积上来看很小，但其功能却颇多，因此微型住宅讲求空间功能的可变性。要求在空间设计中多一些灵活的元素，少一些固定的隔墙，从而使得空间可以敞开，并减少因隔墙和面积小带来的压抑和封闭感。在笔者看来，可变性可分为两层含义：一是指单体的"微型住宅"其内部空间的可变。目前国内一些现代住宅，其内部空间大多都是被规划好的，可变性很小，也不乏一些框架结构的建筑，只划出了大空间，然后让使用者按照自己的需要进行具体空间的隔离和划分，但这种划分模式一经完成很难再重新划分，而"微型住宅""可变性"的特点解决了这一难题，人们可以不同的需要组合出不同的空间感。

结语

"家"是人们心灵的港湾，中小户型住宅设计应从"以人为本"和可持续发展的原则出发，紧跟时代的发展，以长远的观点和动态的手法，有预见性的建设可持续发展的、适应市场需求的灵活、可变性中小户型住宅，提高其适应性，以满足人们不断变化、不断增长的居住需求，这也是我国住宅建设的必然发展方向。所以我们应该呼吁社会上更多的有识之士把目光投向低收入人群，关注他们的生活住房问题。让我们用全新的视角去看待，用新颖的创意去设计，用诚信的理念去建造，坚持走绿色可持续的设计路线。除此之外，微型建筑作为长期过渡性的住房必须结合长远的发展趋向，建筑师必须具备超前的意识，考虑以后扩建及改造的问题。我们相信在不远的明天，将会有一个全新形象的蚁族聚集村展现在世人面前，它不仅是蚁族理想的聚集地，也为未来解决城市人口压力问题树立了一个典范，提供了一个良策。

参考文献

[1] 刘玉惠.浅析微型住宅和适应性住宅的设计[J].建筑，2011（6）.

[2] 仲文华.蜗居住宅空间的优化性设计研究[D].南京林业大学，2012（6）：3.

[3] 赵晨鹿.弹性空间设计探究[J].艺术与设计，2012.

[4] 李欣彤.浅谈室内设计中的弹性空间设计[J].人文论坛，2012.

[5] 陈红，吕燕红，季强.中小户型住宅的灵活性、可变性设计[C].郑州大学建筑学院，2012.

[6] 韩晓波.新时期微型住宅设计的几点思考[J].中华民居，2012，（3）.

灰色空间在胡同改造中的研究与运用

■ 滕学荣　王曌伟

■ 北京建筑大学建筑与城市规划学院

摘要　灰色空间，即功能不确定，空间限定不明确的空间。在胡同中由于空间的布局，在院落之间街巷之间多存在许多灰色空间。合理运用胡同中的灰色空间可以帮助我们更好地进行胡同改造项目。本文简单阐述了胡同中灰色空间的定义与灰色空间的作用，列举北京胡同内现存问题，提出灰色空间在胡同改造中的运用，以便于胡同研究与改造工作。

关键词　胡同　灰色空间　改造

胡同改造是如今改造项目中的一个热点话题。胡同与我们的生活息息相关，它不仅记载着过去每一位居住者所留下的生活习俗与痕迹，同时它自身的存在也是历史中重要的元素之一。所以如何更好地保护性改造胡同便是现今的一个重点问题。胡同改造项目中我们往往会遇到许多问题，而在众多问题中，胡同中的灰色空间的运用是一个十分重要且值得去探究的问题。我们的生活无处不在空间之中，一个有序的空间序列可以为人们带来更高的生活品质。一座庭院，一道街巷，三两住宅，它们并非相互独立，而是蕴藏着丰富的空间联系，而当其中的空间发生变化甚至功能模糊，相互联系的链条被破坏，便会影响到我们的生活。在这之中，灰色空间可以有效的衔接不同形态和不同功能的空间，使之成为有机的统一。

1 胡同中的灰色空间

1.1 胡同灰色空间的定义

灰色空间这一概念最早是由日本著名的建筑大师黑川纪章所提。灰色空间，即功能不确定，空间限定并不明确的空间，其本意是指介乎于室内外的过渡空间。它的存在一定程度上抹去了建筑内外部的界限，使建筑与周边的环境融为一体，消除隔阂，成为一个有机的整体。黑川纪章曾经说道："这种空间已经被看作是一种重要的手段，用来减轻由于现代建筑使城市空间分离成私密空间和公共空间而造成的感情上的疏远。"但是如果把灰色空间只看作是一种室内外空间的过渡，那就太狭隘了，它在园林空间以及城市大空间中都起到了不可替代的作用。

以胡同为例，院落与院落之间的公共空间，院落内部的空间，胡同内的街巷拐角、连接处都是胡同中的灰色空间。它的存在打破了院落固化的分界，不仅仅是室内空间与室外空间、院落与院落之间的过渡，同时也是区域功能性的过渡。

1.2 胡同灰色空间的功能作用

灰色空间常常用来处理开放和半开放的空间，它既是空间的调剂者，也是空间的引领者。它的存在平衡了人们对于空间的物质需求与精神需求。不仅仅是空间，在色彩方面灰色空间也有一席之地。使用恰当的灰色空间能带给人们以愉悦的心理感受，使人们在从"绝对空间"进入到"灰空间"时可以感受到空间的转变，享受在"绝对空间"中感受不到的心灵与空间的对话。

在胡同改造中，灰色空间可以重点体现在以下几点：

（1）灰色空间可以作为胡同内院落之间的枢纽，协调不同院落中不同形态建筑所带来的反差，这是一种空间上的过渡。

（2）灰色空间可以有效地转换胡同内部空间的使用面积。胡同由于客观原因所以使用面积有限，灰色空间可以弥补两个相连空间的面积，进行室内空间和室外空间的调度，加大空间的使用效率。

（3）灰色空间可以进行胡同内室外空间与室内空间功能的相互渗透，以院落为例，一个院落往往包含多个室内空间和一个室外空间，灰色空间可以将几个不同的空间相互渗透，满足和平衡院落的使用空间。

（4）由于胡同现状多有私建行为，导致胡同内使用材料的繁多复杂，灰色空间可以进行胡同内材料的平衡，使之整体统一。

（5）灰色空间是对胡同内部色彩的一种调动。胡同内的色彩往往颜色较深，灰色空间的色彩选择相较于其他色彩在空间感受上更为"无色无感"。它是一种中立的，区别于黑与白明确划分的另外一种色彩。这种色彩的空间可以带来更多不同的空间感受，丰富胡同内部的空间体验。

2 胡同中的灰色空间使用现状

北京内有许多大小各异的街巷胡同，青龙胡同便是其一。青龙胡同文化创新街区如今正处于保护性改造地初始阶段，通过对其调研可以更进一步的了解胡同现状，以此来掌握胡同内普遍存在的问题。

2.1 青龙胡同文化创新街区改造

青龙胡同文化创新街区位于北京市东北二环内，东起歌华大厦，西止雍和宫，区域内既有歌华大厦及雍和大厦等商务写字楼；南面是胡同居民民房及部分小商铺；西边是雍和宫及柏林寺，涉及范围约 24 万平方米，包括青龙胡同和藏经馆胡同共 1000 米以及区域内的一系列小胡同。胡同内房屋多为四合院形式，部分进行了商业化改造，多

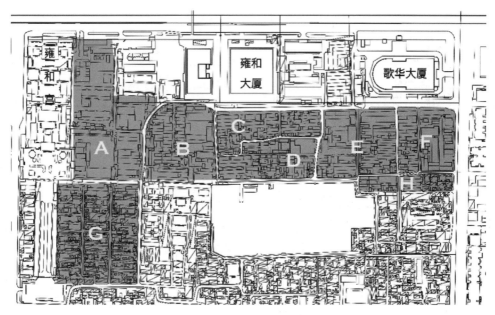

图1　青龙胡同文化创新街区平面图

处仍保留了胡同原本的样貌。为便于研究，将整个区域分为了A-H共8个区域，如图1所示。

2.2　青龙胡同文化创新街区灰色空间使用问题

2.2.1　灰色空间的不合理使用造成公共空间功能紊乱

胡同的空间形态多为狭长形，在主道路两旁有许多紧邻的院落，不同的街道都属于胡同内部的灰色空间。但是在面对这部分空间时，青龙胡同的现状并不乐观。公共空间是人们日常生活交流中很重要的一部分空间，也是空间相互联络的重要组成部分。青龙胡同的这部分空间多由杂物和不规范的停车所占据（图2）。由于没有合理的使用和功能规划，导致缺乏室内空间到室外空间、院落之间的过渡。

图2　胡同内空间现状

2.2.2　灰色空间的无规划分割导致空间缺少完整性

院落内部空间占据了胡同内灰色空间很大的比例。然而通过调研发现，这一部分空间由于私搭乱建被分割成了许多细碎的小空间。图3和图4分别是G区建设最初和现状的平面。空间在被分割之余也没有进行有序且有效的使用，致使一定面积的空间被废置，使用效率极低。院落内部的空间是居民由室内空间向室外空间延伸的第一个接触到空间，这一部分的功能紊乱也会直接或间接地影响到室外空间的功能性，使得整个区域缺乏一种有机的完整性。

3　灰色空间在胡同改造中的运用

3.1　宅门对空间的融合与分割

宅门是胡同与四合院的建筑元素之一。不同的宅门有着不同的样式与规格，这种形式上的不同往往与院落内居住人身份相关，不同阶层的人所居住的庭院宅门形式都会有所不同。宅门是庭院内私人空间与外部公共空间的一道屏障，似是一条分界线，分离了两个大的空间。从空间角度上来看，宅门是由室外空间进入到庭院的必经空间，空间处于半封闭的状态。而这种连接开放与封闭，具有明显过渡性的空间便是典型的灰色空间。在屏障之外，宅门也对处于公共空间的

71

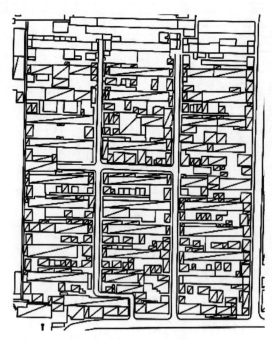

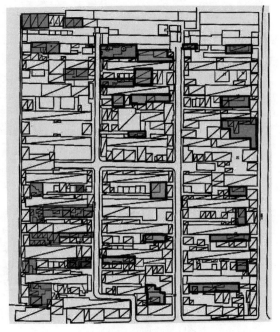

图3 G区建设最初平面　　　　　　　　　图4 G区建设现状平面

人提供了指向，进行了公共空间内部的引导。

在胡同改造过程中，具有标志性的建筑元素可以用无形的手法进行不同的空间分割。由于胡同自身较为狭长且建筑物较低，宅门的合理运用可以对胡同起到引导作用，同时宅门的不同形式与材质的选择都对胡同内部空间氛围的营造起到极大的作用。以南锣鼓巷为例，在保留其宅门原有整体形式，进行统一元素的添加，可以使整个街巷变得更为统一。

3.2　院落空间与公共空间的相互渗透

院落内的围合空间是在日常生活所处的室内空间外仍占有很大生活比重的室外空间。同时，这部分室外空间直接与室内空间相互影响渗透。从室内角度来看，有效使用这部分空间可以增大室内空间的使用面积，延伸室内空间的功能面积；从室外的角度来看，这部分空间对室内空间进行了保护性的渗透，将室外的自然环境引入室内相较之下更为私密的空间。同时，围合空间氛围的设计也会影响到其内部的室内空间。例如相对悠闲清静的围合空间会分别从材料和空间感受上渗透到室内之中。

在北京北兵马司胡同北剧场的改造过程中，就很好地运用了这一点。其在改造的过程中，通过在胡同院落内添加钢架结构，延伸胡同内部自身原有地铺，构筑朝胡同方向倾斜的筛板网顶棚，形成了半建筑、半室外的整体性的院落，与胡同旁边的剧场相连接。建立了人与胡同与周边建筑的关联网，使胡同院落这一小建筑与周边商业的大型建筑进行更多空间的交流。

3.3　街巷立面成为空间交流的媒介

在纵向的胡同之中，街巷道路是胡同内连接各个院落的主要通道。他不仅仅是各个院落之间相互沟通的重要通道，也是街巷与周边商业空间相互交流的重要语言。街巷不仅仅联系了各个庭院，也对整个空间的功能性和完整性进行了一个把控。对于灰色空间的概念而言，这部分灰色空间的有效设计不仅仅可以延伸建筑面积，进行空间的延展，也可以丰富室外空间的层次，提供多样的空间体验。

行走在胡同内部，街巷往往给人的感觉更加强烈，通过街巷的立面设计，可以引发人们对于墙的另一边的空间无限的遐想。提供更多的趣味性与可能性。在街巷立面的改造过程中，可以统一临街建筑的整体形象、协调临街建筑的色彩搭配、结合临街建筑设置绿化小品等来进行具体的立面改造。

结语

灰色空间的合理运用可以更大地提高设计的效率与意义。以胡同改造为例，注重灰色空间的运用可以更好地解决空间与空间、空间与功能、空间与自然、空间与人之间的相互问题，以便于最大可能满足人们的舒适度，提供更加宜居住的环境。在此基础上，在营造或改造空间的过程中，理解、把握并运用灰色空间便是我们需要深入思考的一个重点环节。这个过程是必要且有益的。

参考文献

[1] 冯汉. 灰空间——模糊的美 [J]. 建筑与装饰，2007（23）：45-49.
[2] 吴良镛. 从"有机更新"走向新的"有机秩序"——北京旧城居住区整治途径（二）[J]. 建筑学报，1991（2）：7-13.

以研究性学习为导向的研究生教学探析

——以北京服装学院环境艺术设计专业研究生教学实践为例

■ 李瑞君

■ 北京服装学院艺术设计学院

摘要 面对当下环境艺术设计专业研究生的实际状况，本人认为在研究生教学中"提倡普适"只能是一种理想状态下的学术倡导，是一个美好的愿景，而"因材施教、差异化培养"才是研究生招生和教育的必然途径。倡导主题学习、设计学习和综合学习等多种方式，强调对学生主动探索和研究精神的能力培养。要培养创新性人才，必须大力开展创新教育，深入持久地开展研究性教学和研究性学习，让研究生在校期间能够参与社会性课题的探讨，进行创新性研究，培养创新精神。

关键词 研究生教育的特点　研究性学习的方式　研究性教学的实施　研究性学习的意义

近年来，北京服装学院环境艺术设计专业研究生招生规模不断扩大，宽口径的招生方式降低了专业的门槛，带来研究生整体质量的下滑。这在某种程度上已经造成在读研究生专业水平的参差不齐，学生的研究能力和设计实践水平整体下滑，个别学生甚至连环境艺术设计专业最基本的专业知识都未能熟练掌握。这对研究生教学的实施和质量的影响非常之大，给承担研究生课程的教师带来相当大的困难，同时也提出了更高的要求，教师需要不断调整自身以适应新的形势和发展的需要。

1　研究生教育的特点

面对当下环境艺术设计专业研究生的实际状况，本人认为在研究生教学中"提倡普适"只能是一种理想状态下的学术倡导，是一个美好的愿景，而"因材施教、差异化培养"才是研究生教育的必然途径。如何满足当下经济社会发展的多样化需求、全面提高研究生教育质量，是当前和今后一个时期研究生教育最为核心和最为紧迫的任务。对于精英型人才的培养，还是应坚持"慢工出细活"的传统，真正的精英型人才不可能通过"大批量生产"获得；"大批量生产"除了带来高等教育数量的增长或规模的扩张外，并不利于质量的提高。

第一，人才培养目标上的精英性是研究生教育的追求。研究生教育不能也不应步入中国本科生教育快速发展的后尘，成为教育大众化和产业化的领域，研究生教育更不应该是教育"普及"的领域。尽管随着社会的进步，受教育的人会越来越多，研究生教育的类型也会更加丰富，但是，研究生教育的这一"精英性"的本质不应该也不会发生变化。这应该是我们从事研究生教育的群体能够达成的共识。

第二，学生学习过程中的研究性是研究生教育的根本。研究性学习是以"培养学生具有永不满足、追求卓越的态度，培养学生发现问题、提出问题、从而解决问题的能力"为基本目标；以学生从学习生活和社会生活中获得的各种课题或项目研究、作品的设计与制作等为基本的学习载体；以在提出问题和解决问题的全过程中学习到的科学的研究方法、获得的丰富且多方面的体验和获得的科学文化知识和实践技能为基本内容；以在教师指导下，以学生自主采用研究性学习方式开展研究为基本的教学形式的教学模式。

第三，教师在教学过程中的适应性是研究生教育的补充。在研究生教育这个体系中，传统的师生角色已经发生了变化。不论教师，还是学生，所"扮演"的都不再是单一的角色。除了传统意义上的师生角色外，学生扮演的角色往往是"顾客"，而导师扮演的角色则是"设计师"，有时师生的角色还会互换。此外，学生必须要参与到整个研究生"加工"和"制作"的过程，同时要积极担负起高级工艺师的责任，亲自动手选料、裁剪和制作他们自己定制的"霓裳华服"。指导导师提供必要的"服务"和指导，有时还要担负起"高级顾问"的职责。

随着环境艺术设计专业的不断发展和成熟，以及涉及学科和专业领域的不断扩大和深入，本人逐渐认识到自己所承担课程的设置、教学模式、方法和内容等方面存在一些缺陷和不足：现有的课程设置、教学模式、方法和内容过于偏重于对学生在艺术维度和设计实践方面的训练，对社会问题和课题的研究性关注度不够，学生在一定程度上缺乏必要的研究性学习的训练。学生们经常会陷于迷茫和困惑的状态之中，大多数学生依然停留在本科生阶段的状态，不能对课题进行有针对性的、有效的研究，更不用说对课题研究方法的掌握了。因此有必要对课程的教学内容、教学的模式和学习的方式进行调整。这样一方面能充分调动学生主动学习的积极性和主动性，另一方面能让研究生能够掌握一定的课题研究方法，以满足今后同学们进行学位论文选题、研究和写作的需要。

当下研究生教育的主要任务是培养学生的研究能力、实践能力、创新能力和创业精神，促进学生知识、文化、眼界、能力和素质的全面提升和发展。而在实际教学的过程中，有些课程采用的教育方式仍是采取对知识的机械记忆、浅层理解和简单应用的方式，很难达到培养具有实践能力和创新意识人才的目标。因此注重研究生主动建构问题，收集信息和解决实际问题的研究性学习的教学模式的建立显得尤为必要。这样不但丰富了学生的知识，开拓了学术视野，提升了专业水平，而且提高了研究生的研究能力，掌握了一定的研究方法，提升了研究能力和论文写作能力。同时，在教学模式上从教师单一的讲授辅导的一言堂模式切换为师生之间互动交流的研讨会模式。

2 研究性学习的方式

经过一段时间摸索和实践，本人认为环境艺术设计专业研究生实现研究性学习可以通过三种方式：①更新课程的教学内容、教学模式和学习的方式，以研究项目作为课程的课题，关注中国当下社会的现实问题；②与校外设计机构或院校合作共建，参与社会上的学术活动和设计实践，开拓学生的眼界，提高设计实践的能力；③提高学生的研究能力，使他们掌握一定的研究方法，完成从本科生阶段到研究生阶段之间角色的衔接与转换，为今后的进一步学习和研究打好基础。

2.1 教学内容和模式的更新

首先，在课堂上要抓住研究性学习的特点，强调学生能够独立开展课题研究式的学习活动，要求他们能够有针对性地收集资料，梳理资料，自行发现问题，并能独立地分析与解决问题。其次，每位同学的题目都不一样，即便选择同样的题目，每个人的研究角度和出发点也各不相同。这样一来由于学生建立了自己的兴趣方向，就能最大限度地激发他们学习的兴趣和潜能，能够较为主动深入地进行研究。要求每位同学针对自己的选题，查阅相关的资料，独立开展研究，同时能够通过探讨和观摩，相互借鉴，取长补短，深化自己的研究。

2.2 与校外设计机构合作

充分利用社会资源，与校外设计机构开展合作，实施研究生研究性学习、设计实践实习的联合培养计划。根据研究生的实际情况，联系对口的实习单位，真正做到理论研究与设计实践相结合。同时，这样的合作为研究生提供了实习的单位，学生们可以根据所长选择适合自己的机构。客观上讲，这也为研究生毕业后的就业提供了一定的选择机会。

2.3 实现从实践性到研究性学习的转换

实施研究性学习有助于学生主体意识的建立：课题研究式的学习在于围绕问题而展开，对问题提出自己的解决方案，能有效地激发学生的学习动机与兴趣。实施研究性教学有利于培养学生的创新品格，以及克服困难的韧性和解决问题的能力。创新人才应该具备探索性、坚韧性、自控型和合作性的创新品格。

研究生的教学应该包括设计实践和理论研究两个部分，在教学方面除了现有的重视在设计实践方面的训练外，我们还应该重视理论研究方面的教育。本人所承担的环境艺术设计研究生课程，在不影响整体课程设置的基础上，希望能够完成局部课程与局部课程之间、局部课程与毕业论文和设计之间的衔接与转换，做到理论研究与设计实践并

重，使课程的布局更为合理，内容更加新颖，同时提升研究生的理论研究能力和设计实践能力。

3 研究性教学的实施

研究性学习的本质在于，让学生在课题研究的过程中亲身经历知识产生与形成的阶段和过程；使学生学会独立运用其大脑进行思考；追求"知识"发现、"方法"习得与"态度"形成的有机结合与高度统一，进行知识的自主建构。这是研究性学习的本质之所在，也是研究性教学所要达到和追求的教育目标。

3.1 课程教学的设计

通过一段时间的尝试和探索，本人认为在研究性教学的设计和实施上要达到以下几个目的。

3.1.1 从"单一"到"复合"——课程关联性的建设

对本人所承担等环境艺术设计专业课程的整体结构进行调整，组成循序渐进的系列的以研究项目为内容的课程，为下一阶段的设计实施课程做好理论上的铺垫和准备工作。以"课题项目研究"和"工程项目实践"作为系列课程教学效果的最终检验环节。

3.1.2 从"技能"到"方法"——项目实践性的操作

从独立的技能训练单元课程设置，向主导课题研究和设计实践贯通的研究和设计方法系列课程过渡。在系列课程中真正做到理论研究与设计实践并重，技能与方法并重。理论研究与设计实践相结合，能够把自己的课题研究成果有目的地应用到接下来的设计实践课程中。

3.1.3 从"结果"到"过程"——教学目的性的变革

从重视终极结果的课程，向在教学过程中启发创造性思维和研究性探索的课程转换。把"研究课题的选择"、"资料的收集整理"、"研究的开展"、"研究的深化"、"研究报告的写作"、"理论性的总结"和"论文的写作"的训练融合到课程的每一阶段里。改变一直以来、习惯性的以提交最终成果为目的的课程教学模式。

3.1.4 从"单向"到"多维"——思考创研性的激发

课程教学中既要强调学生对基本知识、专业理论的学习，同时应注意加强学生在研究能力和思考能力方面的培养，在课题研究的过程中能够进行多维思考，关注课题的方方面面，如历史、人文、习俗、自然条件、气候等，以及它们之间的关系，能够综合性思考和研究。只有这样，才能激发学生们的发散性思维和综合性思维，能够从其他领域吸纳知识，能够从其他专业领域中学习和借鉴，进行跨学科的思考，利于今后的创新性研究和实践。

3.1.5 从"被动"到"主动"——研究性学习的尝试

改变原来的上课模式，教师进行灌输式的课程内容讲述，而是提供一种研究方法和模式，让学生们主动学习，充分调动学生们学习的积极性和主动性。彻底从本科生阶段教师"拉洋片"的知识讲述、学生翻资料来启发研究和设计思维的主导教学方式，向直接来源于生活的原创性和研究性主导等教学方式转变。学习从被动变为主动，从教师的知识灌输变为师生间、学生间的互动与交流。课堂上，

不但学生能够从教师那里学到知识，还可以从其他同学那里学到知识，同时老师也会在课堂上有一定的收获。

3.2 教学方式的转换

3.2.1 互动的授课方式

在课堂上，采用师生互动的教学方法。首先是分析本人在课程开始之前完成的一个完整研究案例，讲授如何选择课题，如何收集资料，如何开展研究，如何深入研究，如何写作论文等，讲解了研究的整个过程和方法，展示给同学们一个系统的、多方位的、完整的研究过程，以及最后的成果。然后同学们针对选题进行研究。在整个课程的过程中，进行几次课程汇报，内容包括案例分析、资料观摩、实地考察、技术解析、语言表达训练、研究方法探讨、论文写作辅导等诸多环节。

3.2.2 汇报与研讨相结合

课堂汇报的过程就是一个小规模的研讨过程，针对汇报同学的内容，其他同学都可以表达自己的看法并提出自己的建议，教师进行深入的剖析和研究方向上的把握和研究细节上的建议。汇报中，每个同学除了在自己选择的课题上的学习之外，也能在其他同学的课题中学到很多自己没有关注到的专业知识和内容。汇报过程结合了课堂讲述、课堂讨论、辅导讲评、课题答辩等多种方式，有目的、全方面地提升学生的能力，包括研究能力、思考能力、表达能力等。

3.2.3 形式多样的成果

课程教学结束后，每位同学在答辩研讨之后都会提交自己的课题的研究成果，包括自己收集的资料、思考的成果、PPT演示文件、论文、研究报告等几个部分。同时，在课上的汇报答辩和研讨过程中，每位同学都能在语言的表达上得到一定的训练，为今后的论文开题、中期考核、论文答辩做好准备。

结语

近几年来，本人在承担的北京服装学院环境艺术设计专业的研究生课程教学中，系统地进行了研究性教学的尝试。

首先，结合自己所做的示范性的研究案例，对研究目标、目的、过程、方法，以及研究重点和最终的研究成果等方面进行了阐释和分析。讲授了如何选择课题，如何收集资料，如何开展研究，如何深入研究，如何写作论文等，讲解了研究的整个过程和方法，展示给同学们一个系统的、多维度的、完整的研究过程和成果。

其次，引导同学们根据自己的兴趣和关注点，选取具有典型性的课题进行研究，要求同学们在一个星期之后提交各自的选题并开展研究。在这一周的时间里，同学们要收集与自己所选课题的相关资料并进行文献分析，选取自己的研究的角度和出发点，以及研究的可行性，相当于进行了一次毕业论文开题的实弹演习。在选题的汇报中，就像论文开题一样，调整并确认每位同学的选题，并提出具体的调整和研究建议。

在课程进行的过程中，每个人在课上给大家讲解自己的阶段成果，相互交流，共同促进，教师会针对每个课题给出具体的改进和深入研究的意见。经过一段时间的研究，最后每位同学都提交了各自的研究报告和论文等多种成果。

在研究生课程教学、学生参与科研训练和课外学习与研究的过程中，本人积极进行教学方法与学习方式的变革，推进基于探索和研究的教学和学习，建立了灵活多样、操作性较强的研究性学习实施模式，取得了较好的教学效果。本人从中领悟到：研究性学习是创新能力培养的根本途径；以培养创新性为核心的研究性学习的实施要与时俱进。

首先，要抓住研究性学习的特点，强调学生能够独立开展课题研究式的学习活动，要求他们自行发现问题，并能独立地分析与解决问题。

其次，每位同学选择的题目都不一样，即使题目一样，但要求设计和研究的方向也各不相同。这样一来由于学生建立了自己的兴趣方向，就能最大限度地激发他们学习的兴趣和潜能，能够较为深入地研究。要求每位同学针对自己的选题，查阅相关的资料，独立开展研究与探讨工作。

最后，课程结束时学生们取得的研究成果经常会出人意料，有时甚至会超出教师的预期，给人以突如其来的惊喜。同时，学生就各自的研究成果可以进行相互交流，相互学习，极大地拓展了学生们的知识面，提高了学习效率，任课教师也会在整个过程中受益。

实施研究性学习有助于学生主体意识的建立：课题研究式的学习在于围绕问题而展开，能有效地激发学生的学习动机与兴趣。

实施研究性教学有利于培养学生的创新品格：创新人才应该具备探索性、坚韧性、自控性和合作性的创新品格。

哈尔滨工业大学深圳校区教学空间多义性设计探究

■ 余 洋 周立军 郎林枫
■ 哈尔滨工业大学建筑学院

摘要 我国高等教育正向着开放化、国际化方向快速发展，而教学空间作为高校建筑空间重要组成部分之一是进行多样的学习活动、衔接师生们学习与生活的场所，充分利用空间的可能性，为教学空间增加活力，优化教学空间的设计，成为探索教学空间潜力和实现高校教学空间开放化的重要方式。

本文通过对哈尔滨工业大学深圳校区扩建项目室内教学空间设计的研究，分别从空间功能的复合性、空间尺度与人行为的关系、多义性空间品质的营造等方面，探讨了多义性设计方法在实际项目中的应用和对当今高校教学活动的积极作用，以期能为类似室内项目提供一定的参考。

关键词 高校 教学空间 开放化 多义性

引言

人类社会进入到全球化、信息化和网络化的信息经济时代，知识的传播和应用将会影响社会的发展与进步，同时这些发展与进步取决于人的综合素质的提高。为了适应知识经济发展的需求，社会急需创新型和综合型的人才。这就对社会的教育体系提出了新的要求，高等教育作为传播生活、生产经验和培养社会人才的重要手段，它也要伴随着时代的进步而发展。

为了适应科技发展和社会的进步，当代的高校教学理念和教学模式正发生深刻变革，这对高校空间的设计也产生了深刻影响。随着高校教育走向开放化、多样化，也就要求室内教学空间设计应该更加开放、灵活，更富有包容性。

1 空间多义性

1.1 空间多义性的内涵

空间的多义性理论源于现代建筑理论中空间的功能包容性、可变性、可持续性方面的追求与发展。正如赫曼·赫兹伯格提出的"多价性空间"设计理论，他认为"很多物件的功能和形式几乎都只有一个单一的目的，而它们必然功能针对性强，它们必须恰如其分的完成自己的本职工作。但这对大多数物件和形式，除了它们被设计所赋予的，并且因此被命名的单一功能外，还具有更多的潜在

价值，因而功效很大。这一较大的功效，我们称之为'多价性'。"也就是说，一个可供解释的包容性结构，该空间可以容纳和激发时空中的多样性。空间多义性的内涵在于空间不是功能单一的固定的空间，而应是具有多重含义的，能够满足不同的功能需求空间，能够包容多样的师生行为的开放性空间。

1.2 多义性空间的特征

随着国内高等教育不断地变革和发展，教学建筑空间的设计也在进行持续的探索，多义性的设计理念被大量运用到新的教学空间设计之中。如加拿大英属哥伦比亚大学尚德商学院中，建筑师设计了墙体虚化的讨论室和多功能复合的学习实验室（图1、图2）；西班牙拉古纳大学艺术学院的新院馆中，通过可移动的轻盈隔墙联通扩大了教学空间，甚至可以根据需要使空间贯通整个楼层（图3）；又如香港的赛马会创新楼，教学区域的玻璃和开放的空隙提高了空间的透明度和连通性，而循环路线和公共区域方便了学生群体与导师们的交流互动。

通过对国内外实例的分析和总结，多义性的高校教学空间应具有以下特征：

（1）空间的复合性，教学空间的复合性主要是指功能的复合，指在同一教学空间内容纳了很多不同功能内容；

（2）空间的智能化，教学空间的额开放也应是对新技术和新设计理念的开放，即要更加积极的融合新的建筑空

图1 通透的讨论室（图片引自：谷德设计网）

图2 学习实验室（图片引自：谷德设计网）

图3 轻盈隔墙划分的内部教学空间（图片引自：谷德设计网）

间技术使其更加的智能化；

（3）空间的人性化，在高校教学空间环境设计中，我们根据使用者的生理和心理的行为模式来创造具有归属感和认同感的空间环境，来满足师生不同物质和精神需求；

（4）空间体验的互动性，设计者、使用者、空间三者之间的互动与影响，既可以从"以人为本"的设计角度出发，又可以增强空间的吸引力和趣味性，促使教学空间的不断完善。

2 高校教学空间的多义性设计

2.1 设计理念

哈尔滨工业大学深圳校区扩建项目的室内设计以历史为根以文化为源，秉承哈工大"规格严格，功夫到家"的传统，又发扬"开拓创新，团结奉献"的深圳精神。室内空间性格延续新的校园文化理念，采用"实"、"真"、"拓"的空间设计理念，从而营造出先进、开拓与建筑理念相融合的室内空间。

2.2 空间功能的复合

高校教学空间与中小学教学空间相比，应更注重空间文化环境的塑造；同时由于教学空间内会有不同学科的学生在内学习，空间应该更具有开放性。当今一流大学所倡导的是以学生为核心、由教授来引导的主动式教学模式，这就要求教学空间更能促进学生之间以及师生之间的互动交流，就必须使空间具有包容性，能够促使多样活动的发生。

空间功能的复合性可以包含两个方面：其一是人为地将多种活动并置于一个空间，来体现空间对活动性质的包容性；其二是在空间原来赋予的功能基础上激发更多的活动，即体现空间对活动主体的诱发性。

2.2.1 教学空间功能的复合

教学空间对功能的复合主要是指对授课功能、多种学习功能、会议功能、娱乐功能、置物和陈列功能等的包容。为了实现这种需求，教学空间被设计成一个复合功能的空间布局，改变了传统教室单一、固定不变的教学空间模式。

同一教学空间不同时间段会进行不同的教学活动，如课程教学、小组讨论、个人自习、专业课教学等功能。为此教学楼内的教室空间的桌椅及相应设施采用不同组合模式，如在教室中活动的桌椅有多种的布置方式：可以布置成适合课程教学活动的排列式布局（图4、图5）；也可以是使用专业桌椅的专业课教室（图6、图7）；或者将桌椅

成回字形布置供师生会议讨论使用（图8）。这样就使同一教学空间可以在不同的时间中能满足多样的功能需求，使空间成为变换自由的、富有弹性的多义性空间。

图4 普通教室

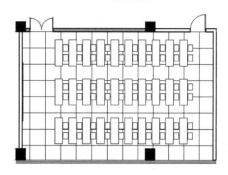

图5 普通教室平面图

图6 绘图课程教室

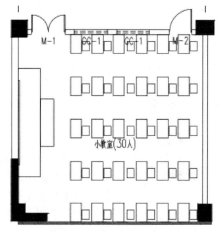

图7 绘图课程教室的平面图

图8 桌椅回字形布局的教室

随着教学模式的改变，学生们需要具有个性化教学和分组教学的场所，这种场所不再是几个简单的方盒子，而是空间可以被可移动的分隔进行更加灵活细致的划分，使得同一个教学空间在同一时间实现多种功能的复合。为此在综合楼内设计了创客工作室这样的空间（图9），在这个空间中使用推拉门来划分不同的功能部分，增加了空间的弹性；工作室内桌椅布局自由，丰富书籍及其他设备都以学生容易获取的方式布置，这为师生们创造了能够自由且充分利用的学习、交流空间。

图9 创客工作室

2.2.2 交通空间功能的复合

交通空间包括楼梯、走廊、门厅、中庭等空间，可以复合的功能有读书、休憩、交流、展示、聚会等，如方案中的交流空间、茶饮间、茶饮交流区等空间。作为教学楼内空间的重要组成部分，交通空间不再是仅仅满足于人流疏导的单一功能，它应与教室等空间相结合成为教学空间的一部分，并且具有丰富的变化使得同学们可以在其中进行各种各样的活动。

教学楼中将教室与走廊的隔墙上部设计成带形长窗，使得两个空间相互渗透，也将自然光引入到了走廊当中，使得走廊更加开放（图10）。同时在适当的位置将隔墙移除，形成开放空间，并在空间中布置休闲桌椅、书籍、多媒体设备和茶饮设施等（图11），学生可以在这些空间中学习、休息、聊天、讨论问题等，从而使得交通空间与学习空间融合在一起，既提高了空间的利用率，又将教学空间从单纯的教室中解放出来，形成了开放、自由的学习环境。这也符合了空间多义性的要求（图12、图13）。

图10 通透的走廊

图11 茶饮交流空间

图12 实验实训楼1F的茶饮交流区

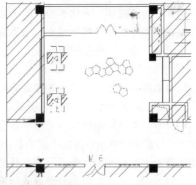

图13 茶饮交流空间的平面图

2.2.3 不定空间功能的复合

"不定空间"就是通过空间规划的不定性诱发各种新的行为活动，从而使环境更富有活力，空间更充满多义性。

这种空间的特点在于创造一种功能用途模糊多样的空间，不赋予空间某种明确的功能属性，不过分强调空间的独立性，而是根据空间中的人及空间自身的灵活性和适应性，激发出无法预料的行为，从而产生多义性的空间。

如在教学楼的东西两侧设计了开放的多功能空间就是一种不特定功能的空间。在多功能空间中，室内设计成书屋的样子，空间中布置着舒适的桌椅和电脑等设备，靠近墙面摆放书架，书架中摆放着各类杂志、书籍，供休息的人随时取阅，同时墙面上还布置了学校发展过程的图片和文字，让学生在休闲的同时也能了解到学校的发展史（图14～图18）。

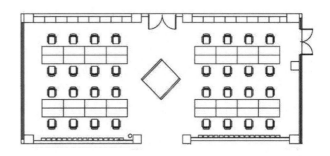

图 17　教学楼东侧多功能空间平面图

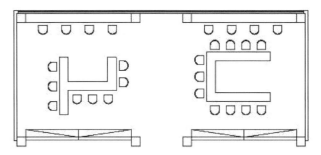

图 18　科研创新楼的多功能空间平面图

2.3　设计多种尺度的空间

在高校教学空间中，空间尺度和形态是影响人的行为的重要因素，不同尺度和形态的空间中，使用者的数量、空间分布状态和流动状况是不同的。为了满足师生们不同学习活动的需求，在教学建筑中设计了不同尺度和形态的教学空间，依照教学空间的大小和容量将空间划分为大尺度空间、中等尺度空间和小尺度空间。

2.3.1　大尺度空间

在满足大班授课的同时还可以在空闲时适用于其他的功能，可以作为学生们上自习或者举办大型活动、聚会和讲座等活动的场所。如在科研创新楼内设计矩形阶梯教室和具有向心性的半圆形的阶梯教室（图19、图20）。

图 14　教学楼西侧的多功能空间

图 15　教学楼东侧的多功能空间

图 16　科研创新楼内的多功能空间

图 19　矩形布置的阶梯大教室

图 20　圆形布置的阶梯教室

2.3.2 中等尺度空间

相对于大尺度空间，在发生教学活动时更加灵活，适合进行多样的教学、交流和分组讨论活动。同时由于空间尺度相对缩小，师生们的交往几率也相对增加，从而激发更加多样的活动产生，如图4的中型教室和图16这样的多功能空间，人们的流动性变强了，空间内引入丰富多样的设施，从而为师生们提供灵活多样的学习生活空间。

2.3.3 小尺度空间

小尺度空间主要包括：小教室（图5）和布置在教学楼、科研楼内各处的茶饮交流空间（图11）。对于小教室而言学生数量少，师生比例提高，这有利于师生之间的互动性学习和师生间的亲密交流；而对于茶饮空间这样的开放空间而言，较小的尺度更有利于个人的学习或思考和几个人之间的讨论。

2.4 多义性空间品质的营造

空间品质作为影响人们行为模式的潜在因素，其重要性在设计中得到了应当的重视。为了避免传统高校教学建筑存在的光线不足、空间相对简陋和单调等缺点，哈工大深圳校区的室内空间在空间要素和空间设施上，通过更加人性化和多元化的设计，形成了层次丰富且富于变化的室内空间环境。

2.4.1 空间要素的运用

（1）在教学楼室内空间设计中，光不再局限于满足照明的需要，而成为内部空间中富于变化的要素，起到提升空间品质的作用。如透明的隔墙把自然光更多的引入走廊中，形成了多样的渗透性空间；又通过多样的灯光照明效果调整了空间形态，改变了空间的视觉效果，赋予室内空间不同的气质（图21）。

图21 创新成果展厅的灯光效果

（2）色彩是人对于物体感觉主要的因素之一，恰当的用色有助于营造丰富多彩的空间氛围并能给人以美的感受。在哈工大深圳校区的教学空间中，墙体主要以白色为主，地面以灰色调为主，以及灰色的门窗和木色的桌椅设施，

使得空间色彩适合进行上课、自习等活动（图4）；而在公共交流空间中则在白色和灰色主色调的基础上使用黄色、橙色和紫色等颜色，有助于活跃气氛和激发师生们的交流、讨论活动。

（3）室内空间的材质也经过了精心的选择，主要使用水磨石、石材、木作、金属材料、玻化砖和涂料等（图22），首先保证空间简洁耐用，同时通过恰当的组合形式营造了安静、舒适具有文化内涵的空间环境。

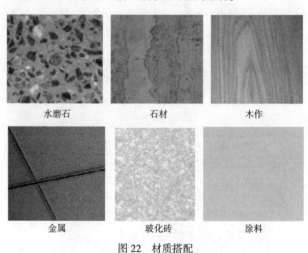

水磨石	石材	木作
金属	玻化砖	涂料

图22 材质搭配

2.4.2 空间设施的布置

在哈工大深圳校区的教学空间中，设计者根据人体工程学和空间需要选取了尺度适宜的桌椅、书架等空间设施，并根据人们的需求，将这些设施布置在适当的位置并采用了多样的组合形式，这对师生们的活动起到了适当的引导和激发作用。

在空间中还设计了充满创意和趣味性的空间设施（图23），在多功能空间中放置了一个方形的通透的"盒子"，学生们既可以坐在其中读书、聊天，同时它也成为多功能空间内的一个景观；在不同空间的墙面上还设计了符合该空间氛围的文化图案，形成多样的校园文化墙。这些都使得空间内涵更加丰富多彩，加强空间的吸引力和趣味化，使教学空间得以完善。

图23 趣味空间设施

结语

随着我国高校逐渐向国际化方向发展，高校建筑的建设正面临着向前所未有的大发展时期，尤其是其中占有重要地位的教学空间，它已经不再是单纯的教室而包含更加多样的空间形式。高校教学空间除了应具有功能合理性、交通组织简洁性等特征，还应融入开放理念，采用多义性的设计手法，使教学空间更加的自由、灵活和多样化，为师生们提供环境亲切舒适、层次丰富的活化空间，从而促进高校师生的创作热情，激发高校的活力。

参考文献

[1][美]冯·贝塔朗菲.一般系统理论：基础、发展和引用.林康义，魏宏森，译.北京：清华大学出版社，1987.

[2]丛宁.高校教学楼空间多义性设计研究.哈尔滨工业大学，2009.

[3]赵星.论当代建筑的开放性.天津大学，2010.

[4][美]美国建筑师学会编.学校建筑设计指南.周玉鹏，译.北京：中国建筑工业出版社，2004.

[5]迟敬鸣.论大学校园开放性空间.华南理工大学，2009.

艺术不等于设计思辨

——回归真实的设计

■ 张长江

■ 大连艺术学院

摘要 艺术与设计，是不等于，还是等于；是限定，还是非限定；是全部，还是一部分，它的矛盾性与复杂性一直表现至今。如不能很好地阐述这一关系，不仅会影响中国室内设计教育的发展，也会影响室内设计行业的发展。认识艺术与设计的区别与联系，坚守设计基本规范与表达规范，并在此基础上创意或创新，才能使中国的室内设计事业沿着健康的轨道发展。

关键词 艺术 设计 设计总方针 设计阶段 设计规范

2004 年 CIID 长沙教育年会以来，过去在多次公开的场合，我谈论过这个话题，作为室内设计行业不论是教育还是执业，在今天，应该说都有了不小的进步，这次赶上中国建筑学会室内设计分会 2015～2016 年的设计师峰会，为"回归真实设计"再次起航，有了再想谈一下的冲动，因为这实在是需要不断讨论，才有进步与改观的一件事情。

1 从教育谈起

2010 年，国家教育部明确规定：城市规划、园林等 11 种专业，不再按艺术类招生。17 种含有艺术属性的设计如建筑学、景观建筑设计、装潢设计与工艺教育、工业设计等，有关高校须经教育部批准后方可按艺术类专业招生办法招生。这表明了含有艺术属性的设计与艺术的区别，或者说艺术并不能涵盖设计的全部，而只能是设计要考虑的一部分（图 1）。

图 1 美国的展览广告（张津梁 摄）

在这样一个推动下，我国教育以改变景观设计与环境艺术设计这样两个专业的叫法，因为景观是景与观两个方面，而观是不能够设计的，所以改为风景园林设计。环境艺术设计改为环境设计，把艺术去掉，因为艺术也是不能

"设计"的。现在大部分高校都在环境设计的大的专业下，分为风景园林与室内设计两个方向。但是，这还有一个更大的问题没有得到清本正源，就是"艺术设计"的这个提法，因为这个提法致命的要害之处，就在于好像我们有一部分设计是要被艺术限定的，或者说有一种只有艺术的设计，还有诸如可持续设计、生态设计等。这就大大地混淆了艺术等于设计的这个界限，为现在中国教育的混乱局面埋下了伏笔。

2004 年，我把美国室内设计教育评估标准引进到中国，得到了大多数学校的关注，当然也有个别的反对者，但是，今天这些个别人我想也都有了新的改变，因为借鉴美国推出中国的室内设计教育评估标准，已经列入国家教育的科研课题，从政府层面来改变这一不合理的状况已经有了开端，当然也不能太乐观。我说不能太乐观有以下几点考量：

（1）每个学校都在设计自己的课程，而统一到标准上难，何况现在天天喊"创新"。而一个专业为什么会有不同的架构，不同的版本，也实在是令人匪夷所思，是因为设计的对象不一样，还是会有其他。

（2）很少的专业老师在从事教育，大部分是学美术的，还有学染织的，在"跨界"设计的口号下，他们就一直这样"坚守着"。他们认为，只有美术和艺术才能推进设计创意或创新，所以他们一直这样喊着"创新设计"、"创意设计"。好像设计本身不是创意或创新，还有一种设计叫抄袭。而这些人是否忘记了，抄袭是不能叫做设计的。

（3）"创新实践"教学掩护了当今的碎片化教育，由于很少有专业教师，所以就没有专业课程列教，只讲几个学时，每科都在做作业，也没有考试，即使毕业了，专业的知识还是在低水平的怪圈里徘徊。

我们常常感到国外的设计师，知识系统，基础扎实，理由充分，设计有新意，能征服客户，所以我们不得不反思现在我们的教育。而且尽管国外设计专业也有放在艺术学院里的，但这个学院也是被叫做"艺术与设计学院"，这也是可以从中看出这两者的巨大区别的。

2 再谈设计的总方针

目前，教育与执业的问题还在于对于设计总方针的理解。设计总方针原来是罗马建筑师维特鲁威在其所著《建筑十书》中提出来的，叫做"坚固、实用和美观"。现在我国把它修正为"实用、经济、美观"。就这三者之间的关系，我认为，再好看的东西，如果不实用，在经济上就意味着浪费与失败。这里的实用也有适用的意思，适用本身就有了经济的考量，不要花很多的钱，设计一个方便可用的空间与陈设用品，在今天，还有资源与能源的节约，以及生态制约的考虑。设计不排除还有审美要求，但这是排在最后一位仅此而已。如果夸大它，那么从而就失去了真实设计的意味。

在设计总方针的要求下，设计被分成了三个阶段，方案设计、技术设计与实施设计。最后一个阶段我国一直叫做"施工图设计"，是先有设计后有图的"设计图"，还是先有图后有设计的"图设计"，也是一个让我们犯糊涂的事情。国外没有这么叫的，我觉得还叫"实施设计"得好。这表示最后一个阶段，开始建筑、建造、施工、生产而处于实施要干了，所以，这是一个要规制尺寸、材料、构造、色彩、织品等"细活"的设计，不细就做不了，就不能做清单计价，就不能参与投标，就不能开工一个设计休止。关乎能否把"纸面产品"，翻制到"工程作品"的成败，所以这是检验设计成功与否的试金石。关乎设计师"专业"的水准的体现。可遗憾的我们的设计师往往就在这个环节败下阵来。而让设计只是停留在方案想法阶段，技术论证可行都难以通过，而在色与形都"炫"得让人"不敢睁眼"不惊你死不休的地步而沾沾自喜。因为这是一个"艺术的设计"，而不是一个适用的设计，或者说一个真实的设计。他可能如梵高把自己耳朵割掉的一幅自画像挂在墙上，而不是明天就可以进入到施工现场，变成项目经理可以操控的施工图纸。也就是说，环境设计的实施设计是一定要有人"埋单"的。

最近，有的协会搞了一个"学院奖"，对于实施细则，要求参赛设计作品"具有可实施性"，大多数的艺术院校都提出了反对意见。说我们艺术院校玩的就是创意与创新，至于能否实现，这是无所谓的事情。坚守可实施性，就必然限制创意与创新。我真不知道这是什么逻辑，难道已实施的著名的建筑，甚至是标志性的建筑，他们都是在设计规范允许或限定的条件下设计完成的，难道他们都没有创意或创新？清华大学美术学院郑曙阳教授，针对这点也谈了自己的看法，"如果我们现在再不提出这个问题，我们设计学专业，就要变成社会学专业。因为，我们现在艺术院校的有些设计不能叫'创意'或'创新'，而是只能叫做'幻想'"。

这也是为什么我们学校培养设计专业的学生走到社会，还是一脸茫然的原因所在，因为他们在学校学的是画图的技巧，而不是设计。

3 设计的表达与表现

既然说到作图技巧，就不得不说一下表达与表现。

设计需要审美意识的培养，如线型、色彩的训练。也需要工程技术的造就，如搭积木、材料加工的知识掌握。

设计需要绘式语言的交流、表现，也需要图示语言的翻译、表达。手绘草图是随性的，没有规定的。而尺规、计算机制图则是理性的，必须要有规定。这就是一张被用来视觉欣赏的艺术品画作与用来施工建造的一张工程图纸之间的根本区别所在。

表达是将设计的概念、思想、创意传达给设计的委托者，具有公平易懂的惯例语言（图示）特点。如一条粗细均匀且"绝对直"的线，具有唯一性。要求具有清晰准确的理性。

表现是表达的技巧，常带有个性化、艺术化的特点。如一条粗细不匀的"相对直"的线，不具有唯一性。因而具有非清晰准确的随性。

这一点我们可以从1987年美国设计大师弗兰克·盖里所做衣阿华大学实验室的立面图上看出表达与表现的区别（图2、图3）。手绘的立面草图，您可能会看不懂，而作为一张绘画去欣赏，而计算机所做的立面图必须是相关人员都可以看得懂，可以进行设计、清单计价、施工等活动，而加以存档，并永久保留。

图2 衣阿华大学实验室的立面设计草图

图3 衣阿华大学实验室的立面计算机制图

所以设计表达是有规范的，不论是建筑、室内、园林设计的表达都有制图技术标准的统一要求，如材料的图示图例，线形、尺寸表示的界定等。而艺术画却只是强调个性化的表现，而没有规制的要求。

4 与艺术区别就是设计要有规范

设计含有艺术成分，艺术靠技术表达，这也是往往有人会把设计与艺术混为一谈的一个原因。设计有实用、经济、美观三个要素，有的艺术靠不同程度的技术支持媒介才能表达出来，如相机、计算机、录像机等。它把过去转瞬即逝的行为艺术，记录下来，也成为当代的艺术的一个分支。这里我们需要注意的是，记录行为的是技术，而对象的演绎才是艺术。如果设计没有美观的要求，那么这个问题就会变得如此清晰。而恰恰是设计是有艺术因素考量，才有了矛盾性与复杂性。所以，这就不得不深入地澄清设计与艺术区别到底在哪。

设计不仅表达上要有规范，不然图纸就只有您一个人看得懂。如果看不懂就得"翻译"，那么这个"词典"规范就很重要。这是设计出图要有规范的原因。

当然更重要的是设计过程也是需要规范的，这个过程需要知识的"鉴定"，以确定对与错，而且这个错误会直接导致人的生命与财产损失。比如建筑的倒塌，透寒的室内会造成对于人的损害，放射性或挥发性等有害有毒材料被使用到室内空间，疏散通道或踏步尺寸不合适，门的使用不当，材料防火级别不当等等。所以设计会伤人死人的。艺术不会，它只是会感染到人，牵涉到对于人感情的波动。所以这两个结果明显是截然不同的。而且有些设计的规范是带有法律的强制性的，不遵守是要坐牢的。

当然，设计既要讲创新，也要讲规范。形式上的创新就是坚持个性化，内容上的规范就是坚持科学化。所以以建筑是艺术与技术的统一。而不能把二者截然对立起来。在不违背设计规范的情况下，我们鼓励好的创意，也鼓励设计的创新。

设计是理性的，同时也是感性的，感性是外在，是可以在情感上进行交流的，如部落、民俗、社会和归属等。而理性则是内在、秩序、物理和规定等。所以设计是复杂的，尤其是需要物质的成型品来完成时，知识累积与发展的规范就必不可少。仿制就是对已验证规范的认可。而研制则需要实验的反复认证，才能成为规范。它是人类几千年来的知识与实践的总结，没有国界，没有阶级，没有政治，只是要让人们活得有尊严，生活的有质量，爱的更完美而已，并没有其他多余的想法。这是设计的基础，也是设计的力量，也是设计的真实所在。

所以，在我们试图要回归"回归真实设计"的今天，以上这些我认为是最重要的，也是值得提出来和大家共同商榷的。

参考文献

[1][西]利维希，等编. 弗兰克·盖里作品集. 薛皓东 译. 天津：天津大学出版社，2002.

基于有机更新理念的浙江省东许村建筑环境可持续发展设计初探

■ 吕勤智　魏红鹏
■ 浙江工业大学

摘要　浙江省作为我国新农村发展建设的先行区，在全域范围内推进美丽乡村建设，结合不同村庄的资源条件，进行各具特色的乡村建设发展的实践。基于有机更新理念的浙江省浦江县东许村建筑环境可持续发展设计研究，是结合当地自然资源、区位优势、文化历史和发展现状进行的乡村有机更新和可持续发展设计实践探讨。东许村的设计以国内外研究成果和乡村有机更新与可持续发展的设计理论为基础，系统处理乡村环境建设与乡村产业更新之间的关系，并将东许村产业结构和村庄环境多样性相融合，探索出符合东许村有机更新视角下的乡村环境设计理念和设计方案，希望对我国乡村环境建设做出有益的探索和起到借鉴作用。

关键词　乡村聚落　建筑环境　有机更新　可持续发展

引言

我国随着社会经济的迅速发展，对乡村建设水平要求不断提高。几十年来，中国二元经济结构矛盾使得乡村的发展已经远远落后于城市，并出现了农民收入低，增收难，农业发展落后，农村环境差的"三农"问题。伴随着改革开放，农业生产方式和乡村生活方式的改变，农民的生产活力被充分调动起来，农业生产的效率取得了极大的提高，乡村市场也逐步活跃，但随着改革开放的深入，城乡距离不断被拉大，城镇化和工业化占用了大量的乡村土地资源。进入21世纪，我国农业和乡村发展的重要性得到了广泛的认识，中国乡村开始了"新农村"发展建设，我国更加重视解决城乡不平衡发展造成的结构性问题，乡村的环境、人口和经济发展成为新农村建设的关注重点。

为了改善城乡发展不平衡的问题，促进乡村建设，党的十六大明确提出了统筹城乡经济社会发展的方略，将城市和乡村紧密结合起来，统一协调，全面考虑，促进共同进步。《国家新型城镇化规划（2014—2020年）》强调坚持遵循自然规律和城乡空间差异化发展原则，科学规划县域村镇体系，统筹安排农村基础设施建设和社会事业发展，建设农民幸福生活的美好家园。《中共浙江省委关于建设美丽浙江创造美好生活的决定（2014—2020年）》进一步强调积极推进建设美丽中国在浙江的实践，加快生态文明制度建设，努力走向社会主义生态文明新时代，做出关于建设美丽浙江、创造美好生活的决定。《中共浙江省委、浙江省人民政府关于全面推进社会主义新农村建设的决定》要求从战略和全局的高度，深刻认识全面推进社会主义新农村建设的重大意义，始终把"三农"工作放在重中之重的位置，切实把建设社会主义新农村的各项任务落到实处，加快农村全面小康和现代化建设步伐。在建设实践中乡村产业由单一产业（农业）向第二、三产业发展，形成以现代农业为主的乡村产业发展模式，以工商业为支柱产业的乡村发展模式，以生态保护为主的乡村发展模式和以旅游文化产业为主的乡村发展模式等多种发展形势。广大农村因地制宜建立有机更新，可持续发展的乡村设计与建设体系，不断探索适合各自发展方向的乡村环境建设实践。

1　用有机更新和可持续发展的理念指导乡村设计与建设

"有机更新"即对原有乡村肌理进行改造更新，更加注重更新过程的连贯和合理性。"有机"就是有生机，有生命，引申到乡村改造中，是建设具有生命活力，与自然结合的和谐乡村。"更新"是改变旧的，重建新的，对历史环境结构进行优化和改善，适应新时代生活的需求。清华大学教授吴良镛院士在《北京旧城与菊儿胡同》一书中对有机更新理论进行了解析，他认为针对历史街区和建筑采用适当规模、合适尺度，依据改造的内容与要求，妥善处理目前与将来的关系，使发展达到相对的完整性，这样集无数相对完整性之和，即能促进整体环境得到改善，达到有机更新的目的。"可持续发展"是全方位考虑人与自然、人与环境协调发展的途径，这是一种有利于人类生存的反馈，有利于将人类生存的环境和自然的关系回复到平衡状态的方式。世界环境与发展委员会（WCED）指出："持续发展是既满足当代人的需要，又不对后代人满足其需要的能力构成危害的发展"。

对农村建筑与景观环境的建设和系统研究在我国是近些年的事，我国农村环境早先是作为乡村地理学的研究对象，随着国家对农村问题的实质性关注，继而随着景观生态学、景观建筑学的发展，乡村建筑环境与乡村景观发展成为了一门独立的研究方向与领域。主要从传统的乡村地理学、景观生态学、土地利用规划、景观建筑学、乡村文化景观等人居环境方面展开研究，内容涉及农业景观、乡村生态景观和乡村建筑与文化景观等。

发达国家在20世纪50年代已开展景观生态学的应用研究和乡村景观规划与实践，形成了完整的理论和方法体系。一些国家设置了专门的研究机构，为推动农业与乡村景观规划、解决乡村城镇化与传统乡村景观保护之间的冲突起了积极的作用。德国颁布的《土地法》明确了村镇的相关规划要求，有力地推动了乡村景观的建设和农村生态环境的改善。20世纪70年代颁布的《自然与环境保护法》对村镇区域的景观规划编制逐渐开展并加快建设步伐，使得乡村面貌不断得到改善。法国颁布的《自然保育法》使乡村更新能在更完善的法令下进行。亚洲的韩国、日本在城市化高速发展的过程中，借鉴欧洲经验，注重农业或乡村景观规划与建设的研究，指导农村传统建筑与景观环境的保护与可持续发展建设。韩国在20世纪70年代曾大规模地开展乡村景观美化运动和乡村建筑与景观环境设计与建设。这些经验与案例对目前中国面临的乡村环境建设与可持续发展具有示范和借鉴作用。

我国对乡村景观规划设计始于20世纪80年代，相比外国起步较晚，但作为一门新兴学科已经渗透到了众多学科领域。自1978年中央出台了《关于加快农业发展若干问题的决定（草案）》以来，我国逐渐开始对"三农"问题高度关注，强调了"三农"问题在中国的社会主义现代化时期"重中之重"的地位。我国乡村环境研究从无到有，迅速发展，取得了丰硕成果，但整体水平仍处于起步阶段。虽然在宏观层面上实施颁布了乡村环境建设的相关政策，但在建筑与景观环境保护和设计方面在政策法规上尚未出台引领中国乡村环境有序健康发展建设的具体法规和文件。在理论研究方面，国内学者进行了有益的探索，同济大学刘滨谊教授的《中国乡村景观园林初探》在乡村空间研究方面，提出乡村景观所涉及的对象是在乡村地域范围内与人类聚居活动有关的景观空间，并且与乡村的社会、经济、文化、习俗、精神、审美密不可分。天津大学教授彭一刚院士在《传统村镇聚落景观分析》中认为由建筑与景观环境构成的乡村聚落既是一个社会共同体，又是一个历史发展的过程。北京大学俞孔坚教授提出"景观设计学的起源，即'生存的艺术'，一种土地设计与监管并与治国之道相结合的艺术"。关注农村建筑与景观环境设计，正是解决和调整农村"土地与人"的关系，保护好人类赖以生存的生产和生活环境。农村景观环境设计是科学与技术完美结合的生存环境的设计，因此其重大意义在于关爱人类、关爱生命、保护和维系好农村生态环境的可持续性，造福我们的子孙后代。

2 有机更新与可持续发展理念指导下的乡村设计实践

2.1 分析村庄资源把握可持续发展的可能性与方向

东许村村域面积共211公顷，其中村庄位居村域中央，南面靠山，北面为农田。村庄具有良好的区位发展条件，资源丰富生态优良。森林资源以常绿阔叶次生林为主，其所辖南山风景区，负氧离子高达每立方厘米2000个，

是一处难得的天然大氧吧。同时由于地形关系，具有冬暖夏凉的特殊小气候，夏季平均气温比县城中心低2～3℃。东许自然村地理位置优越，外部交通便利，紧密连接周边大中城市。公路路网完备，有效连接各中心乡镇，交通快捷。东许村周边旅游资源丰富，区域休闲型旅游产品特色鲜明。东临神丽峡景区，西邻白石湾景区，南靠南山，北临水果种植基地，旅游产品以山水和文化观光为主，周边山水资源众多，高品质资源云集，文化资源丰富多样，周边还有上山遗址、张氏祠堂、东陈祠堂。主题文化引领的特殊体验产品在本区域大有可为，适宜开展旅游服务第三产业。

基于有机更新与可持续发展的乡村环境设计理念指导下的浙江省浦江县东许村乡村环境设计的实践，旨在保护乡村生态环境，提升乡村经济活力，提高乡村在社会中的地位，最终实现乡村的环境更新和可持续发展。保持可持续发展必须使乡村建筑与景观环境保持自然平衡，历史传统及本土文化保护与乡村环境符合现代人的生活方式与品质。制定保护和可持续发展原则；将旅游景观与农业发展相结合；开发传统文化资源，开展民俗生活体验；乡村去城市化发展，希望人们可以享受到美丽的乡村与农业景观。

通过系统的资源与现状分析发现导致东许村乡村环境问题的原因主要是农业用地的改变、乡村人口的外流、乡村环境过度城市化对乡村环境景观面貌的改变，造成特色不鲜明，环境品质不高。对东许村综合评价是发展基础较差，当前面临发展提升与产业转型。东许村的发展优势与制约并存，需依托自身发展条件遴选产业类型，彰显村庄特色。村庄发展面临多元主体利益诉求，应以村民利益为本，实现统筹协调发展（图1）。

图1　东许村建筑环境资源分析

2.2 发展乡村旅游推动农村产业结构优化发展

以乡村旅游创新发展模式来推动农村产业结构合理有效的调整和优化。乡村旅游与农村产业结构优化之间具有密切的关联，乡村旅游业能够推动农村产业结构优化，通过乡村景观多元化发展的理念，强调乡村景观发展与乡村产业、乡村生态环境相结合，促进乡村经济的发展。东许

村有机更新和可持续发展建设首先要制定长远目标和规划，充分利用当地优越的生态自然景观条件，遵循"以人为本"的理念，协调历史环境保护、乡村旅游发展和当地居民生活改善三者之间的关系。开发乡村旅游，实现乡村景观美景、稳定、可达、相容和可居协调发展的人居环境，传承历史文化，保护老街老建筑，以此作为旅游观光的物质载体，利用乡土文化增加旅游项目，有效挖掘地域特色。东许村建设发展愿景是建设成浦江南部旅游景区的配套游客休闲服务区；浦江南部旅游景区中乡村民宿的特色驿站；浦江南山脚下突出生态乡村发展绿色村庄；浙江省美丽乡村建设中有机更新的示范村。

2.3 基于乡村产业有机更新视角下的环境营建设计的探索

在深入实地考察调研的基础上，充分考虑乡村发展问题以及村民意愿，发掘、利用、保护乡村特色的自然、人文、建筑景观资源，确定可实施的、接地气的"美丽创意乡村"设计目标。全面挖掘村庄价值与特色；探索传统建筑有机更新模式；建设旅游服务型的新型乡村；促进村庄产业转型与发展。在东许村环境设计研究过程中，以乡村自身良性发展为第一要务，充分平衡生态、文化、时代背景等因素，用一种乡村发展的角度来对待乡村景观环境设计，以此达到有机更新和可持续发展的乡村建设目标。以乡村景观设计带动东许村经济发展，保护生态环境，传承乡土文化，提高东许村在社会中的地位并实现可持续发展。

东许村村域森林景观资源丰富，南部紧临浦江县白石湾风景区与神丽峡风景区，是浙江省浦江县一处难得的天然大氧吧，村内农业资源初具特色，老村108间破败老房子的遗址具有保护与创新设计的条件与可能性，正是由于这些资源，可立足实际充分考虑问题，并通过乡村景观环境设计带动东许村产业更新和发展，从实际出发探索出适合于东许村环境更新的规划设计模式。以生态、文化等视角来进行乡村环境的设计规划，以乡村经济更新发展的角度来审视乡村环境的建设发展（图2~图4）。

图2 东许村空间格局示意图

图3 东许村功能区块划分示意图

图4 东许村景观视线分析示意图

2.4 在文化传承中创造新的物质空间环境与载体形式

文化特色是不同地域在长期的发展过程中形成的传统，反映了该区域内人们对文化的认同。村庄发展必须深深地根植于地方文化，充分尊重和利用地域文化特色和周边的地理环境，尊重原住民的风俗习惯。东许村浙中地域特色鲜明，为村庄有机更新、可持续发展奠定了基础。东许村村落具有一定的人文价值和历史意义，建筑与建筑之间由生活和生产有机生成的古村路网、老村道路符合传统街巷关系，是具有保留价值的古村落和路网结构形态。综合村庄现有的自然资源，以及村庄的组团结构，将村庄总体的景观构架和局部造景综合起来进行规划设计。明确村庄发展定位，改造乡土建筑外观，优化乡村生态环境，创造特色重点景观，挖掘历史特点，传承乡土传统文化，打造乡土文化品牌，发展乡村旅游产业。

村庄内有六处主要景观节点，其中以南山东许民宿体验区为景观核心，并与生态山林氧吧体验区形成主要景观区域；景观轴线分别连通主次入口景观节点融入乡间生活。综合各景观要素的特点及其空间组合特征，将区域划分为不同的景观生态系统区，并将不同生态系统区按具体情况和要点进行设计。在不改变当地村民生活方式的条件下，以经济宜行的方式改良乡村环境、丰富乡村的产业类型，提高村民的生活品质。

针对东许村现状及未来开展的相关分析研究，采用活化利用，有机更新的手法将其打造成以"特色民宿"为主，配合周边景区的乡村旅游服务基地。通过对108间木结构老房的实地调查分析，认为其建筑价值、历史文化价值相对不高，已坍塌老房还存在安全隐患，更适合于建设服务于旅游的特色民宿。东许村民宿主题定位是融入乡间生活，感受村庄印迹。根据东许村的建筑现状分析，将四种建筑

类型分别打造成原貌修复民宿、新旧结合民宿、新建民宿和山林木屋民宿（图5~图9）。

图5 东许村环境更新效果图（一）

图6 东许村环境更新效果图（二）

图9 东许村建筑改造更新方案图（二）

图7 东许村环境更新效果图（三）

图8 东许村建筑改造更新方案图（一）

结语

东许村的乡村设计实践运用有机更新和可持续发展的理念，突出村庄发展为核心，以提升村民生活品质为目的，推动村庄的建设发展。强调系统性的整体规划设计，提高基础配套服务设施水平，实行小规模渐进式推进村庄改造建设的模式。"生态为体，产业为用"是村乡村景观实践的基础和普遍原则，以一种开放和融合的方式提炼出乡村环境的文化形态，结合地域性乡村特色创造新文化符号，打造新的物质空间与载体形式。在对东许村传统建筑与景观特色的保护和更新中开发乡土文化，保护生态农业景观，发展生态产业，开发旅游与服务等第三产业。实现生态环境，文化环境，空间环境，建筑环境，视觉环境，游憩环境的村庄整体环境改造与再发展。将东许村建设成为一个能够留住村民生活、提供村民创业、吸引游客观光的新型生态型人居村庄（图10）。

图10 东许村建筑环境更新鸟瞰图

参考文献

［1］吴良镛. 北京旧城与菊儿胡同［M］. 北京：中国建筑工业出版社，1994.
［2］陈英瑾. 乡村景观特征评估与规划［D］. 清华大学风景园林学博士学位论文，2012.
［3］顾小玲. 新农村景观设计艺术［M］. 南京：东南大学出版社，2011.
［4］俞孔坚. 生存的艺术：定位当代景观设计学［J］. 建筑学报，2006（10）.
［5］景娟，等. 景观多样性与乡村产业结构［J］. 北京大学学报，2003（4）.

BIM技术在室内设计的应用

■ 张　静　杨金枝

■ 北京筑邦建筑装饰工程有限公司

摘要　BIM不仅是基于数字化的技术，也是一种设计理念。现今，信息技术和网络技术的发展，例如大数据、物联网、云技术、虚拟现实、智慧地球等新兴技术，极大地影响到设计行业的动态。BIM技术的发展程度与建筑和室内设计行业的发展息息相关，行业的发展趋势为BIM室内应用提供了良好的前景。本文从BIM技术的概念、发展趋势、BIM模型应用范围、BIM室内设计流程、建构方法等方面综述BIM室内设计模式的要点与经验。

关键词　室内BIM技术　建筑信息模型　族库

现今中国建筑行业的发展趋势，很大程度地反映了"经济基础决定上层建筑"的哲学观。同时，数字技术的发展影响着建筑行业的变更。从国家大剧院到国家体育馆（鸟巢），从奥林匹克公园瞭望塔（图1、图2）到SOHO中国，无一不反映出数字技术与创意构思的结合。诸多非线性建筑的外观除了设计师的创意之外，极大程度的依赖于计算机的模数化计算。建筑外观造型的多元化发展不仅为建造行业带来挑战与创新，也为下游专业带来"蝴蝶效应"。室内空间的异形化，对于室内设计师来说增加的不仅是设计难度和最终效果，还包括大量的时间与精力。BIM技术的室内应用不仅可以有效地缩短从创意到施工图的过程，还可以将设计师的精力从繁重的绘图工作转化为推敲设计的过程。可以说，BIM技术在室内设计过程中的应用程度，关系到室内设计企业未来的发展。

1　建筑信息模型（BIM）

1.1　概念及特点

BIM思想源于美国查克·伊斯曼（Chuck Eastman）博士20世纪70年代中提出的建筑物计算机模拟系统（Buliding Description System）。之后美国的Autodesk公司、Bently公司、德国Nemetschek公司等先后推出基于BIM技术的工程设计软件，之后在建筑设计及管理研究人员和工程技术人员中确定了BIM的概念——建筑信息模型（Buliding Information Modeling）。对于BIM比较完整的释义为："BIM是一个建设项目的物理和功能化的数字化表达形式；它是一个具有共享功能的知识资源，通过BIM可以为有关建设项目决策提供可靠的信息来源依据；在项目的不同进行阶段，项目的不同利益相关方通过在BIM中输入、获取、变更相关信息，以表述和支持其各自职责范围内的协同作业情况。"❶ 设计方式的初衷在于从设计到施工的过程模拟，逐渐演变到产业过程链的控制和全生命周期运维。

针对BIM的诸多功能，与室内设计相关的特点详见表1。

表1　BIM技术特点表

特　点	释　义
设计文件的单一性	信息被包含在一个虚拟的建筑室内模型文件中
设计元素的真实性	各室内构件数据真实存在，所附数据支持加工制造
效果的可视化	设计依托三维模型空间，所见即所得
变动的关联性	模型修改形象与之相关的图形（例如移动门位置，墙自动补齐）
过程的协同性	在同一时间内的各专业内部协调、各专业间协同
设计的模拟性	模拟空间效果、能耗等性能分析
设计结果的优化性	碰撞检查与三维管线综合
模型的可出图性	云渲染效果图、施工图自动生成
资源的丰富性	渲染、动画、数量统计、施工模拟
算量的准确性	具有统计表算量功能，包括几何信息和非几何信息

图1　奥林匹克瞭望塔

图2　奥林匹克瞭望塔室内

❶ 姜剑峰．BIM技术在建筑方案设计中的应用研究．青岛理工大学硕士论文，2012.

1.2　发展现状和趋势

欧美国家已全面普及 BIM 技术，并出台了诸多相关标准。以政府为主导的研究和应用取得了较大的进步，其中美国和英国的应用普及率最高，从 2016 年开始英国政府要求所有政府工程均采用 BIM 技术，满足《政府建设战略（Government Construction Strategy）》要求。从 2006 年开始，美国 USACE（美国陆军工程兵团）已发布 BIM 技术十五年的规划（表 2）。美国于 2009 年发布《BIM 项目实施计划指南》，并要求在政府项目中普及 BIM 技术。亚洲国家中日本、新加坡和韩国的 BIM 发展程度较快。

表 2　美国（USACE）陆军兵团 BIM 十五年规划的目标概要和时间节点

2006—2007 年	2008—2010 年	2010—2012 年	2012—2020 年
初始操作能力	建立生命周期数据互用	安全操作能力	生命周期任务自动化
8 个 COS（标准化中心）BIM 具备生产能力	90% 符合美国 BIM 标准，所有地区美国 BIM 标准具备生产能力	美国 BIM 标准作为所有项目合同公告、发包、提交的一部分	利用美国 BIM 标准数据大大降低建设项目的成本和时间

注　何关培. BIM 总论. 北京：中国建筑工业出版社，2011.

韩国已建立了国家级标准指南体系《国家 BIM 指南》（National BIM Guide），并制定了详细的技术路线（图 3）。日本建筑学会于 2012 年 7 月发布了《日本 BIM 指南》，从 BIM 团队建设、BIM 数据处理、BIM 设计流程、应用 BIM 进行预算、模拟等方面为日本的设计院和施工企业应用 BIM 提供了指导。

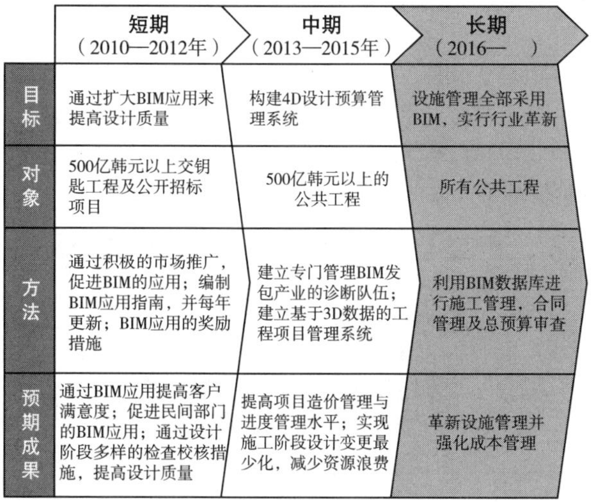

图 3　韩国 BIM 技术路线图

BIM 概念自 2002 年逐渐传入中国，在建筑行业进行初探。至今已涉及国家级重点项目（以奥运、亚运为代表）、知名商业地产（SOHO、国贸、中国尊等），同时也催生出各种软件运营商与培训活动的繁荣发展。着眼全国建筑行业的现状，以中国建筑设计研究院、北京市住宅建筑设计院为代表的全国多家甲级建筑设计院已成立 BIM 中心；以中建、建谊为代表的施工单位已大力开发施工阶段模拟与人员分配模拟。2012 年 1 月，住建部"关于印发 2012 年工程建设标准规范制订修订计划的通知"宣告了中国 BIM 标准制定工作的正式启动，其中包含五项 BIM 相关标准：《建筑工程信息模型应用统一标准》、《建筑工程信息模型存储标准》、《建筑工程设计信息模型交付标准》、《建筑工程设计信息模型分类和编码标准》、《制造工业工程设计信息模型应用标准》。现北京市即将出台《民用建筑信息模型设计标准》（DB11/T 1069—2014），逐渐规范设计行业对 BIM 的应用。上海市已发布《上海市建筑信息模型技术应用指南（2015）版》。台湾地区的 BIM 技术应用也在迅猛发展，位于高雄的"卫武营艺术文化中心"（图 4）是典型的从设计到施工的 BIM 项目。由清华大学软件学院编写的《中国建筑信息模型标准框架研究（CBIMS）》已于 2011 年出版发行。针对室内设计及建筑装饰行业的研究暂无专著出版，北京建筑大学与北京筑邦建筑装饰联合编写的《BIM 技术室内设计》一书已于 2016 年 6 月出版发行。

图 4　中国台湾卫武营艺术中心

2 BIM在室内设计中的应用

上述关于国内外 BIM 技术的研究与应用多集中在建筑、结构、设备等专业，在建筑装饰方面的研究和探索还很少。传统的建筑装饰行业已形成系统的工作流程，面对新型的数据信息模型，还没有完全找到应用方法。本研究从 BIM 技术在现阶段的应用优势及设计流程上进行论述。

2.1 BIM 模型应用范围

BIM 技术可以在工程项目的整个生命周期发挥作用，包括规划阶段、设计阶段、施工阶段、运营管理等项目阶段带来价值，具体可以实现设计协同、施工协同、管道碰撞分析、采光分析、疏散分析、建筑漫游及其他仿真分析等功能。

在设计阶段，BIM 技术主要完成建筑物构建放置及特殊造型构件的建立，各专业间的协同作业及有效信息分析等。在项目施工阶段 BIM 主要能够为业主提供施工进度，材料成本信息；三维可视化模拟，使得业主最大限度了解设计方案及施工进度。在运营管理阶段，BIM 技术还可以同步提供有关建筑使用情况或性能、入住人员与容量方面的信息；建筑的物理信息以及关于可出租面积、租赁收入或部门成本分配的重要财务数据等。

BIM 技术在项目整个生命周期中的广泛应用涉及业主，设计方及施工方等相关从业人员，不同的角色方对于 BIM 技术的应用着眼点不同。对于建设方来说，他们比较关注 BIM 技术在记录和评估存量物业、产品规划、设计评估和招投标、项目沟通和协同、GIS 系统集成、物业管理和维护等方面的应用。设计方能够运用 BIM 技术的部分有概念设计、方案设计、深化设计、设计协同、施工配合等方面。施工方对于 BIM 应用的着眼点则是它的虚拟建造、施工分析和规划、成本和工期管理、预制以及现场施工动态跟踪等方面。本研究着眼于从设计方角度出发，如何利用 BIM 技术更好更高效的完成装饰工程设计工作。

2.2 BIM 室内设计基本流程

运用 BIM 技术进行项目设计的前提是负责人全面分析该项目是否适合采用 BIM 技术和方法，由于 BIM 主导下的设计方法对设计人员的水平、操作方法、软硬件设施要求较高，所以并不适用于所有的室内设计项目。当前，设计团队的架构与操作管理标准也成为诸多室内设计事务所面临的瓶颈问题。一般采用 BIM 技术的室内设计项目具有如下特点：

（1）建筑面积较大，提供的建筑资料为 BIM 模型；
（2）室内空间异形程度较高，重复率较低；
（3）成本需要精确控制；
（4）项目设计周期较短；
（5）设计施工一体化项目；
（6）设备专业较为复杂；
（7）设计合同中要求运用 BIM 技术；
（8）对室内温度、通风、采光等物理环境有硬性要求的室内环境。

BIM 主导下的室内设计项目工作流程一般分为设计准

备、概念设计、深化设计和设计实施四个阶段。根据不同的设计深度，建筑信息模型的细致程度需要满足建筑模型 LOD 等级的不同要求（表 3）。LOD（Level of Detail）描述了一个 BIM 模型构件单元从最低级的近似概念化的程度发展到最高级的演示级精度的步骤。

表 3　信息模型 LOD 等级表

等　级	释　　义
100. 概念化	概念设计阶段 此阶段建筑模型表现为体量、体积、空间分隔方式、材料布局
200. 近似构件	方案设计阶段 模型包括室内空间材料的位置、数量、颜色、厚度、占位尺寸等信息
300. 精确构件	深化设计及施工图交付阶段 模型构件支持施工构造、碰撞检查、施工进度模拟、可视化分析
400. 施工及加工制造	设计实施阶段 模型的参数化设计支持加工制造和安装
500. 竣工	竣工运维阶段 建筑模型反应项目完工情况，可用于运维模拟

BIM 技术室内应用与建筑的全生命周期息息相关。从设计方的角度来探讨 BIM 技术在室内设计方面的应用，内容不应仅限于设计阶段或设计方单方面考虑的 BIM 技术应用，因为设计方在其他设计阶段同建设方，施工方等都有着紧密的联系。如在项目招投标阶段，可视化 BIM 应用可以使建设方更加清晰地了解设计方案，验证设计要点与任务书的契合程度；在竣工阶段，还可利用 BIM 技术在前期规划项目投资，后期为设备等的运营维护提供基础数据；在施工阶段，设计方提供的众多建筑信息可协助施工方更好的组织施工流程，控制建筑材料用量等（图 5）。

项目阶段	BIM技术主要功用
设计阶段	空间三维复杂形态的表达；协同设计、冲突碰撞检查、自动协调更改；进行多种分析（明细表）
施工阶段	提供有关建筑质量、进度以及成本的信息；可视化模拟、可视化管理；促进建筑量化，生成最新的评估与施工规划
销售阶段	虚拟现实技术，实现虚拟漫游
运营管理阶段	提供有关建筑使用情况或性能、入住人员与容量、建筑御用时间以及建筑财务方面的信息；提供数字资产规划与管理；改善搬迁规划与管理；建筑的物理信息和关于可出租面积、租赁收入或部门成本分配

图 5　BIM 技术在项目各阶段的主要作用

2.3 信息模型的建构方法

在建筑信息模型的基础上，室内信息模型（IIM）的建构成为设计的主旨。建构的实质是参数化地建立各种构件，最大化程度地模拟构件的真实状态，本研究针对 Autodesk Revit 平台来对 BIM 建模方法加以分析研究。

2.3.1 模型创建与深度控制

由于不同的设计阶段，对建筑信息模型的利用程度不同。建议采用几何占位法、模型深化法来进行设计。既先定义概念，再逐步深化的设计方式（图 6、图 7）。将占位后的模型进行非几何信息的完善有助于施工或运维等深层次的使用方式，如施工工艺、防火等级、耐火极限、清洁方式等。

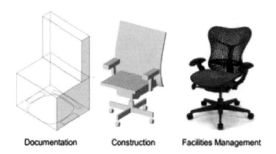

图 6　构件深化示例

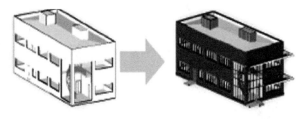

图 7　建筑模型深化示例

注：AEC（UK）BIM Standard Compliant［S］. United Kingdom，2010.

2.3.2　中心文件拆分与工作集划分

BIM 技术的协同特点，可以支持多专业多人员在一个时间点内同时进行设计，这就要求建筑信息模型的单一性，我们通常将这个单一的文件称为"中心文件"。由于人员的配置和硬件的荷载等条件因素，可将室内设计模型按层次拆分成为几个工作集（图 8），并设置工作集使用权限以保证存储的安全性。各工作集可设置间隔时间与中心文件同步。专业间协同可采用监视设置，定时知晓彼此动态便于协同与协调。建筑面积较大的项目，可视情况进一步拆分。

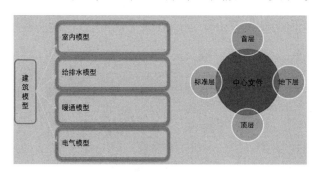

图 8　中心文件拆分示意图

2.3.3　构件族库与材料族库的建立

由于 BIM 模型中构件数据的真实性及多样性的特点，设计项目中需要载入大量的信息构件的族文件，Revit 软件中自带了一定数量的族文件（图 9），但是对于室内空间的异形构件并不能满足设计师的使用需求。由此需要对自主创建的族文件（图 10）进行积累和入库存储。并赋予一定的项目参数和共享参数，便于再利用。装饰材料构件包括几何信息与非几何信息，这些信息的录入越完善，在设计模型转化为施工模型越便利。设计企业应对构件信息库、

材料信息库、灯具信息库、进行有意识的建立和积累。

图 9　软件自带族库

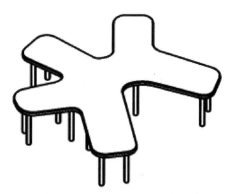

图 10　项目参数的族模型创建

2.3.4　明细表的有效利用

Revit 软件中的明细表有强大的统计功能，可根据应用需求建立不同种类的明细表（图 11），便于设计单位配合施工与采购，精确的自动算量功能（图 12），也可辅助成本控制和预算。

图 11　明细表的类型示例

93

天花板明细表			
标高	类型	自标高的高度偏移	面积
B1	B1淋浴室 铝扣板 2400	2400	36.24
B1	100厚天花板	3800	2.81
B1	B1走道暴露顶棚白色乳胶漆	3400	98.72
B1	100厚天花板	3800	2.92
B1	B1多功能厅 白色吸音涂料	3400	211.86
B1	B1暴露顶棚白色乳胶漆	4341	932.12
F1	F1值班室预留办公备用间 高晶天花板	2600	56.43
F1	F1大堂走道 双层脱硫石膏板白色乳胶漆 3400	3400	359.38
F1	F1卫生间残卫 双层防水脱硫石膏板白色乳胶漆 2700	2700	52.89

图 12 天花板明细表的算量示例

2.3.5 样板文件的建立

企业需要创建自己的项目样板，为新项目提供开始的环境和标准。可将常用的族文件、视图格式、图纸格式传递到新项目中，既能保证项目文件及出图文件的规范性，又能使设计师提高工作效率。项目样板文件中包含视图样板设置、浏览器组织、过滤器设置、对象样式、线样式、常用族载入等内容。表 4 是项目样板中包含内容的简要说明。

表 4 样板文件内容表

项目样板内容	说　明
视图样板设置	对视图中的比例、详细程度、可见性、视图范围等进行设置
浏览器组织	通过对视图、明细表的属性设置完成对浏览器的有序组织
过滤器设置	对项目中的图元进行分类，便于不同种类图元的可见性设置
对象样式设置	对图元的线宽、线颜色、线型图案、材质等进行设置，以符合出图需求
线样式设置	设置不同的线样式用于不同的图元
常用族载入	包括图纸标题栏、模型图元及注释图元等

2.3.6 碰撞检查的利用

在各专业协同作业的情况下，可以利用 BIM 技术中碰撞检查的功能（图 13），检验管线综合及内墙天花的洞口预留情况。多种模拟方式为施工进展节省时间，方便各专业间在设计阶段的协调。室内设计中具有碰撞检查功能的软件包括 Autodesk 公司的 Navisworks Manage、Bentley 平台的 Bentley Navigator 等。

图 13 碰撞检查示意

结语

可以说，BIM 既是设计工具，也是设计方法。特别是对于室内设计来说，可以极大地缩短绘制二维施工图的时间，将更多的精力转化到对空间的精雕细琢之中。当然，Revit 平台下的 BIM 技术对于室内设计的应用模式仍有许多不足之处，如地面材料的分缝、面积统计的局限性等问题，有待设计师和软件工程师的二次开发。

参考文献

[1]欧阳东 . BIM 技术第二次建筑设计革命 [M]. 北京：中国建筑工业出版社，2012.
[2]何关培 . BIM 总论 [J]. 北京：中国建筑工业出版社，2011.
[3]贺灵童 . BIM 在全球应用现状 [J]. 北京：工程质量，2013（3）12–20.
[4]AEC（UK）. BIM Standard Compliant [S]. United Kingdom，2010.
[5]陈宇杰 . 面向室内设计的信息模型建构方法研究 [D]. 北京建筑大学，2015.
[6]张磊，杨琳. BIM 技术室内设计 [M]. 北京：中国水利水电出版社，2016.

"数字渗透"在建筑表皮设计中的表达

■ 赵阳臣

■ 南京艺术学院设计学院

摘要 以复杂科学和数字技术为依托的当代建筑表皮,其形式呈现越来越丰富的多样性和复杂性,而这一现象使得表皮的设计与建造必须统一考虑,由此数字化设计思维及设计手段成为必然趋势。本设计以复杂性建筑表皮设计为切入点,分析比较数字技术与复杂性形式理论对建筑表皮设计的影响,探讨数字技术引导下的表皮设计的特点与方法,以及数字技术背景下的对于表皮与建筑的新解读。

关键词 数字渗透 复杂性设计 建筑表皮 解构 自然

引言

建筑表皮是用以揭示建筑内在和外在逻辑关系的重要媒介和数字技术大量运用的载体,同时也是近年来国内外建筑设计界的热门话题。自建筑产生以来,表皮就是建筑设计中不可避免的基本问题之一。在科技和媒体快速发展的今天,随着新材料新技术的层出不穷,建筑表皮的结构和形式正在不断实现人类的梦想并冲击着大众的审美,世界各地的建筑表皮设计也早已呈现出百花齐放的状态。纵观当今各地建筑表皮的设计手法,数字技术的进步和文化审美的不同使各种建筑表皮的设计手段已走到一个交汇点,那么未来建筑表皮的设计应该走向何处,这个问题正不断引发人们的思考。

1 建筑表皮中的"数字渗透"

1.1 "数字渗透"主题的确立

数字渗透是指数字技术无孔不入的渗透导致了建筑及建筑表皮设计正在发生巨大变革。一方面,参数化数字技术手段带来的设计观念的突破,让建筑师在设计上获得了前所未有的自由,产生了丰富和激动人心的建筑形态。在数字技术的支持下,设计师有条件对建筑中所有环节进行全面技术整合,实现真正意义的精确性设计。另一方面,数字技术使得复杂形态建筑表皮的信息模型成为可能,高质量的信息模型使建筑师不必再凭借抽象的思考进行繁复的设计,建筑表皮模型中的复杂关系,尤其是不规则曲面构件之间的位置关系、比例尺度,都与现实建造保持一致,建筑师可以在虚拟环境下通过逻辑运算解决制造建造问题,进行形式美学上的推敲和功能上的检验。可以说数字技术手段大大提高了复杂性建筑表皮的设计效率,同时还保障了最终设计成果的质量与精确度。

另外数字技术在满足复杂性建筑及表皮需求的同时,又反过来影响了人们的审美需求,甚至出现了"参数化主义"的新理念,可见数字技术所引导的参数化设计是未来设计一大重要趋向。

1.2 "数字渗透"作为建筑表皮造型依据

"数字渗透"引发的复杂形体热潮,最大的特征是它难以描述,不容易简化或被分解成简单的纯几何形体。近年来复杂性科学与非线性科学兴起,与此同时,解构主义的热潮盛行,这一热潮将多元,分离以及不稳定不确定性等运用到设计中,给表皮设计带来了新的发展动力。"数字渗透"作为建筑表皮设计的造型依据主要表现为两方面:一是"数字渗透"对设计对象的造型有着决定性影响,它让复杂而有着内在规律的表皮形式得以实现,这种复杂性与内在规律性很大程度上受到分形几何理论的影响分形几何学是新的数学分支,它被用来表达大自然中看似复杂的种种现象(图1)。而自然界的分形模式与计算机语言模式极其相近,自然而然被设计师们所运用。表面看似复杂,内在却隐含着现实世界大自然的复杂现象,这种计算机数字技术的逻辑意义与大自然之间的联系影响着当代前沿建筑表皮设计的创作与发展。二是"数字渗透"对于功能与施工铸造建造上的辅助与优化,数字技术不止能在形式上达到对自然的隐喻,它同时可以通过计算与数控调节在实际功能上真正体现出优势(图2)。

图1 自然界中的复杂性分形

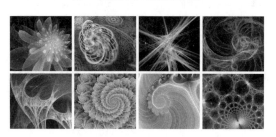

图2 数字化计算的复杂性分形

1.3 "数字渗透"对材料技术的影响

"数字渗透"所引导的参数化设计一大重要优势即可以与材料科学的发展很好地融合起来，对于新材料的种种不同特性分发挥其材料优势，同时材料科学的进步也在拓展参数化设计的广阔可能性。较传统材料而言，新型材料在技术、工艺、性能及使用条件等方面更具优越性，在优化建造技术的同时，采用节能和环保的新工艺，物耗和能耗大大减少，资源的循环利用使运行成本显著降低，从而实现节能环保的理念。为设计师求新求异的设计、建立自己独特的设计风格提供了更大的可能性。而数字技术为新材料的运用解决了施工难度等诸多方面的问题。如浐灞国家湿地公园观鸟塔运用 GRP 合胶材料设计建造的镂空曲面表皮，就是数字技术与新材料相结合的典型范例。

1.4 建筑表皮中"数字渗透"的装饰母题

"数字渗透"对于建筑表皮形式具有决定性的影响，同时创造了不同于传统建筑表皮的新美学特征。数字技术中的算法运算本身具有浓厚的逻辑美学。在设计领域中数字技术的运用从古代就存在，中国古代建筑设计中具有代表性的飞檐庄严而灵动，而这正是智慧的古代设计师通过运算得出的造型结果。随着计算机技术的飞快发展，数字技术的重要性越来越明显，并在建筑设计的方方面面起到了不可替代的作用，特别是在建筑表皮这一相对独立的领域中，数字技术的优势格外突出。这样不可改变的发展趋势在很大程度上也影响了人们的审美需求。如今越来越多的建筑表皮设计将"数字渗透"作为确立建筑形式与优化建筑功能的重要内容，北京水立方巧妙运用了 voronoi 算法，将自然界中的细胞分型运用到膜表皮的设计中，著名的鸟巢也运用了一系列随机性运算方式经过运算与调整得到最优的形式美感，这些都是"数字渗透"下建筑表皮发展的经典案例。

2 复杂性建筑表皮设计

2.1 复杂性建筑表皮设计需求

解构主义设计打破了传统建筑形式所表现出来的平衡、稳定、中心、永恒、理性等因素，得出新的建筑形式，从而在设计创作上得到极大拓展，建筑的外观形式更为丰富和具有想象力，极大地丰富了人们对建筑的认识，而建筑表皮作为建筑外观形式的重点内容，更赋予了无限的可能性。数字技术的发展满足了建筑及建筑表皮复杂性的需求，使之得以真正实现，并使这一趋向得以飞速发展。

本次设计在造型上以流线型的不完整蛋壳为基本造型，蛋壳曲面由带有随机性的三角状合胶构件拼合衔接，这种衔接需要在满足构建随机性的条件下保证整体的曲面斜率等流畅完整，这对于传统设计方式来说是难以实现的（图3、图4）。合胶表皮上有渐变式的玻璃幕墙，表皮形式复杂而带有秩序性与内在逻辑性，类比于自然界中的复杂分形，隐喻自然的复杂性以及复杂事物中带有简单本源的混沌理论，达到其深层结构的表现。

然而复杂形态解构主义建筑的出现对建筑表皮设计提出了更高的设计要求。一方面，基本的建筑需求在数字技

术条件下应该受到尊重，如功能的合理性、结构的安全性、人的舒适度、形式美感等。另一方面，复杂形态建筑表皮在其自身的可建造性，以及复杂形态基本需求的实现上依然存在很多新的挑战。

图3　传统设计难以完成的复杂形式

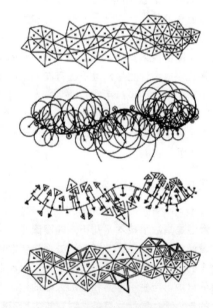

图4　数字技术设计复杂形式

2.2 数字技术在复杂性建筑表皮中的应用

数字技术的进步很大程度上解决了复杂性建筑表皮设计所面临的问题。一方面，数字技术的支持使得设计中所有环节得以全面技术整合，实现真正意义的精确性设计。另一方面，数字技术使得复杂形态建筑表皮的信息模型成为可能。

本次建筑表皮设计反映了对于新材料和新结构形式总体设计的探索，从材料上看，运用数字技术在几何形式和材料之间建立某种逻辑上的联系。表皮采用 GRP 合胶材料。820 块大尺寸的预铸式 GRP 构件的生产加工和现场安装存在多个层级的数据控制，包括 3D 模型的合理拆分、模型放样、板块间的衔接过渡的精准定位和工艺实现、土建施工的误差控制、现场吊装定位等。这些都在数字技术

构建的信息模型下得到了精确控制。

"数字渗透"革命重要的是找到合适材料和生产工艺，并在施工中达成有效的数据控制，进而形成合理的生产产业链。在制作工艺上，利用合胶材料的特性，结合使用数控机床，加工成需要的表面。发挥其集保温、结构、轻质、防水和饰面一体化的特点，采用简单的木架挂板方式。最终利用新材料优势实现复杂造型的加工施工（图5）。

从结构上看，本设计中表皮骨架采用了木结构形式，相比较于钢筋更为轻盈经济。木材料使用天然木，使用多管齐下星状铁件连接。计算机设计系统自动消除了不必要的复杂内容，而又保留了这些装置在使用上的多功能性。在很多情况下，这种系统都能产生有效的效果。表皮构架由1256种尺寸各不相同的天然木构成，木材之间以星形铁件连接，参数化的建模优势很好的解决了构件数据的问题，由于所有的构件尺寸形状都有不同，所以以传统设计方式很难把握每个构件的所有数据，而参数化设计是以树形数据分组运算，也就是说所有的构件虽然尺寸形态各异但是是单元化的成组运算，同时建模，所以可以快捷准确把握其过程中的所有数据，构建了完整而精确的信息模型，

因而便于预制构件与构件工作流水线（图6）。

3 衍生自"数字渗透"的参数化主义设计思想

3.1 温度与采光控制

参数化主义所倡导的设计理念并非是在技术的驱使下机械化人工化或背离自然，相反是运用数字化技术，与自然相适应相融合，一方面在造型上以计算机的复杂性分形体现出和自然界千丝万缕的联系，另一方面在功能上，通过控制系统的运算调节，整合人与自然的交互环境，给出对最优化的运算结果。

在本设计中渐变式的开窗设计运用了数字运算技术的优势，使得造型在形式美上充分体现现代感的同时能起到优化采光的作用，由日照分析图可以看出，对于太阳直射的日照中心处开窗有逐渐缩小的趋势，尺寸渐小的窗口避免了建筑内部的曝晒，而对于日照适中的部分又有适当的扩大，充分起到了采光作用（图7）。窗口的尺寸大小受到光照分析的参数影响，经过一系列运算与数据调节得出，这一设计方式以最快的速度得到了功能上的最优化效果，使室内的采光相对均衡，给人们营造舒适的室内环境。

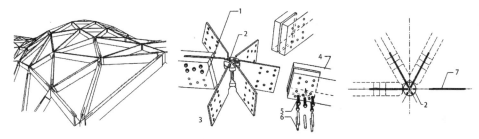

图5　数字技术借助新材料与新工艺完成复杂造型施工

1—终点线；2—PI–35；3—钢接合；4—大梁；5—M20 螺栓；6—M20 栓；7—PL–12

图6　利用数字技术完成的模型

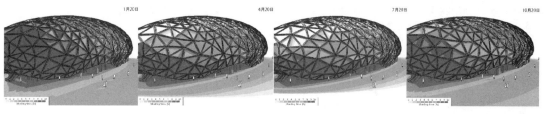

图7　光照分析图

该运算逻辑中，首先计算出了每个三角单元的几何中心，然后创造一条环绕整个形体的干扰线，干扰线的造型位置根据光照参数而确定。用 Distance 运算器计算每个三角线框对应的几何中心到干扰曲线的距离。以每个三角线框几何中心到达干扰曲线的距离为依据，进行一系列数学计算得到相应的缩放比例的值，从而生成了相应尺寸与形状的三角线框。

疏密相间的渐变式玻璃幕墙在营造舒适的室内环境温度的同时，也对建筑的采光进行了优化，室内开阔的公共空间环境在渐变表皮的笼罩下呈现出星星点点并变化多端的光照投影，这些投影灵动丰富，疏密大小不一，随着太阳光照的角度不同会变幻不同的光影效果，这也充分展现了后现代建筑灵活多变的设计特征。

3.2 几何控制系统

该建筑表皮设计中，依据实际的设计特点，创造了具有针对性的"几何控制系统"。该"几何控制系统"包括基础控制面、外壳木结构几何控制系统、外幕墙几何控制系统、主体几何控制系统等。各数据控制系统形成了建筑表皮的高质量信息模型，这使得表皮在设计的过程中可调控，并可以快速得到最精确最优化的计算结果，无论在表皮功能设计还是建造制造过程中都能体现出数字技术的这一优势。

控制系统所构建的信息模型在施工中展现出了强大的能力。传统设计方法中，往往通过二维轴线协调各成分的平面相对关系。而当代复杂建筑设计中，产生了更加复杂化的建筑系统之间的定位拼合需求。构建几何控制系统，就是利用数字技术精确描述各个系统构件的生成控制要素，界定各个建筑系统构件的参照边界，以给设计全过程中，

不同阶段的各个建筑系统的"拼合"创造定位依据。这也是几何控制系统的核心作用。

3.3 应对气候反应

数字技术的运用能很好地回应自然环境的变化。丰富的气象变换是沿海城市自然环境的重要特征。建筑白色的表皮每时每刻反映出天气的变化。对于终年不断的海风和突如其来的台风，数字技术的运用运算出了符合流体力学的外形，在减少风荷载的同时，能够在视觉上带给人们安全感。饱满的水汽凝聚在海面上空形成变化多姿的云景，该表皮设计的玻璃反射，流线型外部曲线和带有漂浮感的造型均可以对空中云的万象做出完美的对应。而在雨的环境下，雨水随风力在建筑屋顶和玻璃幕墙上流动汇集，流线型的建筑形体自然收集。当天气晴朗时在阳光的照射下，半透明的建筑体量晶莹却不炫目（图8）。

结语

数字技术运算在建筑表皮上的运用是建筑表皮发展的一个里程碑，从设计过程到建造制造手段上给设计领域带来了革命性的元素，满足了复杂性形式的设计需求，加强了表皮设计的独立性。另外，参数化建筑表皮在一定程度上改变了后现代主义美学，在规则设定下的参数控制使建筑表皮成为具有内在逻辑和联系的系统，这个系统的整体性给建筑带来了前所未有的形态表现，即更加有逻辑性，更加理性，同时具有很大的复杂性的建筑表皮形式。在建筑表皮的实践中不断思考其背后的构成逻辑，探索复杂表皮形式的生成机制以及计算机复杂性与自然界复杂性的关系，是适应新时代设计要求的一种积极努力。

图8 不同气候下的效果

参考文献

［1］徐卫国. "数字渗透"与"参数化主义"——关于"数字技术与参数化建筑"的访谈与对话录［J］. 世界建筑，2013.

［2］董玉香，柴哲雄，赵鹤. 数字技术影响下的建筑表皮设计［J］. 中国建筑装饰装修，2010.

［3］张楠. 参数化建筑语言的算法意向图示研究［D］. 中南大学硕士学位论文，2011.

［4］郭小伟. 基于数字技术的建筑表皮生成方法研究［D］. 北京交通大学硕士学位论文，2014.

［5］宋倩. 建筑表皮与结构系统的分离与整合研究［D］. 北京建筑工程学院硕士学位论文，2011.

［6］岳鹏. 非线性参数化建筑空间造型艺术研究［D］. 湖南师范大学硕士学位论文，2014.

［7］鹿晓雯. 参数化设计对建筑形态影响初探［D］. 大连理工大学硕士学位论文，2011.

［8］任振华. 建筑复杂形体参数化设计初探［D］. 华南理工大学硕士学位论文，2010.

宗族血缘型传统村落的布局及民居建筑装饰特色解读

——以鄂东南大冶水南湾村为例

■ 辛艺峰　刘　超
■ 华中科技大学建筑与城市规划学院设计学系

摘要　鄂东南大冶水南湾村是历经明清数百年保存下来的典型宗族血缘型传统村落，该村较为完整地保留了村落空间格局和民居建筑装饰，本文运用艺术学、建筑学、民俗学研究的相关理论，在实测、文献与口述资料收集与归纳的基础上，通过对大冶水南湾村传统村落民居建筑装饰的实勘与田野考察，重点对大冶水南湾村村落的构筑渊源与选址布局、宗族祠堂与居住建筑、民居建筑装饰特色予以剖析，以此对美丽乡村建设中鄂东南地区传统村落民居建筑的装饰特色与文化价值进行挖掘及理性的考量。

关键词　宗族血缘型　传统村落布局　民居建筑装饰特色　文化价值　大冶水南湾村　鄂东南

鄂东南地区东邻赣北、南接潇湘、西望荆楚、北靠武汉，是长江中游南岸一块神奇的土地，自古以来这里就有"楚头吴尾、三省咽喉"之称，是南方地区著名的"鱼米之乡"。鄂东南有横贯湘鄂赣三省的幕阜山，其山麓田野间河流纵横、溪泉密布。在山水之间的集镇和村庄被成片农田和竹木林地围绕，成组的马头山墙、布瓦屋顶掩映在青山碧水之中，和谐而自然。由于这一地区处在明清"江西填湖广"的移民通道上，移民文化的同宗同源决定了鄂东南地区与赣北皖南传统建筑和装饰必然存在许多相似之处。而发自春秋，盛于战国的楚地"文气"，又使这里的传统村落、建筑佳构与装饰艺术具有鄂东南的地域特色[1]（图1）。地处湖北黄石市辖区域东南部的大冶区水南湾村，即为鄂东南地区留存至今的传统村落与民居建筑装饰之代表。

1　鄂东南大冶水南湾传统村落的构筑渊源与选址布局

1.1　水南湾村的构筑渊源

说到村落，作为最初孕育生命的人类聚居地，在人类社会的发展中始终扮演着重要的角色。从中国传统村落选址到布局来看，村落的形成多强调与自然山水融为一体，

无一例外，地处鄂东南地区的阳新在传统村落的选址布局方面，即体现出中国传统村落的聚居理想。

而位于鄂东南地区的传统村落，多以宗族血缘型聚落为主，是早年从江西移民而来的家族定居发展而成。其中水南湾村位于黄石市辖的大冶区大箕铺镇东山西麓，是鄂东南现存保存较为完整的村落，村落内保存有数量较多的明清特色民居，至今古风犹存（图2）。整个村落沿着地势的高低自然起伏变化，显现出有机的格局和丰富的层次，村内小弄纵横，小巷有宽有窄，弯弯曲曲，古木参天，溪水潺潺，其乡情浓郁。从村落渊源看，水南湾村的发展历史悠久，文化积淀深厚。据大冶县志和水南湾村《曹氏宗谱》记载，水南湾村自明万历年间（1573—1620年）在"江西填湖广"的移民迁移中从江西瑞昌迁居而来。该村的构筑，据说曹氏家族中有一女子贵为当时皇妃，属望族，家资较为雄厚，故开始营建水南湾村落。从曹姓第114世曹志遂之妻汪氏在水南湾开始建立房基，至今已有400多年的历史。水南湾村的营建为曹氏家族近百名工匠历经13年建设而成，并建有村门和围墙，从外形上看是一个比较标准的大院式村落，体现出"村即为家，家亦是村"的宗

图1　掩映在鄂东南地区广袤无垠山水之间的明清传统村落民居——大冶水南湾村传统村落与民居建筑群

图2　水南湾村位于湖北黄石市辖的大冶区大箕铺镇东山西麓，是鄂东南现存保存较为完整的村落，村落内保存有为数较多的明清特色民居，至今古风犹存

族血缘型聚居为主的建筑群落。

水南湾村现全村居民已400余户，有人口2000余人，村内多为曹姓后人，是鄂东南规模较大的血缘型传统村落。其村落风光绮丽，青山笼翠，一山一水皆显灵秀之气，并成为自明清时期延续至今的单姓宗族聚居的村落形态。

1.2　水南湾村的选址布局

纵览地处鄂东南区域内的传统村落，多以宗族血缘型聚落为主，并为由江西移民而来的家族定居发展而成。鄂东南村落的选址与布局十分讲究风水，除受自然要素和风水理念影响外，更多还受到家族组织的影响。而这里的传统村落多选择在平原丘陵地区，定居在山水怀抱的自然环境，为了不占农田，生产生活相对方便，一般在依傍溪流、向阳背风的山脚坡地，村中房屋环绕家族祠堂和祠堂门前一半月形状的水塘集中布置，村落环境形成相似的意象。

水南湾村坐落在大冶大箕铺镇的丘陵缓坡地带，其村落选址背依东山，左右与龙山虎山相望，村落面向平坦开阔的农田。其村落的空间布局是标准的中轴对称形式，并

以水南湾的曹氏总祠"九如堂"作为基准，整个村落的中轴线由村门、祠堂大门、过厅、祠堂祖殿的四门一线所构成，曹氏总祠规模宏大的体量和居中位置直接影响了村落的格局形态（图3）。村落水系主要为由东至西穿村而过的两条溪水，其溪水北岸为建筑组团，南岸为农田，整个村落大致分成5个组团。另村落原建围墙外左右两侧各有一泉和一井，均为水南湾村居民饮用和洗涤的水源。现村落中心曹氏祠堂前建有汇聚流水的半月形状大水塘，并在村门建有入口广场与干道与外界相连。

从整个水南湾村村落布局来看，其特点主要表现在以下几个层面：

一是村即为家。水南湾村建有村门和围墙，村门门匾上书"水南湾"三个大字，从外形上看是一个比较标准的大院式村落。而"门"无疑是传统建筑内外空间区分的标识码，俗语说"关起门来是一家人"，水南湾村的村门即是理清家族内外关系的一个标识，并由此展现出宗族血缘型村落文化特征。

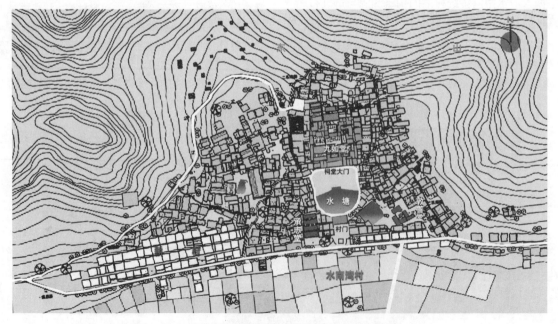

图3　湖北大冶水南湾村传统村落选址与空间布局图

二是以祠堂为中心的对称式布局。水南湾村的村落布局即为标准的中轴对称形式，中轴的核心以气势恢宏曹氏祠堂"九如堂"为基准，其内九重门连通两旁上百间横屋，呈中轴对称式结构，使整个家族浑然一体。

三是合族贯通的巷道设置。水南湾村村内巷道以九如堂为中心，从九如堂前厅两侧左右各有一条巷道，呈横向展开趋势曲折中贯通全村近百所宅院，直接通往村中的每户人家，以使整个水南湾村内的曹氏族人共生在同一屋檐下。与外界相连道路为建于水系之上的主干道，其干道也是村落建设用地与农田的边界，并辟有数条道路与通往村中。

四是堂水归塘的排水形式。水南湾村曹氏祠堂"九如堂"前有一个椭圆形的大水塘，塘中之水为雨水和村中住户天井排水聚集而成。其水塘既是整个村落以备火灾的蓄水防御措施，也有水源象征财源，聚水即有聚财的文化意蕴[2]。

2 鄂东南大冶水南湾村的宗族祠堂与居住建筑

2.1 水南湾村的宗族祠堂

宗族祠堂为鄂东南地区传统村落的形态格局主要的控制要素，也是村落或组团中级别最高的民居建筑形式。鄂东南传统村落多为聚族而居的宗族血缘型村落，祠堂往往坐落于村落最佳风水吉地，并在外观上与其他民居建筑有明显的区别。

水南湾村为宗族血缘型村落，其宗族祠堂即为曹氏总祠，即位居水南湾村村落核心、气势恢宏的"九如堂"，其内九重门连通两旁上百间横屋，呈中轴对称式结构，并使整个家族浑然一体。九如堂既是家族的象征，也是家族活动的中心。据《曹氏宗谱》记载，九如堂建于明万历二十五年（1597年），至明万历三十八年（1610年）落成。九如堂建筑群的主体共有36个天井，72个槛窗（图4）。其九重门第一重俗称"大门口"，呈宽敞的"凹"字形，"凹"的正中是又宽又高的大门，一对厚重高大的石鼓，分置大门两侧；第二重为影壁门，门两侧均有木制粮仓，仓旁有像是供管家、佣人居住的房屋；第三重为会客厅，现厅已垮塌尚需修复；第四重为大礼堂，其内高大敞亮，古色古韵，前檐四柱，其粗大足足超过两人合抱，梁檩椽条，均系巨大圆木制成，中堂为木板墙壁。中堂木板墙上端，高悬黑底金字巨匾，匾上"九如堂"三个楷约达一米见方的大字极其辉煌炫目，颇有画龙点睛之妙；第五重为祖殿，堂中一左一右供奉有曹氏家族的"太公""太婆"的彩塑雕像，其左右按照昭穆序列排放着曹氏列祖列宗的牌位，其香火非常旺盛；第六重为存放厅，用于存放祭祖所需的香、纸、爆、烛等；第七重为后厅，可供祭祖后稍事休息或曹氏家族商议族务的场地；第八重为后厅，也通称检武堂，过去用来验收与发放武器之用；第九重为存武堂，以往为储藏保卫村落所需武器的库房[3]。九如堂主轴东西两侧即为"连三"或"连五"的青砖瓦屋，两边均设有与九重堂南北平行的短巷和长巷各

图4 水南湾村宗族祠堂曹氏总祠——"九如堂"建筑群内外环境实景

1—曹氏总祠祠堂大门；2—曹氏总祠第四重大礼堂；3—曹氏总祠第五重祖殿；4—总祠内高悬黑底金字巨匾"九如堂"的大礼堂室内环境空间；5—层层叠叠的总祠环境中轴空间序列

一，其出口都为拱门，分立"大门口"左右。这样以巷串屋的建筑群结构，给人们整个宗族血缘型聚居村落形态共生在同一屋檐下的意向。

另在水南湾村除曹氏总祠外再无另设村落管理机构和村落内公共活动中心，这样曹氏总祠"九如堂"既成为曹氏家族的活动中心，也成为村落事务的管理中心，这也是传统以宗族血缘型为中心的村落管理机制在水南湾村的一种展现。此外，从曹氏总祠内还见到立于清咸丰年间的一块维护村落风水建制的"禁碑"，碑上明确书写虽然经过数代繁衍，"人稠烟密"，但绝不允许破坏村落风水结构的禁约。这些禁约历经数百年以保护合族而居村落的利益，至今仍被执行，成为家风得以延续，并使水南湾村传统村落的空间布局与族人的生活秩序得到维护及良性的发展。

2.2 水南湾村的居住建筑

居住建筑是鄂东南地区传统村落中最主要的民居建筑形式，包括供大户人家居住的宅第和平民百姓居住的住屋等。水南湾村内的居住建筑，除了建于明代的曹氏总祠通过九重门连通两旁上百间横屋外，到清代还兴建了"敦善堂""承志堂"等建筑群。虽然村庄的规模得以扩展，但水南湾村传统村落的空间布局予以维护，其传统村落中各个组团的居住建筑，仍注重生活的实用性（图5）。

如今走进水南湾村传统居住建筑天井院，所见居住建筑多由堂屋、正屋、厢房、耳房等构成，其房屋布局合理、错落有致。通常大门进去，多见为一进几幢，最少也有三幢房屋构成，且各幢房屋之间均有一个天井。另村中居住建筑中的天井和窗户主要有采光透气之功能，天井由天眼和下水池组成，天眼主要起着采光、透气的作用，下水池则具有排水去湿之功效……由于湖北在地域上介于南北之间，一年四季分明，居住建筑内的"天井"并不利于采光、通风，而大的"院落"形式又不利于遮阳、排水，于是便出现了"天井"与"院"的结合体——"天井院"。水南湾村传统村落中的这种外实内静的天井院，给人"群屋一体"的印象。另天井院外墙上的窗户一般为石雕小窗，多建在高处，既可阻止户外对室内的窥视，又可与天井、室内隔扇门窗一起发挥着透气、采光的功能。

而水南湾村内天井院内的与下水池上下连成一体，下雨时可将雨水从屋面汇聚于天眼，且流入下水池，家庭生活用的污水流入池中，通过本村的排水系统排出，流入水塘、河流。实墙使宅内自成一个与外界隔绝的空间，具有外实内静的神韵。另水南湾村内居住建筑的外观造型，具有皖南赣北的风尚，这与"江西填湖广"的移民迁移相关，且在房屋之间上方建有风火墙、女儿墙，因其形状像马头，故称"马头墙"，一般随房屋的层次高低错落，一间间一栋栋地立垛。其功能主要在于防风防火，因马头墙阻隔一般不会祸及邻舍，同时还具有防盗的作用（图6）。

也许正是由成组的马头山墙、布瓦屋顶等明清传统居住建筑要素组构成的水南湾村村落风貌，使藏于鄂东南区内山水之间青山碧水之中水南湾村更显得和谐安然。

图5 水南湾村居住建筑内外环境实景

1—村内建于清代的"敦善堂"建筑群外部环境实景；2—村内建于清代的"承志堂"建筑群外部环境实景；3—"敦善堂"建筑内部环境及天井院实景；4—村内居住建筑及巷道空间实景；5—水南湾村围墙外兴建的民居建筑实景

图6 大冶水南湾村内居住建筑的外观造型具有皖南赣北的风尚，多建有风火墙与女儿墙隔离房间，房屋具有高低错落的层次，并与布瓦屋顶要素组构成水南湾村的村落风貌特点

3 鄂东南大冶水南湾村民居建筑的装饰特色与文化价值

3.1 水南湾村民居建筑的装饰特色

掩映在鄂东南地区广袤无垠山水之间的明清传统村落民居，其建筑装饰是民居的重要组成部分，无论是宗族祠堂，还是居住建筑，都会有或多或少、或繁或简的装饰。与鄂东南地区周边民居建筑比较，大冶水南湾村民居的建筑装饰不像皖南与赣北民居那样丰富、精致，但建筑装饰仍然在其传统村落民居建筑中起到锦上添花、点石成金的作用。就大冶水南湾村民居建筑装饰而言，其雕饰可谓是木、石、砖作"三雕"俱全。

在水南湾村民居建筑木作雕饰中，梁和窗是其刻画的重点部位。诸如在水南湾村建于清代的"敦善堂""承志堂"等建筑群中，其民居内部大梁和窗户上均有面积较大的木作雕饰。所刻画的装饰题材均为民众日常生活场景图案纹样，包括有马、水牛、曲辕犁、辎护、柴草捆，独轮车、民居、亭子、戏台子、垂花式门屋宅，竹子、梅树等等。民居中有幅名为"三元堂"的木雕，画面分为3个部分，中间部分

为主，以标明"三元堂"的屋舍为对称轴，左部雕有树木、飞鸟及两匹吃草叶子的马，右部雕有花草凤鸟和一匹马。两侧附图中，右附图雕有一条小船、一架独轮车、两捆柴草等物件，左附图雕有屋舍和正在吃草的水牛、竹子等。整个木雕雕刻手法简洁圆润，风格古朴雅致（图7）。

在水南湾村民居建筑石作雕饰中，石雕主要用在础石、门当、石鼓、池栏、井栏、水缸等物，既是实用物，又是装饰品。诸如在水南湾村入口村门两侧矗立着两只威武的镇村石狮，以及曹氏总祠"九如堂"大门两侧的抱鼓石、柱础石、石栏杆及"承志堂"等建筑中的石窗与天井中的井眼等。民居石窗中有一个"福鹿寿"石雕窗户，粗看就是一个"福"字，细看在左边可见一只石雕的

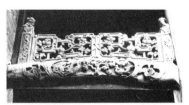

图7 水南湾村建于清代的"敦善堂""承志堂"等建筑群中精美的木作雕饰，其所刻画的装饰题材均为民众日常生活喜闻乐见的场景与图案纹样

图 8　水南湾村传统村落建筑群中的石作雕饰制品

1—曹氏总祠"九如堂"大门两侧的抱鼓石石作雕饰；2—"承志堂"建筑群天井院落中的柱础石石作雕饰；3—水南湾村入口村门两侧矗立的镇村石狮石作雕饰；4—民居石窗中的"福鹿寿"石作雕饰窗户；5—民居石窗中的龙纹石作雕饰窗户；6—"敦善堂"建筑群中的柱础石石作雕饰

鹿，右边可见一只石雕的仙鹤三者共同组成"福鹿寿"的寓意（图 8）。

在水南湾村民居建筑砖作雕饰中，砖雕大多镶嵌在门罩、窗楣、照壁上，在大块的青砖上也雕刻有生动逼真的人物、虫鱼、花鸟及八宝、博古和几何图案。诸如在"承志堂"等建筑内部，即可见到形状有四边形、六边形、扇形等的砖雕窗户，其雕饰内容有喜鹊闹梅、如意龙凤纹等，极富装饰效果（图 9）。

而水南湾村民居建筑彩绘装饰，主要施于从村门、祠堂大门、过厅、祠堂祖殿的梁柱、顶饰、雀替与斜撑，以及入口门楼外部、墙身檐口、山墙博风、堰头屋脊等处。既可起到装饰美化的作用，又可很好地保护木材且增强抗腐性能。

另在水南湾村村门青砖铺顶的屋脊上还盘有琉璃材质二龙戏珠，其龙身修长，龙首昂扬，鬃须向上，龙尾翘起，动势明显。在鄂东南地区民间有"龙在屋脊，全家平安"的说法，故在村门屋脊上装饰飞龙也正是传达此意。在屋脊两头，还有堆塑起的尖翘的牙脊头，高高翘起的牙脊头好像牤牛的硬角高高挑起，以表达追求平安长居的期盼（图 10）。

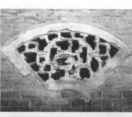

图 9　水南湾村传统村落"承志堂"建筑群天井院落中的砖作雕饰实景

图10　水南湾村传统村落建筑群中的彩绘与相关装饰实景

1—曹氏总祠"九如堂"内祖殿梁柱与顶面的彩绘装饰；2—曹氏总祠"九如堂"大门雀替与斜撑的彩绘装饰；3—入口门楼外部墙身与檐口的彩绘装饰；4、5—村门屋脊上的琉璃材质"二龙戏珠"龙脊与马头墙彩绘装饰

3.2　水南湾村民居建筑装饰的文化价值

从鄂东南大冶水南湾村民居建筑装饰来看，其中部分属于明代中后期制作，部分属于清代制作。虽然石作与砖作雕饰破坏严重，留存下来的雕饰作品不多，而木作雕饰作品不少虽有破损，但相对保存完整，从中仍可窥见出当初颇为精美的雕饰画面。水南湾村民居建筑装饰分布于村落大门、祠堂与居住建筑内外环境，具有较强的装饰效果，而且具有独特的装饰意蕴与丰富的文化价值。基于美丽乡村建设的目标，我们认为大冶水南湾传统村落居民建筑装饰作为鄂东南地区乡土文化重要的构成内容，对其传统村落民居建筑装饰特色进行考证、实测，以及进行文献与口述资料收集整理，目的在于保护大冶传统村落的村风村貌，挖掘民居遗存的构筑源流，提取建筑装饰的技艺要素，弄清移民文化的历史价值，并在鄂东南地区美丽乡村建设的当下予以延伸体现（图11）。而大冶水南湾村传统村落民居建筑装饰特色与文化价值主要表现在以下几个层面。

（1）地域价值，传统民居建筑装饰作为地域文化遗产，在大冶水南湾村民居建筑遗构中占有重要的地位，已被公认为有特色和魅力的民间文化产物。它是传统建筑与所处地区关系的反映，也是文化多样性的具体表现，应对其文化内涵予以挖掘，诸如对水南湾村传统民居建筑装饰中企盼子孙繁衍兴盛、读书进仕等题材内容中文化要素进行提取时，即应取其精华，去其糟粕，将其传统建筑装饰元素

融入当下美丽乡村建设之中，使传统建筑装饰艺术成为乡风民情的重要文化载体，并具有持续发展的未来。

（2）审美价值，中国人的审美观念始终追求天人合一，以求与自然的契合，这从中国传统的哲学思想、文学艺术、建筑装饰等方面均能感受到这种追求。大冶水南湾村民居建筑装饰一脉相承，注重对自然素朴本色风貌的推崇，鄙过分修饰之风尚存，并喜用含蓄方式，多采用谐音、隐喻和借喻的表现方式来展现其审美习惯。而喜瑞祥美、描摹日常生活场景及表达对家园乡村的热爱美好意愿的题材内容，在美丽乡村建设中具有打造乡愁情感，留住记忆家园的作用。

（3）人文价值，中国传统建筑装饰充分体现出人文意识，其装饰的功能从来不是简单地追求"实用"与"悦目"，而是十分注重其"教"的寓意。从大冶水南湾村民居建筑装饰的题材与内容看，较多地集中在家风教育、道德说教、劝学明志、怡情养性等层面，它们源于传统的文化价值，是几千年中华文明的沉淀和积聚的人文精髓。其深厚的人文性与民俗性，在今天村风家教中得以延续，具有遵循风俗习惯、体现民俗情感及借鉴传承的价值[4]。

美国威斯康星州密尔沃基大学教授，建筑与人类学专家阿摩斯·拉普卜特在《文化特性与建筑设计》一书提出："环境虽具文化针对性，文化与建成形式之间还应当有一种调和（loose fit）关系，因而设计应尽可能是开放的[5]"。他认为乡土环境是最主要的环境，乡土设计是最

图 11　大冶水南湾传统村落民居建筑装饰作为鄂东南地区乡土文化重要的构成内容，必将在鄂东南地区美丽乡村建设的当下予以延伸与
　　　持续发展，并体现出其独特的文化价值

科学的设计。基于这样的认知，我们认为随着中国美丽乡村建设的展开，其乡村建设不仅要对乡村环境进行整治，还应对民居建筑、民俗文化与特色旅游等层面进行整体营造，从而打造出"一村一品，一村一韵，一村一景"的美丽乡村风貌，使乡情依旧的鄂东南地区移民文化与明清村落传统民居建筑装饰特色与文化价值得以体现。

参考文献

[1]辛艺峰.走进鄂东第一祠——红安吴氏祠堂[J].室内设计与装修，2011（12）：118-121.

[2]侯妹意.一个单姓家庭村落的同构型空间文化解读[J].湖北民族学院学报，2007（3）：77-81.

[3]湖北省大冶县地方志编纂委员会.大冶县志[M].武汉：湖北科学技术出版社，1990.

[4]辛艺峰.下雉的村落与佳构[M].//2015年中国室内设计论文集.北京：中国水利水电出版社，2015.

[5][美]拉普普.文化特性与建筑设计[M].北京：中国建筑工业出版社，2004.

文化基因传承在地域性建筑及其内外环境设计创作中的应用研究

—— 以甘南藏族自治州藏医药研究院医技楼为例

■ 后永平[1] 吕文卉[2]

■ 1兰州市城市建设设计院　2华中科技大学建筑与城市规划学院设计学系

摘要 建筑是地域文化的重要物质载体，其地域文化无疑又决定着地域性建筑的发展取向。特别是在当前大力提倡突出具有地域性和民族性的建筑创作之时，如何从传统建筑中发掘其深层的文化传承基因，继续传延地域文化的风貌特色，努力追求建筑与地域自然和人文环境的融合与协调，是研究者和设计者面临的现实问题。文章结合实例，从分析、发掘藏族传统的建筑文化及其传承基因入手，从藏族地区建筑中汲取精华，灵活地借鉴移植运用在现代建筑设计中，力求创造出具有浓厚地域文化特色的现代建筑形式。

关键词 地域文化　基因传承　现代建筑　创新

何镜堂院士曾经说过："建筑是一个地区的产物，世界上没有抽象的建筑，只有具体的地区的产物，它总是扎根于具体的环境之中，受到所在地区地理气候条件的影响，受具体的地形条件、自然条件，以及地形地貌和城市已有的建筑地段环境的制约，这是造就一种建筑形式和风格的一个基本点。"地域建筑是"以特定地方的特定自然因素为主，辅以特定人文因素为特色"的建筑作品。其基本的特征包括：回应当地的地形、地貌和气候等自然条件；运用当地的地方新材料、能源和建造技术；吸收包括当地建筑形式在内的建筑文化成就；有其他地域没有的特异性并具有明显的经济性。

1 地域性建筑文化的传承基因

"基因"是1910年美国生物学家摩尔根创立的一个生物学的概念，它是指以染色体为遗传信息的载体或遗传单位，通过复制把遗传信息传递给下一代，从而使后代表现出与亲代相同的性状。就像人有遗传基因一样，地域性建筑也有其自身独特的文化遗传基因，那就是由各种独特的地域环境、气候条件、可选择利用的材料资源与当地匠师所掌握的建构工艺技术等形成的物化形态，如不同的建筑形式、符号构件、装饰色彩及隐藏在这些物质形态背后的适应当地生产生活、习俗信仰、建构行为心理、审美追求等相关的建筑文化因素。之所以藏族地区传统建筑区别于其他地域建筑，有着独特的文化魅力与特色，就是因为这些建筑有其自身特殊的文化遗传基因，保留了许多传统文化因素，使其融合了许多极富地域民族特色以及极具使用价值的元素和结构。随着技术、结构及材料的更新发展，传统的建筑形式、构件、符号、装饰色彩及材料工艺，在提炼与简化形式中得到延续与发展，并发挥积极作用。

2 文化基因在地域性建筑创作中的设计方法

在建筑创作中如何体现本土的地域性特征，是当今许多建筑大师都在试图用其独特的设计手法及设计语言来尝试回答的问题。这些创作方法的尝试在地域性建筑创作上有着深刻的现实意义。

2.1 文化符号、形态的移植

通过研究对符号的语言、形态、表象等在建筑上的应用，从而达到体现地域文化特征的方法来保持建筑的地域性，是地域文化特征间接的表达手法。符号存在着多功能性，如：装饰、纪念、记录等。而且符号具有强烈的象征意义，在建筑创作中可用作形式语言对地方或者当地的一些特殊文化来进行阐述。地域文化的构成要素，如民族文化、文物古迹、民俗习惯、风土人情等均属于地域特色的符号范畴之内，这些符号是经过历史洗礼世代相传下来的文化精髓，它可以使生活在不同地域的人们感受到不同的地域风貌，具有历史性和地域性。通过对地域性符号的定义可以理解：在传统的地域文化中找到具有代表性的文化符号；如从传统建筑或传统的图样等提取重要元素，经过排序、重组、简化等手段把内容进行梳理，得出具有地方代表性视觉符号。多变的样式、丰富的内容应用到建筑创作当中，通过塑造别具特色的建筑文化，希望能给人们带来心灵上的归属感和幸福感。

2.2 对地域与民族文化的传译

在进行一些文化类建筑创作时，除了满足具体的功能使用需求外，如何更好地彰显地域民族文化，或者是在建筑的形态上体现出明显的民族文化认同感，则需要通过抽象表征或者传译的方式来体现。地域文化是动态的、不断发展的，它是在不断创新、不断吸收中逐渐积累起来的。地域文化不是一种固有的模式，更不仅仅是一种"文化遗产"。也只有创造性的地域建筑才能使地域文化保持长久的魅力。保留和发扬建筑的地域性，彰显地域建筑的文化内涵，并不是一味怀旧和复古，而是积极地面对全球物质文明，分析取舍，在保留本地区地域文化精髓的前提下，充实和发展本地区的地域文化。

2.3 地域性材质的选择

在建筑设计的历程中，材质也可作为一种语言形式植根于建筑表象之上，因为它具有多义而又复杂的内涵。透过原有质感的表象，与建筑空间相结合可以达到不同的建筑空间意境。可以使人的感官、心理、情感产生变化。基于材料的特性可表现出其质感、明度、重量、透明、层级等。不同的地质条件、不同的自然气候，使各个地域的资源产量各有不同，例如植物、土壤、石材等，这些都决定了当地常用的生产生活的用材、技术等，也影响了当地生活生产的特点和文化。地域性材料质地的运用是展现地域风格的重要途径。设计中重视地域材料使用，可以在保证设计大量投产的同时拥有较高的经济性，这是降低设计造价、经费的可靠手段，并且有益于当地的生态环境，增添地域建筑的独特魅力。

3 地域建筑设计创作实践的探析——甘南藏族自治州藏医药研究院医技楼设计创作谈

3.1 甘南藏族自治州藏医药研究院医技楼设计创作的背景

甘南藏族自治区州藏医药研究院医技楼建设地点位于甘南藏族自治州合作市当周街和永曲路交叉口东北角。建设项目规划用地共 16.8 亩，总建筑面积为 8872.06m² （图 1）。

图 1　具有地域文化特色的甘肃省甘南藏族自治州合作市藏医药研究院医技楼建筑及周边环境实景

合作市位于地势开阔、绿草如茵的甘南草原北部，是甘肃省甘南藏族自治州首府，也是甘、青、川藏区唐蕃高原交往的重要门户，是历史上藏汉交流、东进西出、南来北往的重要门户和商贸集散地，被誉为"高原明珠"。在这片集雪山、草地、河流、藏传佛教寺院、藏族民俗于一体的古老文明发祥地上，设计修建一座藏医药研究院，作为当地医药科研、临床、生产的中心基地，体现现代化与民族性、地域性的问题就显得尤为重要。

3.2 甘南地区传统建筑的地域文化特点

甘南传统建筑与雪域高原壮丽的自然景观浑然一体，形成了古朴、神奇、粗犷的特点。通过对甘南地区传统建筑的实地考察，笔者认为有 4 点值得在建筑设计中研究思考。

3.2.1 灵动多变的形体

甘南传统建筑在形体构思上独具匠心。其空间平而略为错开造成块体搭接，条翼以厚实的矩形块体为基调，界而略作几何处理，高低错落，使建筑物活泼而富有动感。特别是依山而建的建筑群巧妙结合地形，营造出富有层次、气势壮观的建筑群体。对于主体建筑多采用中轴对称的形式，而非主体建筑则相对自由。

3.2.2 坚固稳定的结构

当地独特的自然环境和材料特点，赋予了甘南传统建筑粗犷有力，气势雄浑的性格。甘南传统建筑基本都采用片片石砌筑墙体、泥土夯筑墙体和土坯砖砌墙体，随着高度增加自下而上逐次收分。采用收分的墙体首先可以降低墙体的重心，保证墙体的稳定；其次可以减小厚重墙体对基础的压强，弥补传统建筑基础处理技术和条件上的不足，同时在建筑形象上更为挺拔有力，彰显出一种凝重感。

3.2.3 丰富艳丽的色彩

甘南传统建筑在色彩运用上大胆细腻，构图以大色块为主，通常使用的色彩有白、黑、黄、红等，不同色彩的使用包含着不同的宗教和民俗含义。白色代表吉祥，黄色代表脱俗，黑色有驱邪之意，红色有护法之意。民居、庄园、宫殿的外墙以白色为主，寺院以黄色和红色为主。另外传统建筑的门框、门媚、窗框、窗媚、屋顶、过梁等构件的色彩运用也十分丰富，给人艳丽、明快的印象。

3.2.4 优美精细的装饰

甘南传统建筑的外观装饰主要体现在门、窗、檐、顶等构件，而内装饰部分主要体现在柱、梁、壁、顶等构件。本文主要探讨甘南传统建筑外装饰的特点。甘南传统建筑最常见的外装饰是当地称为"巴苏"的梯形雨棚，这种装饰被广泛用于门媚、窗媚和檐口，是甘南传统建筑外装饰的一大特点。还值得一提的就是当地的窗饰，甘南传统建筑的外窗均为方形，窗媚安装有"巴苏"层，窗框四周装饰有梯形黑色带。因而外窗形状呈梯形，当地称其为"巴卡"，梯形窗具有浓厚的地方特色。

3.3 甘南藏族自治州藏医药研究院医技楼的设计回应

3.3.1 建筑外部立面设计的独特视角

甘南藏族自治州藏医院是一所能表现丰厚藏族文化特色的医院，既不失古老的民俗建筑特征又涵盖了当今时代精神，因此建筑的外部装饰沿袭了藏式传统建筑的经典装饰元素和构件。医技楼两侧布置了两幅巨型壁画，壁画内容为藏族传统吉祥符号"吉祥八宝"，寓意着风调雨顺、丰衣足食。在壁画藏红色底色基础上，勾绘出金色吉祥图案，造型精致，工艺复杂。藏医院建筑外窗似梯形红色牛头窗套，红、白、蓝的医院主色调在主体建筑色彩中形成对比，愈加熠熠生辉，地域特色浓郁（图 2）。

图2　甘南藏族自治州合作市藏医药研究院医技楼建筑入口雨篷造型及墙体装饰，均具有浓郁的地域文化特色

3.3.2　建筑内部构造和细部设计提升建筑艺术效果

藏医院建筑内部装饰将藏式传统建筑装饰元素进行简化，着重在室内柱头、柱身包边的装饰、踢脚线和藏药特色展示厅的门头装饰上，保留了藏式传统建筑装饰的主要精华部分，造型华丽，视觉冲击感强，这也是现代建筑在融合藏族特有文化底蕴上的一大突破。这与传统综合性医院中颜色单一、造型简洁的室内设计风格的区别很大，充分满足了藏族地区的审美需求（图3）。

图3　甘南藏族自治州合作市藏医药研究院医技楼建筑内部大堂
及其具有藏族文化基因符号的细部装饰设计艺术效果

在藏医药研究院室内环境设计中，充分运用了本土特色的材料，如藏式传统建筑材料中的阿嘎土、金属鎏金工艺、唐卡彩绘等。整体空间上采用特色彩绘构件进行点缀装饰，利用材料的表面变化或构成肌理来达到设计所要求的造型效果，同时在材料的色彩选择上饰以具有代表性的红黄蓝，营造出藏式传统建筑材料的空间视觉效果，从而引发使用者、观赏者的心理共鸣，产生归属感。同时考虑到藏医院对材料稳定性、耐腐蚀性、环保性的使用要求，大部分的基础材料还是以现代材料为主，如高回收利用率的环保镀锌板和经济实用的铝合金类材料（图4、图5）。

图4　藏族文化基因符号在甘南藏族自治州合作市藏医药研究院
医技楼建筑内部空间环境中的设计应用及艺术效果

图 5　藏族文化基因符号在甘南藏族自治州合作市藏医药研究院医技楼建筑内部空间环境藏医药研究展示空间环境的设计效果

地域性是建筑的固有属性之一。曾几何时，在高科技的不断发展及强势文化蔓延的趋势下，建筑正一步步偏离其本质属性。人们在这喧嚣浮躁的华丽外衣之下，渐渐失去了认同感和归属感，变得无所适从，许多城市也沦为千城一面的境地。人们呼唤回归建筑最原始的本质，重拾建筑最本质的属性——地域性。基于地域性的建筑创作，不是简单的延续和重复传统文化，而是透过它来把握传统文化基因的传承，塑造具有地方特色和时代气息的建筑形象。在文化多元化的今天，地域性建筑设计必将成为建筑创作的一个重要主题，值得我们不断探索。

参考文献

[1] 何镜堂. 建筑创作与建筑师素养 [J]. 建筑学报，2002（9）.
[2] 徐宗威. 西藏传统建筑导则 [M]. 北京：中国建筑工业出版社，2004.
[3] 赵钢. 地域文化回归于地域建筑特色的再创造 [J]. 华中建筑，2001（2）.

武汉楚河汉街服装商业橱窗空间中色彩设计的分析研究

■ 王 枫
■ 华中科技大学建筑与城市规划学院

摘要 本文通过对楚河汉街（商业步行街）服装商业橱窗在设计上使用色彩的基本情况进行了调研分析，通过对橱窗现有色彩的主辅色使用情况、色调对比、饱和度对比、明度对比等一系列统计分析，基于本次分析结果依据HSV色彩模型来讨论色彩配置的使用在橱窗设计上存在的一些相关问题。

关键词 色彩橱窗设计应用研究

1 研究意义及目的

色彩能够直接影响到人们的视觉，是人们感受美的主要途径[1]。而橱窗的整体色彩是由橱窗自身的主要空间背景色彩、服装产品色彩、道具的辅助色彩、灯光色彩等一系列色彩形式组成的。色彩的设计与运用是各类视觉艺术必不可少的表现手段之一。有关色彩实验中表明：人们在观察物体时，首先引起视觉反应的即是色彩。在初看时的前20秒钟，人们的眼睛对色彩的注意力占80%左右，而对形体的注意力仅占20%，当时间延续2分钟后，对形体的注意力可增加到40%，而对色彩的注意度降至60%；5分钟后，形体和色彩才各占50%[2]。从以上数据中，我们可以看出色彩在视觉表现及传达上起着重要作用。而在人流相对来说较多的商业街道，人们驻足欣赏橱窗的时间远远低于实验中的最初时间，如何使得消费者在短时间内了解商品以至于为商家带来更多的利润呢？在营销学上，有着著名的"七秒钟色彩"理论，它指出对一个人或一件商品的认识，可以在七秒钟之内以色彩的形态留在人们的印象里[3]。橱窗作为一个商铺向外界展示产品的第一空间，色彩设计对吸引消费者视觉体验有着至关重要的作用。同时色彩能够赋予更多的情感和性格于空间中，渲染了空间氛围，提升空间品位，使橱窗空间具备强烈的吸引力，因此，色彩在营造陈列氛围的过程中发挥着非常重要的作用。

本文以今年来国内外主要的色彩设计理论为指导，通过对武汉楚河汉街23家服装商业29个一层临街橱窗现有的色彩配置在正常光照情况下进行了相关调研；基于HSV色彩模型理论进行图表统计归纳对比分析统计数据，得出相应的研究结论。此次调研对以上橱窗进行整体色调、色彩饱和度、色彩明度、色彩配置对比强弱等使用情况的统计分析，主要目的为：①分析色彩配置与橱窗空间、人的视觉感受等的关系；②该商业街服装橱窗色彩配置设计所带来的艺术特点；③归纳总结该商业街服装橱窗色彩配置的优缺点。

2 色彩设计在橱窗空间中的应用现状分析

橱窗空间中的整体色彩效果是根据展示服装的固有色和环境色、光源色等色源搭配组合而成的。色彩作为最直观、最能影响人的设计心理因素，其色彩配置的重要性是影响着橱窗陈列成功与否的关键[4]。因此在橱窗空间环境中符合人们心理需求的色彩配置，才会具备更好的视觉冲击力，从而体现出一个橱窗特有的空间魅力。

本次调研的地点是武汉楚河汉街，它位于武汉市核心地段。其主要建筑特色为民国建筑风格，折中主义的建筑风格与现代主义的设计手法相融，形成了独具特色的艺术特点。因此在其橱窗色彩的使用上也应与其整体风格相呼应，已显出其独特的魅力风格。

本次调研是依据HSV色彩模型理论对武汉市楚河汉街23家服装店铺的29个橱窗进行。HSV色彩模型与蒙塞尔色彩模型较为接近，其三色参数与色彩的3个主观属性正好相对，可以使得设计师更直观的使用色彩（图1）。

经过调研分析，根据表1所示，从23家临街服装店

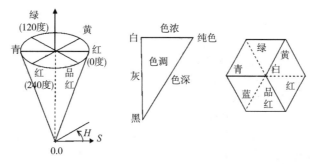

图1 HSV色彩模型

一层 29 个橱窗中根据橱窗类型收集到 21 个主辅色表达明确的橱窗空间样本。依据 HSV 色彩模型对 21 个有效样本进行色调（表 2）、色彩饱和度（表 3）、明度（表 4）分析研究。根据上述统计结果分析整合出色彩配置对比强弱使用情况统计表（表 5）。通过表 1 我们可以看到橱窗的空间形式影响了色彩的明确表达，根据统计结果最终筛选出 21 个橱窗作为样本进行分析研究。从表 2 中可知，橱窗整体色彩色调的使用偏向暖色调，从表 3 中可知，颜色的整体饱和度处在中高以上的位置，表 4 反映出，明度对比变化相对较为平稳。从表 5 中可以看出色彩配置对比强弱变化与色彩的色调、饱和度、明度有着较为密切的关系。

由表 2～表 5 的统计结果中可以看出，各个服饰品牌根据其服装色彩特点或表达主题不同使用了不同性质的色彩，带给人们了不同的心理感知。

（1）从色彩配置的角度来说，按色彩的 3 个基本属性主要包含以下 4 种色彩配色方式。

1）邻近色弱对比配置，即在 HSV 色彩模型中，间隔 20 度以内的颜色定义为邻近色。这种色彩配置使用情况可以从表 5 中找到，表 5 的统计结果显示，邻近色弱对比配置在橱窗中的使用比例占到 47.6%，有 10 个橱窗空间的色彩配置选用了较为舒缓的弱对比。

2）类似色中度对比配置，在 HSV 色环中，左右间隔 20～80 度的颜色被定义为类似色。在表 5 的统计结果中显示有 23.8% 的橱窗选择使用中度对比的色彩配置，共有 5 个橱窗在空间色彩的设计上使用。

3）对比色较强对比配置，在 HSV 色环上，左右间隔 80～160 度的颜色定义为对比色。从表 5 中的统计结果中我们可以看出，有 4 个橱窗选择了使用不协调的色彩以产生鲜明、强烈的冲击感。

4）互补色强度对比配置，在 HSV 色环上，左右间隔为 160～180 度的颜色被定义为互补色。在该商业街仅有 14.3% 的橱窗使用了这种视觉冲击强的色彩对比配置。

（2）根据上述的 4 种色彩对比配置方式，结合对调研图片的分析，可以从带给人们的色彩感觉的角度将 21 个样本分成 4 种方式。

1）高雅、稳重，使用弱度对比的邻近色，这是一种较为和谐的配置方式。在色调上没有强烈的对比，变化较为缓和，这种色彩配置方式可以使消费者有种较为舒适的感觉。没有抢眼的色彩搭配，显出较为高雅、稳重的色彩感觉。在本次调研中哥弟服装品牌的橱窗色彩设计是这一色彩感觉的代表，邻近色的使用使得橱窗空间与街道产生了一种协调。

2）时尚、奢华，中度对比的类似色，增加了色彩跨度，相对于邻近色可以更好的表达出橱窗的主题，能够很好地突出产品的形象，同时显现出时尚和奢华的魅力。

3）活泼、光彩，较强度的对比，大大增加了色彩跨度，在颜色使用上相对于前两种是不协调的一种配色。因为它的不协调性，形成了对比鲜明、活泼的视觉冲击特点。

4）动感、活力，有着强度对比的互补色是色彩配置中跨度最大的一种配置方式，具有强烈的色彩冲击力，在

表现形式上比对比色色彩配置更加的生动。同时带给人们一种热闹、动感活力的氛围。

表 1　主辅色是否明确使用与橱窗空间类型情况

色彩配置情况	橱窗类型	数量	所占比例
明确	封闭 / 半封闭式橱窗	21	72%
不明确	向内开放式橱窗	8	28%
合计		29	100%

表 2　橱窗整体色彩色调（H）使用情况

色调	编号	数量	所占比例
冷性	02.04.08.16	4	19.0%
中性	06.07.10.18.20.21	6	28.6%
暖性	01.03.05.09.11.12.13.14.15.17.19	11	53.4%
合计		21	100%

表 3　橱窗整体色彩饱和度（S）使用情况

饱和度	编号	数量	所占比例
高	01.03.05.06.10.11.12.13.11	9	42.8%
中	04.07.09.14.15.16.19	7	33.4%
低	02.08.18.20.21	5	23.8%
合计		21	100%

表 4　橱窗整体色彩明度（V）使用情况

明度	编号	数量	所占比例
亮	01.02.10.12.13.16	6	28.6%
中	03.07.08.09.11.14.17.18.19	9	42.8%
暗	04.05.06.15.20.21	6	28.6%
合计		21	100%

表 5　色彩对比配置强弱使用情况

色彩对比配置情况	对比强度	数量	所占比例
邻近色对比配置	弱度	10	47.6%
类似色对比配置	中度	5	23.8%
对比色对比配置	较强	4	19.0%
互补色对比配置	强度	3	14.3%
合计		21	100%

3　橱窗空间中色彩设计存在的问题

综合上述的分析结果以及表 2～表 5 中的统计数据，结合现场观察分析，总结出武汉市楚河汉街服装橱窗空间中色彩设计存在的几个方面问题。

（1）从视觉感受的角度来讲，该商业街服装橱窗色彩

的使用多集中在暖色、高纯度、中亮明度上，以至于形成了对比较弱的近似色色彩对比配置，高纯度的近似色使用往往容易使得消费者产生视觉疲劳，同时暖色相对于冷色产生的疲劳感也较强。容易使得消费者在视觉疲劳的情况下无法带动个人的消费情绪。

（2）从空间尺度的角度来说，色彩具有一定程度的伸缩感，在该商业中大量使用具有向前、扩张感觉的色彩，使得消费者感觉街道空间较为狭窄，心理状态较为紧迫，带来了不舒适的威胁感。同时色彩张力变大，使得人们在视觉上对橱窗内部空间的感觉变小。

（3）从主题表达的角度来讲，利用色彩来表达橱窗主题是最直观的表现形式，通过现场的观察，橱窗空间主题的表达较为薄弱，根据表 5 中的统计数据对比相应服装品牌风格可以得出，橱窗色彩风格与服装品牌风格近似度较低。从而不能直观的向消费者表达服装品牌的设计风格等优势。

结语

综合上述的分析与结果可以看出，色彩设计在橱窗空间中除了构成装饰、主题表达等作用之外，其他一些优势作用一直被忽略。视觉是人认识事物的最主要的途径，占整体的 80%。而在视觉感知中，色彩又是极为重要的。色彩的配置情况影响到消费者的购买情绪、商家的销售额度，同时也影响着商业街整体色彩环境的变化。通过此案例，我们可以看出，设计师未能很好地利用色彩的优势，设计出能够吸引消费者眼球的作品，反而为整体环境增加了视觉上的疲劳感。色彩设计作为橱窗空间设计的重要部分，需要设计师充分理解色彩与空间的关系、色彩与人的关系。同时在市场竞争激烈的时代，色彩设计在橱窗空间中的合理运用成了新的挑战。

参考文献

［1］杜丙旭. 服装陈列设计［M］. 李婵，译. 沈阳：辽宁科学技术出版社，2010.

［2］赵云川. 商业橱窗展示设计［M］. 沈阳：辽宁美术出版社，1998.

［3］梅澎，鲍坦，邴丽. 论色彩营销及其应用［J］. 商业时代，2004（12）.

［4］侯佳彤，赖常华，罗莹. "色尽其用"：论色彩设计在服装橱窗陈列中的应用［J］. 艺术与设计（理论），2008（12）.

武汉市楚河汉街餐饮店入口空间的灯光照明设计调查研究

■ 廖博靖

■ 华中科技大学建筑与城市规划学院

摘要 本文主要通过对武汉市楚河汉街（商业步行街）临街主要餐饮店入口空间灯光照明设计的现状进行调研，对各入口空间照明设计的光源类型、灯具类型、色温、显色指数、灯光亮度、灯光密度、照明方式等参数进行比对分析，基于分析的结果来讨论、总结餐饮入口空间照明设计的主要特点以及所存在的问题。希望通过此探讨，为未来商业街餐饮入口空间的灯光设计提供一些规避此类问题的指导。

关键词 餐饮入口空间 灯光照明设计 楚河汉街

引言

场所的感官设计极大的影响着零售商的成功[1]，如果想设计出理想的场所，设计师们需要综合考虑视觉、听觉、嗅觉和触觉这些感官体验[2]。而与其他的零售空间不同的是，餐饮店的入口空间是与顾客交流的第一步，提供了吸引顾客注意力的第一次机会[3]。因此，餐饮店入口空间的灯光照明作为夜间视觉感官体验的一部分显得尤为关键。通过人工灯光营造出来的照明环境决定了观看者感知场所的方式，光和阴影、色彩和动作的通用组合设计能够在某种程度上唤起观者（顾客）产生与照明内容相同的情愫[4]。餐饮店入口空间作为一家餐饮店的门面，是顾客从室外进入室内的关口，其照明设计的好坏会在很大程度上影响顾客的食欲以及其对该餐饮店的印象。

因此，本文对武汉市楚河汉街（商业步行街）临街主要餐饮店入口空间的灯光照明设计的现状进行调查与研究的主要目的为：①分析灯光照明的主要设计方式；②总结和归纳该商业街餐饮入口空间的灯光照明艺术的表现手法；③以及目前所存在的问题，并为未来的商业街餐饮入口空间的灯光设计提供一些规避此类问题的指导。

1 调研研究的方法与内容

1.1 研究方法

本文以现阶段国内外主要的灯光设计理论为指导，结合实例进行研究。具体的研究方法如下。

（1）实地调研——对武汉市楚河汉街主要的临街餐饮店进行调研，内容包括现场测量、绘图摄影、资料收集等。并对调研结果统计分析，以求得出有价值的结论[5]。

（2）理论分析的方法：参考国内外前沿的灯光设计相关理论、入口空间设计的相关理论等，从理论层面对调研样本的结果进行分析，总结出其中的规律性。

（3）对比归纳分析法❶：将目前的理论资料和分析结果通过图表、图片、数据等方式进行对比分析与归纳，得出一定理论层次和实践层次上的研究结论。

1.2 研究内容

调研地点选择为万达楚河汉街，该商业街是近年武汉极具特色的商业步行街之一，该街建筑将民国时期的折衷主义式建筑风格与现代主义的设计手法相融合，使其具有了非常鲜明的个性化特征。因此，其餐饮店入口空间的设计与其灯光照明设计也显得与众不同。

本文对汉街第一、第二、第三街区（不含两个过渡连接区）的23家临街餐饮店入口空间进行了调查研究，根据国际照明协会（CIE 1983）制定的标准❷，调研内容包括各个餐饮店入口空间灯光照明的光源类型、灯具类型、色温、显色指数、灯光亮度、灯光密度和照明方式等，并基于分析的结果来讨论、总结餐饮入口空间照明设计的主要特点以及所存在的问题。

2 调研样本的分析

经过调研，从楚河汉街23家临街的主要餐饮店入口空间中共收集到37个有效的光源样本，包含4种光源类型（表1）和7种灯具类型（表2）。据此，分类统计了其所包含的色温（表3）、显色指数（表4）、灯光密度（表5）和照明方式（表6）。由表1和表2可知，大部分的餐饮店入口空间采用卤钨灯和霓虹灯作为主要的照明光源，以灯箱结合筒灯的形式表现出来。同时，一部分餐饮店入口空间还采用了枝形吊灯，由于枝形吊灯需要较高较大的使用空间，这也表明不同类型的餐饮店入口空间对于照明光源的需求也不尽相同。

表 1 光源类型统计表

光源类型	数 量	所占比例
卤钨灯	9	24.3%
霓虹灯	24	65%
普通白炽灯	3	8%
金属卤化物灯	1	2.7%
合计	37	100%

---

❶ ［美］艾尔·巴比，著．邱泽奇，译．社会研究方法［M］．北京：华夏出版社，2002.

❷ 郝洛西．城市照明设计［M］．沈阳：辽宁科学技术出版社，2005.

表2 灯具类型统计表

灯具类型	数 量	所占比例
嵌入筒灯	3	8%
灯箱	23	62.4%
壁灯	3	8%
地灯	1	2.7%
枝形吊灯	5	13.5%
投光灯	1	2.7%
蛇管灯	1	2.7
合计	37	100%

表3 色温（范围）统计表

色温（范围）	数 量	所占比例
2400 ~ 2900K	3	8%
2900 ~ 3000K	9	24.3%
3500 ~ 6500K	24	65%
4500 ~ 7500K	1	2.7%
合计	37	100%

表4 显色指数（Ra）统计表

显色指数（范围）	数 量	所占比例
65 ~ 80	1	2.7%
70 ~ 80	24	65%
99 ~ 100	12	32.3%
合计	37	100%

表5 灯光密度统计表

灯光密度	数 量	所占比例
稀疏	8	21%
密集	29	79%
合计	37	100%

表6 照明方式统计表

照明方式	数 量	所占比例
向下直接投射	4	10.7%
内发光	24	65.0%
半间接照明	4	10.7%
漫射照明	5	13.6%
合计	37	100%

表3和表4则表明，在餐饮店入口空间的照明光源中色温主要集中在2900 ~ 3000K，3500 ~ 6500K两个参数范围间；显色指数（Ra）则主要集中在70 ~ 80、99 ~ 100两个参数范围间，由色温/显色性对照表可知其光源的色表（表观颜色）整体偏向于中间色（介于冷色与暖色之间）与暖色[6]。

由于大部分光源类型倾向于霓虹灯（表1），表5的统计结果显示超过半数的餐饮店入口空间的灯光密度较为密集。结合表2的统计结果来分析表6的统计结果，不难看出，不同的灯具类型与灯光的照明方式存在着密切的关联性。嵌入筒灯与投光灯对应了向下直接投射的方式，灯箱与蛇管灯对应了内发光方式，壁灯与地灯对应了半间接照明方式，枝形吊灯则直接对应了漫射照明。

3 调研分析的结果

由表1 ~ 表6的分类统计分析结果可知，各个餐饮店入口空间的照明设计根据其自身的需求使用了不同的光源与灯具来组合形成了不同层次的光的质感。

（1）从灯光照明设计方式的层次来说，主要包含了以下3种照明方式。

1）单一照明方式：即只使用了一种照明灯具或光源作为入口空间的照明光源。在表2的统计结果中显示，有62.4%的餐饮店入口空间选择了用灯箱作为主要的入口照明，而在此中，有10家选择了将其作为主要的照明方式，如四季恋、必胜客和九号餐厅等。

2）简单复合方式：即采用了2 ~ 3种照明灯具或光源进行组合搭配作为入口空间的照明光源。在表2的统计结果中还显示有13.5%和8%的餐饮店入口空间选用了嵌入筒灯和枝形吊灯，而在调研的样本结果统计中，一共有11家餐饮店选择了简单复合型的照明方式，如红鼎豆捞、麦当劳等。

3）多重照明方式：即选择多达3种以上的照明光源与灯具作为入口空间的照明光源。在23家餐饮店中有2家餐饮店选用了包含表6所有类型在内的照明方式以及表2所统计的照明灯具中的4 ~ 5种，如迎喜皇宫和青花元年等。

（2）同时，根据上述的3种照明方式，结合现场摄影图片的分析，从功能运用❶的角度出发将全部样本所使用的照明手法分成了5种方式[7]来分类陈述（表7）。

1）引人注目：使用聚光灯对目标进行照明，是使目标整体或目标局部醒目突出的代表性方法。通过改变照射对象与其周围的光色等方法，可以产生多种变化。此类照明手法在餐饮店入口空间具体表现为集中照明在入口空间中有特色的餐饮部分，如饮品吧台，以求吸引顾客的目光。

2）重点照明：为强调某一个特定的对象物，或使视野中的一部分引起注意的指向性照明❷。餐饮店入口空间一般运用此种照明手法来突显出其空间转换中的店名或招牌，强化此处餐饮店的入口感。

3）迎接引导：通过用灯光装饰正门以及门周边的正面部分来强调入口，从而提高从远处的认知度。并且使人们看到照明本身就起到引导性的功能。在汉街餐饮店的入

---

❶ 在《空间设计中的照明手法》一书中，日本照明学会将空间照明的手法根据室内与室外不同的功能划分成了总共28种类型，这里仅选取与室内相关的部分。

❷ [日]照明学会. 空间设计中的照明手法[M]. 隋怡文，译. 北京：中国建筑工业出版社，2012.

表 7 照明手法分析

照明手法类型	特 点	照明器材	表现形式	代表店铺	图 例
引人注目	使用目标整体或局部醒目突出	投光灯	向上或向下对目标集中照明	Lady 7 等	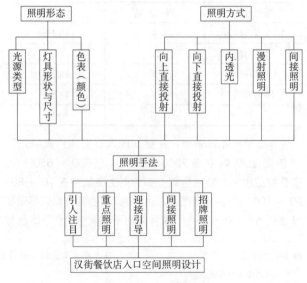
重点照明	强调某一个特定的对象物，或使视野中的一部分引起注意	嵌入筒灯、投光灯、蛇管灯等	通过光线创造引人注目的部分、通过光线强调想引人注目的部分	红鼎豆捞、土家吊锅饭、陶郎、青花元年等	
迎接引导	强调入口并为迎接场面照明，突出空间的转换	枝形吊灯、嵌入筒灯、地灯	通过沿着道路或建筑边线设置照明起到引导人的作用	滋乐滋乐、迎喜皇宫、百艳青花、香秀馆等	
间接照明	制造与建筑一体化、使空间的视觉范围更开阔的效果	壁灯	使灯与高亮度面不直接进入视线的隐藏型技术手法	麦当劳、阿香米线、黄记煌等	
招牌照明	使招牌在夜晚更有效的进入观者的视线中	灯箱	将光源设置好于透光材料的招牌内侧、使招牌自身发光	肯德基、四季恋、九号餐厅、俏立方等	

口空间中，有一些餐厅利用枝形吊灯来营造华丽的空间氛围并加强该餐厅整体的高品位印象。

4）间接照明：利用较柔和的光线制造出与建筑一体化的效果，使空间的视觉范围具有更加开阔的效果。在样本的餐饮店入口空间中具体表现为建筑外立面的壁灯与隐藏于屋檐下的发光灯带，这一做法使空间整体的阴影更加柔和，更加舒适。

5）招牌照明：这一方式分为将光源设置于透光材料的招牌内侧、使招牌自身发光的"内照式"以及使用照明器具照射招牌正面的"外照式"。汉街餐饮店入口空间外部大都使用 LED 光源的灯箱文字作为其主要的招牌，使其招牌文字在夜晚能够更有效的进入顾客的视线中。

通过表 7 的分析可以得知，不同的灯具与光源组合可以营造出不同的照明手法，而不同的照明手法又具有各自不同的功能。这也在一定程度上反映出不同的餐饮店入口空间对灯光照明的需求有种各自不同的倾向。同时，综合表 1～表 7 可以从纵向分析出汉街餐饮店入口空间照明设计的整体框架（图 1）：即照明形态与照明方式形成了不同

图 1 汉街餐饮店入口空间照明设计分析

的照明手法，而不同照明手法的组合最后构成了汉街餐饮店入口空间的综合照明。

4 调研结果中所存在的问题

综合上述的分析结果以及表1~表7的统计分析数据，并结合摄影图片的观察分析，楚河汉街餐饮店入口空间的灯光照明设计存在着以下几个方面的问题。

（1）从照明形态的层面来说，由表1~表3的统计结果可知，空间的照明设计过度集中于使用单一形式的光源与灯具，从而使得亮度与色彩表现显得过于单调乏味，未能体现出饮食文化的个性特征。

（2）从照明方式的表现上来看，表5与表6也表明，汉街中此类空间的灯光照明方式单一聚集于内发光的LED灯光照明模式，明显缺乏层次感，除了少数几家外，大多数未能很好地利用不同的照明方式来营造出餐饮店入口空间所需的光照氛围。

（3）从照明手法的使用上来看，由表7可知，虽然各个入口空间都具备着一些基本的照明功能，但没有能够与建筑的外立面与入口空间的装饰风格进行搭配与融合，显得有些盲目攀比亮度，使各种光源照明功能之间

形成了一定程度上的相互干扰，未能系统化规划灯光照明设计。

（4）此外，由于第（3）点问题的存在，使得汉街餐饮店入口空间的灯光照明产生了另外一个不容忽视的问题：灯光污染。汉街餐饮店入口空间的建筑外立面的招牌照明大部分亮度都过于强烈，产生了强烈的溢散光（图2）和干扰光（图3）。

结论

综合以上的分析与结果可知，灯光照明设计在本案例中的入口空间的构成中除了提高视觉作业的明视性之外，其他的作用一直被低估。但是实际上，照明的作用却不小。各种照明的形态、方式、强度、位置、色彩等不仅仅只是作用于心里，也能直接作用于人的行为，即满足现实中的人为物质需求。但是从本案例的照明设计分析结果看来，商家与设计师均未能很好地对灯光进行精细的设计，未能打动人心并展现出照明设计的多样性来。照明设计作为设计师必须承担的一部分，应能够去理解照明与空间行为的关联性，让人们更加信服、更加舒服的享受灯光带给他们的艺术观感与实用功能。

图2　餐饮店招牌照明的溢散光

图3　餐饮店招牌照明的干扰光

参考文献

［1］Turley L W, Milliman R E. Atmospheric effects on shopping behavior : a review of the experimental evidence［J］. Journal of business research. 2000, 49（2）: 193–211.

［2］Augustin S. Place advantage : Applied psychology for interior architecture［M］. John Wiley \& Sons, 2009.

［3］珍妮特·特纳，郝洛西，等. 艺术照明与空间环境：零售空间［M］. 北京：中国建筑工业出版社，2001.

［4］路易斯·克莱尔. 建筑与城市的照明环境［M］. 北京：中国电力出版社，2009.

［5］黄景添. 基于地域特色的广州大型商业建筑入口空间设计研究［D］. 广州：华南理工大学，2013.

［6］李文华. 室内照明设计［M］. 北京：中国水利水电出版社，2009.

［7］［日］照明学会. 空间设计中的照明手法［M］. 隋怡文，译. 北京：中国建筑工业出版社，2012.

汉口租界历史建筑的装饰艺术研究

——以巴公房子为例

■ 章煜婕

■ 华中科技大学建筑与城市规划学院

摘要 城市中的历史建筑讲述了城市生长发展过程，记载了城市变迁中的兴衰荣辱，传承了人类的物质和精神文明，同时，它也是当今城市可持续发展的重要内容之一。随着我国城市经济的高速发展以及城市化进程的加快，经济因素对城市历史建筑保护的影响日渐显著，经济评价逐渐成为历史建筑保护可行性研究中的重要组成部分，也成为历史建筑保护决策科学化的重要手段。除此之外，公共建筑往往能折射城市事件和公共生活，同时公共建筑的演变中往往蕴含着城市重大历史事件链的变化关系，从中亦预示这类建筑的未来走向。如果我们能更好地从这些建筑的空间存续关系角度去解读它们，这对于我们正在寻找的答案——如何对待租界建筑，会有很大的启示。

关键词 历史建筑传承保护决策未来走向　租界建筑

作为城市文化和城市特色的外在重要载体之一，城市建筑见证着城市的文化历史，每个时代的建筑又在书写着新的城市历史。历史性建筑就好比一个城市的记忆碎片的载体，这些碎片连缀成行，构成了城市的集体记忆。历史性建筑，是比图像文字和口口相传的故事更加能够触发我们神经的、也更加实在的记忆载体。本文以汉口传统建筑巴公房子的装饰艺术为研究对象进行论述。

1 巴公房子的建筑概况及其历史沿革

1.1 巴公房子的建筑概况

巴公房子位于湖北省武汉市汉口区鄱阳街46～56号，处于鄱阳街、洞庭街、兰陵路三街交汇围合之间，在1901年始建，于1910年建成，在近代时期属于俄租界（图1）。巴公房子建筑面积近5000m²，高5层，有220套房间，为汉口早期最大体量的高档公寓。整体建筑为砖木结构（殖民式）。同时也是具有俄罗斯风格的文艺复兴式建筑，现为武汉市一级保护优秀历史建筑。

图1　巴公房子地理位置示意图

1.1.1 巴公房子的建筑特点

巴公房子建筑受拜占庭式建筑风格影响，外轮廓富于变化，立面多采用壁柱、拱券，造型生动。在卫星地图上，肉眼所见的巴公房子为围合型的三角形建筑，实际上巴公房子的建筑施工是分两期进行的，称为"大巴公"和"小

巴公"。靠兰陵路的这边先建成，且建筑面积较大，称为"大巴公"。另靠黎黄陂路这边是后来续建，因建筑面积较小而称之为"小巴公"。后大小"巴公房子"合二为一，统一解决了住户内部的采光通风，并在大楼内侧开辟了一个三角形的内天井，就这样形成了如今我们所见的围合型建筑——巴公房子（图2、图3）。

图2　大巴公　　　　　图3　小巴公

1.1.2 巴公房子的平面布局

由于巴公房子临近三路交汇的中部，建筑平面为锐角三角形，中部为三角形天井，即为内院。平面采用单元式布局，各个单元都设置有出入口，单元分户明确，户内皆有卧室、起居室、阳台、卫生间、厨房，布局十分紧凑（图4、图5）。

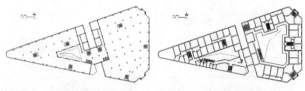

图4　一层平面图　　　　图5　二层平面图

1.2 巴公房子历史沿革

巴公房子的名称来源于原主人——巴诺夫，其为俄国贵族，在1869年来到汉口成为新泰洋的负责人员，并且在1896年担任俄租界市政会议的常务董事，在汉口期间，

他投资建起了"巴公"房子，为其私人住宅。直至1917年，随着十月革命的爆发，武汉结束了沙皇统治，原主人离开后，巴公房子成为了银行的办公用楼，楼上的多层空间被用作为银行职员的宿舍，直至现在完全演变成为了220多户的民居建筑，一层主要用途为如今的杂货商铺和中医美容院。

2 巴公房子建筑立面的特征

巴公房子为地上4层、地下1层的砖混结构建筑，层高约15.8m，建筑采取三面围合的方式，三面均有建筑出入口。外墙材质采用黏土砖砌筑，为清水勾缝形式，部分墙面结构如窗套等使用砖石原色。底层勒脚采用青条石砌筑，通休为红色基调。建筑底层间隔地分布着黑色铁栏杆镶嵌的地下通风口，地面上为横向排的间隔不等的长窗，顶层窗列上为一圈略微突出的压檐，檐上的短柱式平台围栏和檐下的嵌入式壁柱使整个建筑立面显得整洁明朗，层次清楚，又不失线条的变化、图案的丰富。

因为巴公房子独特的建筑围合空间，巴公房子建筑临三条街道，每个街道对应的建筑立面有着不一样的装饰特点，因此下文将巴公房子的建筑装饰艺术特征分三个街区做解析。

3 巴公房子建筑装饰艺术的调研及分析

3.1 建筑装饰材料

临洞庭街的立面外墙采用黏土砖砌筑，为清水勾缝形式，部分墙面结构如窗套等使用砖石原色。底层勒脚采用青条石砌筑，通体为红色基调（图6、图7）。建筑底层间隔着分布黑色铁艺栏杆镶嵌的地下通风口（图8）。

巴公房子洞庭街和鄱阳街交汇处空间，现为中医美容院，20世纪20年代以后，各种人造石工艺被中国工匠掌握并得到广泛运用，用于外墙的常有水刷石和斩假石做法（图9～图11）。

鄱阳街和洞庭街的墙面装饰材料类似，通体采用平整

图6 洞庭街局部立面图　　　图7 洞庭街局部窗结构及装饰

图8 洞庭街地下通风口

的黏土红砖贴砖，底层材质现为20世纪后常见的水刷石工艺，横向表层还带有装饰砖的拼接（图12、图13）。

兰陵路基本上为住宅区域，立面更加生活化一些。整体立面装饰较为简洁，整体墙面立面以红色为基调，采用黏土砖砌筑，为清水勾缝形式。底层台阶多用于天然石材（图14～图17）。

3.2 装饰艺术

3.2.1 建筑细部装饰艺术（以阳台、窗为例）

巴公房子是偏向"装饰艺术风格"特征的汉口早期多层公寓建筑。装饰艺术在风格方面的要素是折衷的，它显示了某种自由的表现和对个性的追求。其特点在于用直线、坚挺的边缘或角来组合构图，有特定的装饰风格，装饰细部常用与本体建筑同样的材料等。巴公房子具有欧洲古典主义同时又具有浪漫主义的风格。阳台的栏杆在整个建筑中样式基本上为两种，一种是天然石材材质的宝瓶式装饰栏杆，另一种是黑色铁艺雕花的栏杆，整体风格古典浪漫。

图9 巴公房子（中医美容院）外观　　　图10 巴公房子外墙装饰　　　图11 巴公房子外墙细部

119

图 12　鄱阳街立面装饰

图 13　装饰砖和水刷石工艺的结合

图 14　兰陵路立面

图 15　兰陵路立面材质

图 16　清水勾缝式红砖

图 17　天然石材台阶

（1）阳台构造及其装饰艺术：巴公房子临三条街，每条街道所对应的立面有着不一样的特点。在洞庭街，以阳台和大门入口上下结为一体的造型为特色。阳台主体结构为天然石材，阳台栏杆分黑色铁艺镂空涡纹和石雕宝瓶造型为主（图 18 ~ 图 20）。住宅阳台栏杆体态浑厚优美和百叶窗通体红色且制作精致。二楼和三楼阳台栏杆用不同材料和造型相衔接，简洁典雅尽显贵族的气质。

（2）窗的构造及其装饰艺术：巴公房子临三条街道，窗的造型和装饰各有不同。具体体现在鄱阳街立面，在鄱阳街的立面中可以发现窗的造型和装饰十分丰富，其显示

了某种自由的表现和对个性的追求。其特点在于用直线、坚挺的边缘或角来组合构图，有特定的装饰风格，但是装饰细部常用与本体建筑同样的材料（图 21）。

3.2.2　建筑细部装饰艺术特色（以入口处为例）

巴公房子共 8 个入口（图 22），鄱阳街一面的入口大门高度较高且多用石材，装饰纹样复杂优雅。兰陵路一面共两个相似的木门，特别之处在于门檐上方位于二层底部的换气窗。洞庭街一面的门，宽度较宽，和上面的阳台样式相呼应形成一个完整的立面。

图 18　洞庭街入口和阳台一体造型

图 19　洞庭街黑色铁艺栏杆装饰

图 20　洞庭街宝瓶装饰栏杆

图 21　巴公房子窗的造型和装饰

图 22　巴公房子共设 8 个入口

（1）洞庭街入口构造及其装饰特点：洞庭街 75 号入口与二层阳台是一个整体造型，罗马柱柱头造型一直延伸至阳台上，形成一个整体，具有浪漫气息的 75 号入口如今是洞庭街的一个商业酒吧主入口。入口的壁柱柱头为涡卷图案，4m 高的壁柱和装饰细节在入口显得典雅，大气（图 23 ~ 图 26）。

（2）鄱阳街入口构造及其装饰特点：巴公房子在鄱阳街有 3 个主入口，分别为鄱阳街 80 号、84 号和 86 号。入口的设计都为拱券造型（图 27）。

鄱阳街街区建筑整体在装饰上比较注重运用艺术手法。租界区出现时期与现代建筑萌芽与发展的时期基本吻合，复古主义及折衷主义盛行的汉口建筑无疑给人们带来强烈的视觉体验，建筑的体型轮廓、几何图案装饰以及整体姿态复古样，无论造型、构图，还是建筑装饰细部已有大幅度简化，给人简洁挺拔的现代感。鄱阳街道的 80 号入口大门与建筑立面的红砖墙材质一致，入口以拱券的简化造型为主。砖墙的勾缝以较为细密的线香缝，整体红砖拼贴错落有致，不失严谨。每一组红砖长度分为两组，一组为 490mm，另一组为 280mm，宽度都为 240mm，勾缝距离为 100mm，整体有序布置（图 28 ~ 图 31）。

鄱阳街 84 号入口为砖石混合造型，整个入口设计结合拱券造型，入口对称两端以罗马柱图案贴面，装饰细节简洁却不失典雅。底层勒脚都采用青条石砌筑，并且都有通风口设置，在与二层楼层连接处以石英石材质为主（图 32 ~ 图 34）。

（3）兰陵路入口构造及其装饰特点：兰陵路立面装饰较为简洁，整体为红砖拼贴。从现状实景图可以看到，兰陵路是巴公房子整体建筑立面受人工影响破坏最大的一处。在兰陵路一层，现为商业店铺，二层至四层的居民住处由

图 23　罗马柱造型　　　图 24　壁柱柱头造型

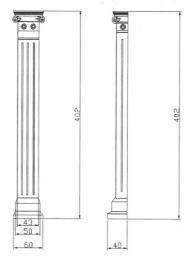

图 25　涡卷装饰壁柱（单位：cm）

图 26　洞庭街 75 号入口效果图

121

图27　鄱阳街三大入口实拍图　　　　图28　鄱阳街80号入口实拍图　　图29　鄱阳街80号入口效果图

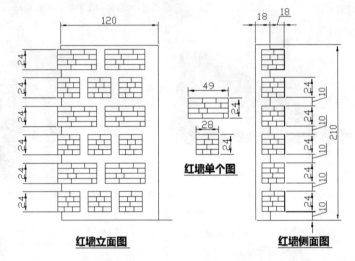

图30　鄱阳街80号入口装饰细节　　　图31　鄱阳街80号入口红砖细节装饰（单位：cm）

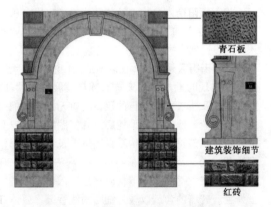

图32　鄱阳街84号入口实拍图　　图33　鄱阳街84号入口效果图　　　　图34　鄱阳街84号入口正立面图

于厨房和卫生间的设施严重不足，导致建筑外立面产生扩建的现象，这样的方式不仅仅破坏了原始建筑装饰立面，还对建筑结构产生严重的影响，加速了建筑的老化。

兰陵路一面共两个相似的木门，整体造型简洁，装饰以"井"字通风口为主。特别之处在于门檐上方位于二层底部的换气窗（图35~图37）。

4　巴公房子建筑装饰艺术现状分析

在对巴公房子进行调研的过程中，发现了很多问题，最主要的还是如今巴公房子建筑整体保护意识问题。

（1）巴公房子是汉口近代新式里分建筑的代表，承载着老汉口的市井故事，记载着城市的脚步，但我们所见的巴公房子却随着时间的流逝和保护政策的不当，建筑立面和建筑内部结构都被侵蚀。

（2）在兰陵路的立面，有当初建造巴公房子的时间牌，如今却青苔纵生，建筑立面杂乱不堪，居住者的厨房排烟扇的设置使其立面出现黑色的油污。内院中也可以看到大量零星铺设的设备管线穿墙过梁，对结构造成严重的威胁（图38~图40）。

图 35　兰陵路 10 号入口实拍图　　　图 36　兰陵路 10 号入口效果图　　　图 37　兰陵路 10 号入口立面图

图 38　巴公房子内院图

图 39　巴公房子建筑立面　　　　　　　　　图 40　巴公房子建造时间牌

结语

在对巴公房子建筑装饰细节的探索过程中，见到了汉口俄租界巴公房子浪漫的古典主义装饰艺术。从巴公房子的门窗，阳台栏杆，入口的构造及其装饰中可以看到近代汉口建筑简洁不失典雅的装饰艺术特点，洞庭街出入口门楣处的装饰采用花卉纹样；壁柱的造型采用较为简洁的罗马柱形式；柱头花纹以泫卷图案为主；整个入口装饰细节精致，造型大气，具有一定的艺术欣赏价值。鄱阳街的入口造型较为统一，都以拱券式门洞为入口造型，整体造型抽象简洁。兰陵路的入口以木门为主，与前面两个街道入口完全不一样，没有门洞的设置，门楣上以简洁"井"字的通风口做造型装饰。巴公房子的门窗，阳台，入口造型丰富多样，装饰艺术多以西方的砖砌技术构造和石材雕刻技术为主。

在探索巴公房子建筑装饰艺术的过程中，同时也感受到巴公房子岁月斑驳的痕迹和老化严重的现状问题。巴公房子是西方文化在武汉留下的印记之一，是整个城市不可分割的一部分，作为较为特殊的租界历史建筑，其对武汉来说有着重要的意义：巴公房子为汉口租界中西文化碰撞下产生的一处交融空间，是汉口近代最早的新式里分建筑的典型代表，对武汉现代住宅设计产生了一定的影响。不仅仅如此，巴公房子建筑装饰艺术的存在为探索汉口租界建筑历史都留下了可贵的参考价值。

今天的我们回过头来审视我们的城市，会发现那些发生过无数鲜活的市井故事、记录着城市脚步的老房子，随着市政建设加速拆迁以及建筑本身的老去，已经越来越少。不仅仅是巴公房子，现在这区域已作为城市街头博物馆改造建设，新式里分的价值逐渐被人们挖掘，成为城市记忆不可或缺的一部分。我们应该重视对租界历史建筑的保护，将其所承载的文化底蕴传承下去。

参考文献

［1］陈晶，殷炜，谭刚毅. 近代汉口租界建筑风格演替及保护——兼议名城保护中建筑样本的多样性及空间存续关系［J］. 中国名城，2009，12：38-45.

［2］方方. 主动送还回来的租界——俄租界：上［J］. 武汉文史资料，2009，6：52-56.

［3］蒋太旭. 巴公房子——俄商在汉生活的缩影［J］. 武汉文史资料，2015，11：52-55.

商道文化在建筑装饰中的体现

——以洪江古商城为例

■ 杨鑫芃

■ 华中科技大学建筑与城市规划学院

摘要 洪江古商城是明清资本主义萌芽时期的产物，是一幅展现明清社会市井风貌的"清明上河图"。本文旨在通过对洪江古商城精美的建筑装饰进行分析，探究其在装饰艺术背后所蕴藏的商道文化和纯朴的哲学思想，以便人们在欣赏古城风貌的同时，能够细细体会到古人质朴的处世哲学与睿智的从商之道。

关键词 古商城　商道　建筑装饰

1 洪江古商城历史沿革

洪江古商城是一颗蒙尘的明珠，她坐落于湖南省西南部，沅水上游，云贵高原东部边缘的雪峰山区，毗邻怀化。洪江古商城起源于唐代的草市，在明清时期发展达到鼎峰。当时全国有 18 个省、24 州府、80 多个县在此设立商业会馆，统领商业的十大会馆，富甲天下的"八大油号"凭借货真价实的信誉，在国内外占据了一个又一个的码头和市场，全城寄命于商者达到 38000 人，专事经商的就有13000 人之多。❶ 那时的洪江曾以"西南大都会""小金陵"之称闻名遐迩。随着时代的变迁，洪江古商城终究湮没在历史的长河之中，当年的繁荣景象已是遥不可见，唯有这些经历过岁月洗礼的巍峨建筑，青砖白墙伴随着古树枯藤默默伫立于此，向来往的游人诉说昔日的辉煌。

2 洪江古商城建筑形制及布局形式

2.1 窨子屋建筑特点

洪江古商城最具代表的建筑形式是石墙木结构的"窨子屋"，保留至今的窨子屋有 300 余栋，近 30 万平方米，大多都保存完好，现在还有不少人居住在古商城的窨子屋里面。窨子屋四周是石砌高墙，外形方正，类似云南的"一颗印"，亦像北京的四合院。从商的洪江人喜欢把这种像官印一样的房屋称为"窨子屋"。因为"窨"有"窖"的意思，符合洪江商人"储货守财"的心态。

窨子屋一般分为三进两层或者两进两层，一层是店面，高而宽敞，以青石板铺就，便于装卸货物。大户人家会在隐蔽处挖一条地道，出口设在码头，危急时刻就可以从地道逃脱。二层多是通达的仓库，横梁结构密集，足以承受货物的重量。三层一般是隔成小间的客房，一些家庭还在屋顶的一角修建晒楼，便于通风，晾晒货物或者瞭望敌情。由于外地来洪江经商的人中有很大一部来自苏杭、江西、安徽等地，因此窨子屋既有湘沅的本土特色，又兼有徽派建筑的风格。洪江古商城的建筑大量地使用了马头墙，有梯形、鞍形、弓形几种形态，大多做得比较轻巧，一般为三跌，也有一跌、二跌，四跌、五跌的情况，视屋面坡度大小和长度而定。❷ 砖墙是窨子屋最主要的墙体类型，用青砖砌成的封火外墙高大稳重，外面用石灰砂浆抹刷，粉墙黛瓦，使得窨子屋整体建筑形态质朴而淡雅。有意思的是，窨子屋沿街巷的那面石墙，窗户都开在离地面四五米的高处，这样做除了防火之外，还有其他两层寓意：一是防盗，二是防红杏出墙。"商人重利轻别离"，唯有修筑高高的院墙，将美丽的妻妾藏于深闺大院之中，长期漂泊在外的商人才能安心的奔波。

2.2 洪江古商城街巷空间布局

由于洪江的地形以山地为主，地势崎岖不平，窨子屋背山临水，依山就势，高低错落布置于"七冲、八巷、九条街"之中。古商城内寸土寸金，因此建筑都是往高处修建，中间只余一条窄窄的街巷，形成一种被严重拉伸的纵深空间，让人感受到悠远而宁静，易于将视线集中在两侧的牌匾、门窗上面。

当然古商城在规划的建筑布局上面，最大化地体现了其"商业"特征。建筑沿水运码头设计和布局，商业街道按照"分行划市"的原则修建。正宗的店铺设在大街上，以主要的经营产品命名，比如卖粮食的街称为米厂街，卖鱼的巷子称为鱼港；次之的行业，设在小巷里，如"雨伞巷"；而青楼、烟馆只能开在偏僻之地，如季家冲、余家冲等。街巷的空间随着地形起伏变化，形成了有韵律的空间形态，增加了街巷空间的审美体验（图 1）。

3 洪江古商城建筑装饰艺术分析

洪江古商城的发展历史是一部值得深入研究的中国资本主义萌芽时期商业史，古城一砖一瓦、一草一木的布置

❶ 中共洪江区工委宣传部.洪江古商城.北京：中国文史出版社，2007.

❷ 李益辉.洪江古商城窨子屋建筑特征的研究.郑州轻工业学院，2014.

图1 洪江古商城街巷空间

都与"商"的主题相呼应。"建筑必须在合理的实用功能基础上，根据要表现的思想主题进行艺术设计，使建筑的色彩和装饰、体积及各部分的空间形实等因素都表现出一种既丰富又统一的和谐之美。"❶洪江古商城的建筑装饰精美绝伦，题材丰富多样，这些精致的装饰也反映了儒商所秉持的从商之道，蕴含着深刻的美学价值和哲学思想。

3.1 大门及其装饰

古商城内的窨子屋大门主要有两种类型：一种是传统的中式木制大门，另一种则融合了西方元素，类似于上海的"石库门"。

传统的中式大门入口形式有一字型、凹字型和八字型三种。一字型和凹字型的入口比较常见，自不必说。八字型的入口是将两侧的墙面向街巷敞开成"八"字，符合商人喜欢数字"八"的文化情结，同时向内收的空间形态含有"聚财"的意味，与当地多年经商所积累的商道文化有着内在的联系。同时，内凹的入口空间具有实用性，狭窄的街巷作为人们日常出行和搬运货物的主要路径，难免会出现拥堵的情况，内凹的入口则为人们提供了回旋和避让的空间。这种牺牲自身建筑面积，谋求公共利益的方式，正体现了洪江商人"吃亏是福"的经商理念，亦可见当时人们朴实和礼让的道德观念。古商城的人们多是用铜钉装饰，一来可以加固防护，防火防盗；二来门钉通过不同的排布组合图案，有一定的装饰效果，比如以万字纹或者寿字纹寄予"健康长寿"；三来门钉通"门丁"，有寓意子孙兴旺之意（图2）。

图2 某民居大门门钉装饰

西式的大门是商人在对外贸易中受到西洋建筑的影响，用上了拱券、柱式等装饰形式，中西结合，别具一格。具有代表性的有"美孚洋行""洪江报馆"等（图3、图4）。

---

❶ 唐孝祥.美学基础.广州：华南理工大学出版社，2006.

126

图 3 美孚洋行大门　　　图 4 洪江报馆大门

3.2 梁、柱

徐复隆商行里有一根"特殊"的柱子，它的中柱与圆形的柱础之间镶嵌着一块方形的石头，称为"外圆内方"（图 5）。用以诫示后人经商理财，为人处世要有原则，"圆"是处事之道，对外要以礼相待，对内要严于律己。这里也包含了中国的哲学思想：表面随和，内心严正，大智若愚，方能成就大事。

图 5 "外圆内方"柱

3.3 太平缸

常见的太平缸一般用陶制的圆形大缸，而洪江古商城内的太平缸则是由青石板和石油灰粘合而成的方形或者六边形大缸，乐意存水约 3 吨左右，以保家宅免受火光之灾。太平缸的四周都施以精美的浮雕，巧夺天工，令人叫绝。内容一般是象征福寿延绵的"五蝠同寿"（图 6）、神话故事"龙门战蛟"；洪江儒商最为喜爱的图案为鱼龙变化图，用以警示后人商海沉浮、变化莫测，贫富之间变化无常，成则龙，败则鱼，赢与亏、富与贫就如龙与鱼之变，提醒子孙后代不要沉迷享乐，时刻警惕变化发展，把握时机。一些大会馆外的太平缸，雕刻主题大多以八德为主；学馆的太平缸则会做成笔筒状，雕刻陶渊明的诗词、梅、兰、竹、菊、芙蓉等花卉，诗情画意，使得学馆更加高雅，为莘莘学子提供良好的学习环境。洪江古商城内的太平缸，不仅是防火的储水池，也是儒商们高雅品格的体现。

图 6 "五蝠同寿"太平缸

3.4 "福"字和铜钱装饰

"福"字在整个古商城文化当中有着极其重要的地位，不仅"福"字随处可见，蕴含着"福"文化的门联门匾也比比皆是，洪江人借助这些装饰形象实现自身理想的强烈愿望，表达了人们对幸福美满的美好向往。

古商城潘家宅院照壁上造型奇特的"福"字，由喜鹊、仙鹤、鹿、龟和星星等图案组合而成，暗含"福""禄""寿""喜""财"，有"五福齐全，福星高照"之意（图 7）。另一处在福兴昌烟馆院墙的"福"字，造型也十分有趣。"福"字的右边是一个吸食福寿膏的侧面人物形象，左边是一个侍女在为此人捶腿，展现的正是烟馆内的常态。天井下的太平缸上刻有罂粟和"寿"字，加上门外高高的码头，喻意为"福寿膏"，据传是烟馆老板自己设计的"福""寿"二字（图 8、图 9）。过于吸食鸦片则福高寿低，这也正是对世人的警醒，吸食鸦片无福无寿，可见此"福"颇耐人寻味。❶

古商城内随处可见与"钱"有关的装饰元素。例如，街巷的排水口设计成镂空的铜钱样式，不仅是别出心裁的出水口装饰，也暗含了"君子爱财、取之有道"的经商之道。同时，雨水从美观实用的铜钱状地漏汇集到一处，寓意从地漏漏下的雨水全是财气之水。商道文化在这里达到了最完美的结合，反映了洪江商人"以积聚为本"的敛财观念，彰显出洪江商道文化地域特色（图 10）。

❶ 金碧成.洪江古商城建筑装饰艺术探析.重庆师范大学论文，2012.

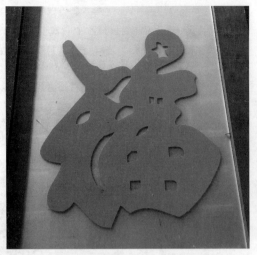

图 7　潘家宅院"福"字剪纸

图 8　烟馆"福"字

图 9　烟馆"寿"字太平缸

图 10　铜钱排水沟

结语

　　洪江古商城的建筑装饰艺术是多种文化融合的结晶，它在艺术题材，艺术内容与艺术表现等各个方面反应的是以商道为载体的特色文化，反映了洪江商人自强不息、以义取利、诚信为本的优良品质和儒商精神。窨子屋的发展与传承也反映了当地人杰出的生活智慧和浪漫的生活情怀。了解洪江古商城的建筑装饰艺术和洪江商业的发展史，对于研究中国明清至近代商业的起源和发展将起到十分重要的推动作用。

参考文献

[1] 中共洪江区工委宣传部 . 洪江古商城 . 北京：中国文史出版社，2007.
[2] 李益辉 . 洪江古商城窨子屋建筑特征的研究 . 郑州轻工业学院，2014.
[3] 唐孝祥 . 美学基础 . 广州：华南理工大学出版社，2006.
[4] 金碧成 . 洪江古商城建筑装饰艺术探析 . 重庆师范大学论文，2012.

阁楼空间在台湾民宿设计中的应用

■ 姚海静

■ 华中科技大学建筑与城市规划学院设计学系

摘要 对于大多数人来说，阁楼空间似乎天生带有神秘的色彩，无论是影视作品中时常作为别有洞天、进行私密活动的秘密基地，或是作为居家环境中极具个人领域性的特殊空间，都让人感到新奇与向往。但由于它存在的客观条件使其在日常生活中的出现率较低，因此人们常常对于阁楼有着莫名的喜爱。台湾地区由于土地私有制度以及地广人稀的自然环境让阁楼文化在台湾的民宿设计中广为流行，因此本文将通过对阁楼空间在台湾民宿设计中的应用方式及使用功能等方面进行分析，探讨如何打造温馨宜人又具有实用功能性的民宿阁楼。

关键词 阁楼空间 民宿设计 氛围营造

1 阁楼式民宿的概念及其研究新意

1.1 什么是阁楼式民宿

阁楼是指房屋建筑修建完成后因空间使用的需求，在自然层中利用宽敞的上部空间加建夹板所围合出小于下层面积的空间。阁楼的尺度没有硬性要求，因此阁楼面积可大可小，形态多种多样，能够为室内空间增添许多变化与魅力。但因其构成条件有所约束，因此阁楼只在层高较高的顶层居住楼或者独栋别墅中比较常见。

民宿从字面意义上可以理解为由民宅闲置房间所构成的旅宿空间，即一般居民将自家空闲的房间进行归整与清洁，给前来观光游览的游客作为临时住宿的地方。这种旅宿方式比较类似于英美的 HOMESTAY（背包客家庭）或 BNB（Bed and Breakfirst，即提供床与早餐的住宿服务），而"民宿"的发音则来源于日式民宿（Minshuku）的发音。随着民宿范围的扩大，除了居民自家空间外、农庄、牧场等都属于民宿范畴之内，也因此延伸出农庄民宿、农家乐等度假方式。

阁楼式民宿即从民宿室内结构上带有阁楼空间的民宿，在室内风格与顾客体验上能够带来不同于普通单层房间的魅力与乐趣，是一种受到广大旅客喜爱的特色民宿。

1.2 阁楼式民宿的研究新意

工业风的 LOFT 空间出现以来，阁楼空间一直是室内设计师们研究的热门话题；随着两岸关系的日渐融洽与旅游业的发展，台湾民宿也逐渐出现在人们的视野中，对于民宿空间形态、室内装饰等各方面的研究也层出不穷，而将这两者结合研究者相对较少。中国大陆拥有丰富的旅游资源与产业，但民宿发展却仍比较缓慢，除了人们对于生活的态度有所不同之外，没有好的民宿设计也是导致这一现象出现的主要因素。通过结合自身体验与相关文献资料的查阅，作者发现阁楼式民宿比常见的民宿在相似的环境中更加吸引旅客前往体验，因此希望通过探析这类民宿如何利用特色阁楼空间打造不同情调的室内设计，从中归纳总结巧妙精致的设计原则与方式，将其与大陆地区的环境文化融合应用，为大陆民宿的设计发展提供良好的参考作用与借鉴价值。

2 阁楼空间的形态与特点

对于一般的中国居民来说，阁楼是遥远却又新奇的存在，它的形态构成与围合方式的特点能够给予人们独立性与私密性的空间感受，让人在阁楼中产生安全感与归属感。但往往由于它的规格与形式，只有顶楼住户或者独栋别墅才可能拥有阁楼，但是阁楼的空间形态变化万千，可根据使用功能的不同，营造不同的室内风情与氛围。

2.1 阁楼空间的形态

中国自古就有亭、台、楼、阁的建筑形态，多是连接人与天地自然之间的一个载体，形态上大抵分为室内空间与外部环形廊道，是文人墨客最爱登高远望、感受自然万物、抒发心境的去处。这种楼阁与我们现在所说的居住式阁楼在形态与功能上有较大的区别，但是这两者所营造的雅致清净的空间氛围却比较相似。住宅建筑中阁楼空间的形态多种多样，按照开放程度来分，可分为私密性较强的封闭式阁楼与能够满足上下互动的半封闭式阁楼；按照高度来分则可分为高度满足大部分普通人群直立行动与高度不满足普通人群直立行动两种。也正是因为阁楼的不固定性与较强的可塑性，让它的空间功能范畴非常广泛。

缺乏互动性与不适合人们直立活动的"暗黑阁楼"是较早出现的一种，这种阁楼大多只能用于杂物储藏，在一定程度上缓解居住空间使用面积缺乏的问题。随着阁楼高度与空间的增大，它的使用功能也更加丰富，可以利用室外平台或者大面积采光窗户，将阁楼打造成起居室、卧室、娱乐室、书房等空间。

2.2 阁楼空间的特点

最早的阁楼来源于 20 世纪 40 年代的纽约，为了能有便宜又舒适的工作环境，大部分设计师与艺术先锋放弃城区中需支付高额租金的住房，转而租用价格低廉的废弃工厂，并对其进行分隔与改造，将居住空间与工作空间合二为一；后又丰富其内在的空间功能，包括娱乐、社交等，这种最早的阁楼被称为"LOFT"空间。可以说阁楼空间的出现，无疑体现出人们对于活动空间使用面积的最大化利用需求。无论是作为储藏空间或者作为活动空间，阁楼式建筑的主体层高首先至少在一定范围内相对一般室内空间更高，或逐渐变高，从而才可以对上部空间进行充分利用，因此以坡屋顶为顶部结构的建筑物由于坡度原因形成高度渐高，空间渐宽敞的上部空间，是阁楼空间构建的最佳选择。其次，由于阁楼仅由夹板将室内空间在纵向高度上一分为二，因此没有过多的区域划分，形成完整通透的空间，可再根据阁楼的使用功能或个人喜好，利用家具陈设与软装饰进行装点分隔，灵活的变化空间布局。再次，大多数建筑为了更好地改善室内的采光与通风性，会在屋顶设置天窗或室外露台，因此位于建筑上部的阁楼空间光照度与视觉景色比下部空间更好，由于阁楼空间的阻隔，被引入的光线在室内形成变幻无穷的光影形态，让人能够真切地感受到自然界的变化与活力。虽然阁楼空间的特色让人着迷，但其顶部结构繁多复杂、柱体凸显裸露、空间高度参差不一等状况，都是阁楼空间急需解决的难题，只有将这些看似不易使用与难以规划的空间进行合理利用与巧妙设计，才能将鸡肋变为具有代表性的阁楼形象，形成阁楼空间独有的特点。

3 阁楼在台湾民宿空间布局中的应用

台湾民宿以其休闲惬意的居住环境最具代表性，除了在占地面积上远远超过城市中狭小拥挤的旅店房间外，在空间高度上也不可相提并论。台湾地区一直以来奉行土地私有制，许多民宿的主人都在自家代代相传的土地上进行设计与建设。与城市旅店的纯商业性不同，民宿建筑中还包含了主人的住家，因此亲切舒适的居住环境是民宿的普遍特征之一，也因为对单层建筑的占地面积及空间高度没有严格限制，阁楼空间在台湾民宿中出现的频率相对较高。

3.1 增加民宿空间使用面积

由于阁楼是利用自然层的上部空间，通过加建夹层形成的新活动层，因此阁楼产生的最直接的改变即增加空间的使用面积。民宿空间与一般的城市旅店不同，除了满足基础的过夜需求外，一间好的民宿能让旅客尽可能长时间的留住，感受民宿的魅力、体验相关的文化活动，甚至能成为旅客出行的主要目的。因此民宿空间对于旅客入住的舒适度、性价比与合理性有着更高的要求。

一般而言，民宿空间并不会太过狭小，但是考虑到经济利益最大化，阁楼的采用相比复式楼与跃层都更受青睐，不仅造价上更加便宜，空间功能上也刚好满足旅客居住需求而不会造成空间浪费。阁楼的使用功能一般根据民宿风格及其周边环境而定。对于室内需要设计特色空间或周边没有特色风情的民宿而言，阁楼常作单纯的卧室功能使用。如宜兰的普吉风情温泉楼中楼民宿，将宜兰的温泉文化带入民宿当中，为旅客提供了私人温泉的特色空间，因此在自然层中，除了公共互动的起居室外，还有一个带有温泉池的卫生间，因此其阁楼作为卧室空间，形成独具温泉风情的阁楼民宿（图1、图2）。另外，将睡眠空间与互动空间进行分离，无形之中增加了室内的储物空间，包括阁楼楼梯下方的不规则空间、斜屋顶造成的锐角空间等，无论是直接存放行李箱或设置储物柜等，都能充分利用阁楼所带来的附属空间，让行李的放置不会显得拥挤或阻碍影响人们在室内的正常活动，甚至有些角落空间是具有功能性的使用空间，如做成电视墙或读书角落等（图3）。

3.2 巧妙设计打造民宿迷人领地

台湾人对于放松与休闲的定义有独特的解读，他们不需要奢华的装饰环境、繁琐智能的配套设施或看似热闹的亲友欢聚，只需有一方天地，能够全身心脱离城市的喧闹与压抑的生活状态，充分沐浴自然界最原始的气息，感受家人最简单的陪伴。因此台湾民宿中的阁楼空间早已没有了其最初出现时的使用功能与意义，工作与生活的组合模式悄然变为生活情趣与自我释放的结合。

楼梯作为连接自然层空间与阁楼空间的重要通道，自然是设计的重点之一。根据民宿的不同主题风格，利用不同的材质与造型打造不同的阁楼氛围，一般分为直梯、旋转楼梯与折梯几大类。直梯的占地面积最小，但是垂直角度较为陡峭，具有一定的安全隐患。但是这种形式的楼梯能够将人带回同学生时代对于高低床的感觉中，产生亲近感（图4），并且能够最大程度保证上下空间的完整性，如花莲水漾民宿的云想晨曦楼中楼（图5），采用比较传统的木质直梯连接阁楼与下部空间，似乎形成一个巨大的高低床空间；太鲁阁回音谷森林民宿的莞观星阁也采用木质直梯（图6），但是造型上突破传统爬梯形式，结合现代简约风，让楼梯似乎是从周围的树林之中自然延伸形成，巧妙地将

图1 温泉民宿阁楼空间作为卧室空间使用

图2 民宿加入"温泉"特色空间

图3　民宿阁楼下方作为收纳台、卧室空间、卫生间、电视墙、娱乐等功能空间使用

图4　台南 Loft Wo 阁楼 x 设计民宿"探险家"与"小树屋"主题阁楼均采用直梯形式

图5　花莲水漾民宿的云想晨曦楼中楼采用木质直　　　图6　太鲁阁回音谷森林民宿观星阁的楼梯更具自然风情
　　　梯形式

图 7 清境牧场五里坡与花莲地中海恋人阁楼民宿分别采用折梯与旋转楼梯

图 8 采用玻璃幕墙、简洁白石膏吊顶的阁楼民宿

图 9 清境牧场五里坡民宿与台南 Loft Wo 阁楼 x 设计民宿"小树屋"主题阁楼吊顶与周围的墙壁、地板选取统一材质

民宿空间与周围环境融合，打造自然风味十足的阁楼领地。折梯与旋转楼梯对于空间面积则有更高的需求，它们也能形成更多的转折空间与不同的视觉感受（图 7）。

由于坡屋顶的外形结构导致阁楼空间出现许多不规则的角落与边线，为了获得更舒适的空间高度，有些阁楼采用裸露结构的设计手法，让人在阁楼空间活动时能够更加深入地感受到建筑本身的魅力与历史；有些使用简洁的吊顶方式，与民宿室内的整体设计风格相呼应，在视觉上达到整洁、舒适、宽敞的效果，也为阁楼预留出更多的活动空间。吊顶材质上的选择也比较有代表性，富有现代感的阁楼空间一般采用石膏板吊顶，装饰性强，不易变形，属于百搭的经济型吊顶材料；而偏向自然风情的阁楼吊顶多用木材、素水泥或玻璃幕墙等材质，通过植物元素将室内与室外进行有机的联通，虚化建筑边界，让人仿佛置身于周边的自然环境之中，能够得到充分的放松与休息（图 8）。如清境牧场五里坡民宿与台南 Loft Wo 阁楼 x 设计民宿"小树屋"主题阁楼采用的装饰材料，是与地板、墙面相呼应的木材装饰面，整体视觉效果上简洁大方，嗅觉上也带有木材独特的芳香，让人即使身处阁楼也仿佛与窗

外的山谷树林有着最亲密的接触（图 9）。

4 阁楼对民宿空间的氛围营造

旅行的意义对于台湾人来说，并不像人们印象中的景点游览、拍照购物等走马观花式的快速过程，他们更加注重与家人朋友的相处时光，放慢脚步，放慢心情。这也是民宿如家般的温馨氛围受到青睐与追捧的主要原因，因此民宿氛围的营造尤其重要。阁楼空间的出现，将人们传统认知中的横向活动方式改变成纵向的活动方式，这让群体的活动范围在占地面积相同的空间中变得更加紧凑与亲近，有助于个体与个体之间的沟通与交流。此外，打造特色风情角落与增加趣味装饰物能够丰富阁楼的整体环境，将民宿想要营造的主题风格彰显得更加浓郁，形成民宿的风情标签，更加吸引旅客的前来。

4.1 开放式阁楼视角构建特色观景环境

民宿所在的地方一般都有明显的环境特色，无论是花莲东海岸的沿海公路、太鲁阁的郁郁深林或是清境牧场的山顶草原等，都是风景优美、具有娱乐性的景点区域，即便没有景点的呼应，其周边的风景也别具地域特色，能够

给人带来感官上的享受。阁楼地势较高，能提供更加开阔的视野，因此为了能在民宿中也欣赏到周边的美景，阁楼不再是封闭性的暗房，通过打破边界的束缚与遮蔽，利用天窗、落地窗与露台构建极佳的观景点，打造观景氛围浓厚的民宿风情，这些"眼睛"是室内通往室外的延伸，是阁楼内外的边界。在这里可以独自品茶、放空自身、感悟人生；也可以与亲朋好友闲聊、与孩子嬉戏玩耍，感受亲情爱情的美好。这些"眼睛"除了构成迷人的观景点外，也解决了民宿内部的采光与通风问题。值得一提的是，与普通的居住阁楼不同，民宿对于旅客来说是个暂时的落脚点，并非长期居住的环境，因此即便大面积采用透光性的玻璃框架，在一些特殊的天气情况下会产生炎热或刺眼等不利现象，也可以通过遮光帘等方式减弱不利因素，对于整体的民宿体验不会造成太大影响。如花莲东海岸线公路旁水漾民宿的云想晨曦楼中楼采用整面玻璃幕墙，将海岸风光完全收入民宿之中，特别是在阁楼空间，能够更加完整的观看到公路与海岸线的延伸，形成风景极佳的特色"海景房"（图10）；同样是东海岸线上的地中海恋人民宿，则在阁楼坡顶处设计了小型露台，露台开门处正对东方海岸线，让旅客躺在床上也能够看到东海日出（图11），这样的观景氛围吸引许多的游客前来；太鲁阁回音

谷森林民宿的观星阁与楼中楼采用同样的营造方式，阁楼空间包含休闲区域与睡眠区域，外部还有一个环绕的露台。为了更好地营造不同的空间使用功能，减少不利现象的产生，观星阁将阁楼的吊顶分成两部分设计，睡眠区域采用不透光的石膏板材质，保证不会有过亮的光线影响睡眠，而娱乐区域则采用透光玻璃墙与玻璃顶，将更多自然环境能被引入室内，露台则更加直接的与自然界相连，打造以亲近森林为主题氛围的民宿空间，通过阁楼构建特色观景点（图12）。

4.2 软装饰物营造温馨互动民宿空间

阁楼的面积随着其重要性慢慢增加，使用功能也被赋予新的意义。旅客往往会被阁楼上的装饰物与陈设带入到设计者所设定的使用空间中。回音谷观星阁的阁楼之所以被认为是一个娱乐休闲的空间，是因为这里摆放着具有惬意休闲属性的藤编秋千椅与沙发软垫，让人下意识会坐在这里，目光所及是窗外的美景与楼下的家人，让人潜意识里认为这里是一个放松惬意的阁楼角落（图13）。由于将阁楼原本的围合边界由厚重、封闭的墙体改造成开放式的安全栅栏，能够最大限度地促进阁楼上下的交流与互动，使得整个民宿空间弥漫在一片其乐融融的氛围当中。除此之外，阶梯式书架与坐垫的使用还能在阁楼中营造成适合

图10　花莲水漾民宿阁楼采用大面积　　　　　　　　图11　花莲地中海恋人民宿阁楼能在室内观看日出
　　　玻璃幕墙引入优美的周边风景

图12　太鲁阁回音谷森林阁楼民宿的玻璃木窗与户外露台将自然景色融入室内设计中

阅读的迷人角落（图14），或配置小型的影音设备，打造阁楼上的私人电影院。

阁楼空间的光源多以自然光为主，但是为满足局部光线与夜晚照明的需求，阁楼上一般采用吸顶灯、落地灯或小台灯等，选择不同的外形与色彩，从外在形态、灯光本身的色彩及发光效果等方面丰富整个阁楼的风情，又满足旅客在阁楼上的光源使用。除了趣味性的装饰物之外，阁楼空间的氛围还能通过利用一些质感、色彩与整体风格氛围相呼应的小物件，如羊毛毯、软坐垫、儿童帐篷等营造，让人们在阁楼上的行为活动能更加放松与随性，席地而坐、和衣而卧，感受民宿无拘无束、怡然自得的轻松氛围。

结语

阁楼空间是民宿中的点睛之笔，它的出现让民宿变得更加生动、富有活力，也更具吸引力，让旅客能在民宿空间中找到一方天地，感受不一样生活。虽然阁楼空间的位置与结构上具有一定的特殊性，让它受到许多的约束与限制，但是通过针对性的设计手法，能够将这些看似缺陷的边角融会贯通，形成一个完整的阁楼空间。因此，想要打造温馨宜人又具有实用功能性的民宿阁楼，以下几点总结可供参考：首先，需要最大化利用不规则的角落，并通过不同的装饰物与陈设赋予阁楼新的使用功能，丰富民宿活动空间，让住宿不再只是单纯的睡眠提供，而成为旅程中让人难忘与期待的一个环节；其次，为了让人们能在民宿中真正的放松，感受生活环境中的美好，可以利用玻璃窗与露台，让阁楼与外部空间连接，将自然引入民宿，形成独具自然风情民宿文化与氛围，给予旅客能超近距离感受自然界的新奇体验；最后，深入了解民宿地址的周边地域特色，遵循因地制宜的设计原则，让民宿不再是单一的个体，而是与周边的人文地理形成相关联的组合，采用相对应的设计风格与特色元素，打造明确主题氛围的阁楼空间，让人们在休息的过程中也能旅行。将这些设计原则与手法创意与大陆各地不同的地域特色进行对应性的搭配，形成独具地方魅力的民宿风情，能够更加吸引旅客的到访与文化的传递，为大陆民宿文化提供良好的发展方向。

图13　藤椅、软垫与沙发潜意识中引导旅客坐下休息，感受一方阁楼之地的美好

图14　利用一些简单舒适的装饰物能够给营造阁楼民宿温馨的室内环境与风格

参考文献

［1］王炳江. 初探阁楼空间及软装的有效设计［J］. 湖北经济学院学报（人文社会科学版），2013，12：27-28.

［2］温赞立. 浅谈阁楼建筑［J］. 黑龙江科技信息，2009，31：333.

［3］李思丽. 多姿多彩的台湾民宿［J］. 福建建筑，2014，1：56-59.

［4］李刘蓓. LOFT的居住形态与空间转换［D］. 郑州大学，2010.

［5］张雅文. 阁楼式住宅的储藏空间设计研究［D］. 东北林业大学，2012.

基于建筑外维护改造设计的高校室内热适度节能研究*

■ 季　翔[1]　李晓伟[2]

■ 1　中国矿业大学力学与建筑工程学院　2　中国矿业大学艺术与设计学院景观设计研究所

摘要　当前，对于公共建筑的节能改造是室内设计行业关注的热点，对于现有的高校建筑而言，大量的校园建筑建于20世纪八九十年代，建筑老化，室内设计结构单一，室内环境对于不同季节和环境的适应度较差。建筑的外围缺乏有效的结构维护和保温材料的设计，因此基于这些问题，在大量的数据分析和调研总结后，笔者对于特定案例进行了包括建筑外围设计、室内温度情况、人体舒适度及室内环境结构设计等多个问题进行分析，总结适宜于高校公共建筑节能的设计措施。为了对设计技术进行论证，选取了目标对象进行研究分析，运用节能软件对维护结构进行模拟改造判定，在此基础上进行设计的完善，最终能够达到节能设计的标准。

关键词　建筑室内节能　外维护结构　室内设计

1　课题背景

1.1　课题研究背景及意义

我国是能源生产和消费大国，拥有丰富的化石能源资源。但是，我国人均能源拥有量较低。此外，国内能源使用技术落后、能源利用率低、能耗速度快，生活在能源危机压力下的我们不得不追求一种低碳、节能、可持续的发展模式（图1）。

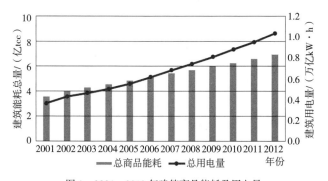

图1　2001—2012年建筑商品能耗及用电量

（图片来源:《中国建筑节能年度发展报告》）

城镇化进程的加速带来了室内热能耗的高速增长，我国高校建筑在使用过程中，采暖、空调、通风、照明等方面的能耗比重增大，与发达国家相比，我国的高校室内热能耗存在以下几个问题：一是校园建筑夏热冬冷问题较为突出；二是校园建设过程中，建筑冬季采暖面积和夏季制冷面积进一步增加，扩大了能耗的消耗比例；三是校园节能标准偏低，校园建筑单体能耗较高，浪费现象严重。

在国外，教学建筑无论在规划思想上还是建筑单体设计上都有很多成功的案例和经验。日本提出"智能型校园"概念，指出高校教学建筑最宜采用集中式布局，整体上联络通畅，使得交流达到最佳效果。然而，国外高校教学建

筑在项目投资、建设技术、教育方式等方面与我国存在一定差异，气候特征也明显不同，因此，国内高校教学建筑的节能改造还需结合本国的建筑现状和地区的气候特点，不能盲目照搬国外的相关技术。故而在此基础之上，提出一套切实可行的设计方案，以提高室内热适度以及环境品质的需求显得更为重要。

1.2　现状调研及分析

为了有效地区分不同区域的气候特征，以达到合理利用不同区域的有效资源，笔者根据1月平均气温和7月平均气温以及相对湿度的不同，将我国划分为5个热工区域，项目目标所在区域为寒冷地区，主要气候特征是冬季寒冷干燥、夏季炎热潮湿。项目所在地区冬季日平均气温在 $-5 \sim 5℃$，生活空间需要满足日照和防寒需要，所以此区域的建筑对围护结构的保温性能要求相对较高；夏季，日平均气温在 $22 \sim 32℃$，最高温度趋近40℃，因此，该地区的建筑又要充分考虑通风、遮阳和隔热的要求。

在对于目标建筑的选择上，首先进行了对于该地区不同高校建筑建筑层数，空间组合形式以及结构形式的差异化调研，笔者发现高校教学建筑的体形系数介于0.2至0.4之间，而几乎所有的低层建筑体形系数都在0.4以上。低层教学建筑最主要特征是屋面在建筑外表面中所占比例较大，通过屋面散热的面积相对较大。从建筑面积的统计结果来看，高校既有教学建筑的面积以 $3000 \sim 10000m^2$ 居多，占据总样本的三分之二。

从空间组合的模式上看，该地区高校教学建筑的空间组合以3种模式为主，即内廊式、外廊式和综合式，分布情况如图2、图3所示。内廊式空间组合模式的优点是公共空间相对集中，并且所占面积比重较大。室内交通流线相对简单，冬季散热和夏季受热面积较小。然而缺点是近一半的室内空间全年得不到日光照射，寒冷的冬季南侧空间阳光充足、北侧室内寒冷，热适度较差。外廊式空间组

---

* 本文为2012—2014年国家大学生创新创业基金项目（项目编号:201210290110）的研究成果；本文研究的工程实例（徐州工业职业技术学院教一楼）是江苏省财政厅和住建厅建筑节能减排专项资金引导项目（项目编号：苏财建（2013）260号1–14项的一部分）。

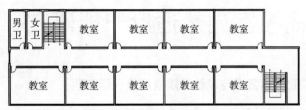

图2 内廊式空间组合

图3 外廊式空间组合

合模式的特点是沿着走廊的一侧排列教学用房，形成外廊单元。这种组合模式的采光质量、通风质量相对较好，走廊的视野也比较开阔，室内空间与外界自然环境的联系交流更为密切，室内空间之间的相互干扰也相对较少。缺点是建筑只沿走廊一侧布置空间，导致室内交通空间容易造成拥堵。对于开放式的外廊，室外墙体易出现热桥现象，不利于室内空间的保温隔热。而综合式空间组合模式，即将内廊式和外廊式综合于同一栋教学建筑中的空间组合模式，综合式空间组合模式融汇了内廊式建筑教室相对集中与外廊式建筑室外景观渗透性好、通风和采光质量好等优点，但同时也存在着体形系数偏大、容易产生热桥等缺点。

2 影响室内环境热舒适状况的建筑外围节能改造技术研究

2.1 公共建筑特殊性分析

高校建筑属于公共建筑的范畴，但相对于其他类型的公共建筑来说，其节能改造具有一定的特殊性，主要体现在使用人数众多、室内光环境质量要求较高、使用时间具有间歇性等方面。

高校教学建筑使用人数众多、人员密度较大。在寒冷的冬季，为了减少热量的散失，外窗一般处于紧闭的状态，导致室内外空气流通不畅。室内人员的呼吸活动产生大量水蒸气，致使教室内部湿度过高。早期室内建筑外墙的砌筑材料多为普通黏土砖，热工性能较差，在高湿环境中容易出现结露和发霉损坏的现象。在夏季，散热性较差，阳光曝晒使得外墙持续升温，并以辐射的形式向室内传递热量，加重了这一情况。因此，在对外围护结构进行节能改造时，需要注意预防冬季外墙内表面结露和夏季外墙热辐射过大的问题。

目标项目室内空间开间和进深都相对较大，外墙的开窗面积一般都会比其他类型的公共建筑要大，然而，过分追求采光质量的结果，导致室内空间对冬季保温非常不利。

高校建筑在使用时间方面具有间歇性特点：在一年当中，室内空间的使用时间主要集中在二月下旬至七月上旬和九月上旬至一月中旬，使用时间避开了最热和最冷的时间段，这一点使得外围护结构的保温隔热措施会有较长时间的闲置；从每天的情况上看，时间一般介于 8：00—22：00 之间，因此，在对外围护结构进行节能改造时，需要解决夏季夜晚顶层过热的问题。

2.2 外窗

建筑外窗主要由玻璃和窗框两个部分组成，而窗口处

的遮阳措施对于外窗的保温隔热也会造成一定的影响。笔者对项目地区建筑的外窗状况进行了调研，主要统计了玻璃的层数、玻璃的种类以及外窗遮阳形式。

该地区绝大多数高校教学建筑（94%）外窗的玻璃采用的是单层玻璃，少量建筑采用了双层玻璃。玻璃种类采用普通无色玻璃，而南侧外窗则多采用有色玻璃。少量外窗存在着玻璃碎裂的问题，冬季存在一定程度的冷风渗透状况，会对室内热适度产生不良影响（图4）。

该地区遮阳形式以外窗内侧安装窗帘为主，但也有部分教室并未采取此种遮阳措施，仅以窗框内部嵌入有色玻璃作为外窗遮阳的主要手段；建筑外窗的玻璃普遍存在传热系数较大、遮阳性能不佳等问题，也有少量碎裂掉落的情况发生；窗框也存在着导热性强、气密性不佳等问题；在外窗遮阳方面，绝大多数校园建筑选择以窗帘遮阳的形式遮挡夏日强烈的阳光，也有部分采用有色玻璃，但遮阳效果不够理想（图5）。

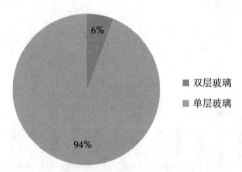

图4 玻璃层数情况统计

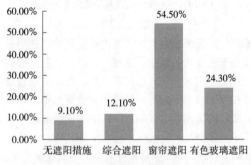

图5 窗框材料统计

2.3 外墙

通过调查研究发现，部分高校教学建筑的外墙存在着一定程度的破损状况，在与室外大气和风霜雨雪的长期接触中，其外饰面粉刷层和面砖材料已产生了空鼓、裂缝和脱落等状况。项目所在地区高校建筑绝大部分是20世纪80年代所建，建筑外墙构造做法从内至外依次是"混合砂

136

浆 + 砌筑材料 + 水泥砂浆 + 涂料（面砖）"的形式。而目前多种新型墙体材料如空心砖和混凝土砌块等开始大量运用于实际工程，在一定程度上提高了外墙的保温隔热性能；根据笔者的调查研究，在本地区高校教学建筑常用的砌筑材料中，除自保温砌块以外，其他砌块材料的传热系数相对偏大，保温隔热效果并不理想（图6、图7）。

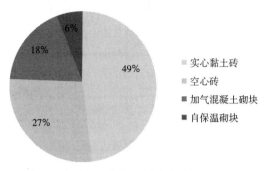

图6　外墙砌筑材料统计

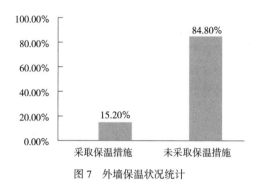

图7　外墙保温状况统计

3　室内节能能耗模拟

3.1　目标概况

为了对外围护结构节能改造技术进行验证，本章以徐州工业职业技术学院教一楼为例，运用节能软件进行能耗模拟，判定需要改造的部位，在适宜的改造技术基础上分析得出最优方案。

徐州工业职业技术学院教一楼的建筑层数为5层，建筑高度18.40m，结构形式为框架结构，总建筑面积5281m²，建筑体形系数0.27，建筑窗墙比东向为0.04，西向为0.05，南向为0.37，北向为0.29。从空间组合模式上看，一楼属于综合式空间组合模式，在建筑平面的中央和两端，空间组合属于内廊式；而介于中央和两端之间的部分，空间组合模式又变成外廊式（图8）。

建筑北侧左右两端的楼梯间和中央部分半围合出两个凹形空间，导致建筑的体形系数和散热面积相对偏大，对于保温隔热来说具有一定弊端（图9、图10）。

3.2　能耗模拟与判定

对研究案例的围护结构进行能耗模拟分析，笔者采用斯维尔节能设计软件BECS，采用的版本为20141212（SP3）。建筑CAD图纸资料如图11所示。

在对原有建筑进行能耗模拟计算时，需要建立一栋参照建筑，作为原有建筑的参照依据。所谓参照建筑，就是指在软件中建立一栋与原有建筑各项指标（如体形系数、窗墙比、建筑高度、建筑面积、建筑体积等）完全一致的虚拟建筑，但其围护结构的热工性能恰好满足现行规范和标准的要求。将原有建筑的全年单位面积能耗模拟数值与参照建筑进行对比，可计算出原有建筑的节能率，判断其是否满足节能设计标准。

能耗模拟计算结果见表1，原有建筑的全年单位面积能耗为119.37kW·h/m²，节能率33.83%；参照建筑的全年单位面积能耗为90.21kW·h/m²。原有建筑的全年单位面积能耗大于参照建筑，节能率小于50%，不满足节能设计标准。

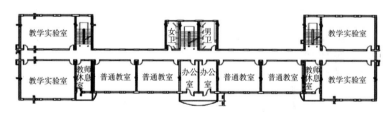

图8　徐州工业职业技术学院教一楼标准层平面图

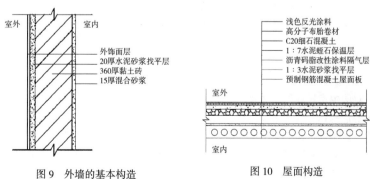

图9　外墙的基本构造　　　　　图10　屋面构造

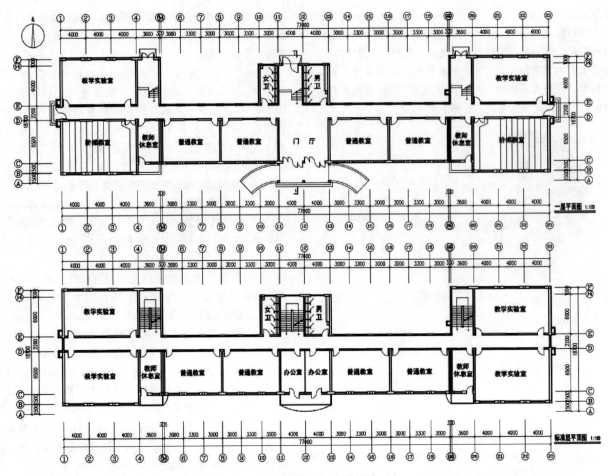

图 11 项目教学楼一层及标准层平面图

表 1　能耗模拟计算结果

	原有建筑	参照建筑
耗冷耗热量 /（kW·h/m²）	119.37	90.21
耗冷量 /（kW·h/m²）	43.24	37.91
耗热量 /（kW·h/m²）	76.13	52.30
节能率	33.83%	
标准依据	江苏省《公共建筑节能设计标准》（DGJ 32/J96—2010）第 3.7.1	
标准要求	原有建筑的能耗不大于参照建筑的能耗	
结论	不满足	

3.3　设计方案

3.3.1　方案设定

外窗节能改造设计的基本思路包括提高窗户的保温隔热性能，增强外窗的遮阳效果。根据外窗节能改造技术措施的研究结果，采用的节能型外窗一般应当或多或少具备以下特征：①具有空气间层；②嵌入节能玻璃；③窗用材料热阻较大；④气密性较高；⑤具有一定的遮阳能力。

在该地区，一般使用双层中空玻璃即可满足规范对传热系数的要求，玻璃材质的选择以低辐射玻璃为佳，窗框可选择断热铝合金或塑钢等，因此，对外窗的节能改造设计，可以选择断热铝合金低辐射中空玻璃窗或塑钢普通中空玻璃窗。笔者设计的改造方案，见表 2。

表 2　外窗改造方案

方案编号	节能改造方案
方案 A	断热铝合金低辐射中空玻璃窗（6+12A+6 遮阳型）
方案 B	塑钢普通中空玻璃窗（5+9A+5）

外墙部分根据前期的分析，外墙的节能改造最宜采用高阻燃 EPS 板外墙外保温系统，笔者设计的改造方案见表 3。

表 3　外墙改造方案

方案编号	节能改造方案
方案 1	水泥砂浆（30.0mm）+ 高阻燃 EPS 板（40.0mm）+ 实心黏土砖（360.0mm）+ 水泥砂浆（20.0mm）
方案 2	水泥砂浆（30.0mm）+ 高阻燃 EPS 板（60.0mm）+ 实心黏土砖（360.0mm）+ 水泥砂浆（20.0mm）
方案 3	水泥砂浆（30.0mm）+ 高阻燃 EPS 板（80.0mm）+ 实心黏土砖（360.0mm）+ 水泥砂浆（20.0mm）

3.3.2　方案验证

笔者对于提出的不同改造方案进行了组合，分类编号得到了 6 组改造方案，以验证节能改造方案的可行性。使用斯维尔节能设计软件对这 6 套组合方案进行能耗模拟，能耗计算结果见表 4。

表 4　能耗计算结果

方案编号	单位面积全年耗冷量 /（kW·h/m²）	单位面积全年耗热量 /（kW·h/m²）	单位面积全年耗能总量 /（kW·h/m²）	节能率	是否满足节能率 50% 要求
方案 1+A	35.99	55.68	91.67	49.19%	否
方案 1+B	35.28	57.06	92.34	48.82%	否
方案 2+A	36.12	53.80	89.92	50.16%	是
方案 2+B	35.16	55.54	90.70	49.73%	否
方案 3+A	36.20	52.17	88.37	51.02%	是
方案 3+B	34.87	53.60	88.47	50.96%	是

根据计算结果，可以得出的结论如下。

（1）当建筑外墙采用 40mm 高阻燃 EPS 保温板时，无论外窗采取何种保温措施，建筑都不能满足节能率 50% 的要求，应适当增大外墙保温层的厚度。

（2）当屋面保温材料高阻燃 XPS 保温板厚度由 60mm 增大至 100mm 时，外窗采用断热铝合金低辐射中空玻璃窗的方案，单位面积全年耗冷量随着保温层的厚度增大而增加；而采用塑钢普通中空玻璃窗的方案，单位面积全年耗冷量随着保温层的厚度增大而减少；两个方案的单位面积全年耗热量和耗能总量都随保温层厚度的增加而降低。

（3）从节约保温材料和节省建设成本的角度考虑，若采用断热铝合金低辐射中空玻璃窗，方案 2+A 是最为合理的改造方案；若采用塑钢普通中空玻璃窗，选择方案 3+B 更加合适。

结语

该项目笔者主要针对高校建筑外围护结构的节能改造设计进行研究，以满足室内环境最佳热适度，使改造以后的建筑经过能耗计算可以满足节能率 50% 的要求。高校既有教学建筑总量较大，许多建筑存在外围护结构表皮陈旧老化、保温隔热性能差、能耗较大等弊病，因此，希望笔者的研究，能够对高校建筑外围结构改造以及提升室内环境品质具有一定的参考意义。

参考文献

［1］李东旭 . 建筑节能的相关理论研究 [J]. 中国建筑金属结构 ,2013（16）: 91.

［2］李美霞 . 室内计算参数对民用建筑采暖和空调能耗的影响 [D]. 天津：天津大学 ,2010.

［3］清华大学建筑节能研究中心 .2014 年中国建筑节能年度发展报告 [M]. 北京：中国建筑工业出版社 ,2014.

［4］Laverick Malcolm.Measurement of Thermal Performance of Building Envelope —A Comparison of some International Legislation[C].2nd International Conference on Waste Engineering and Management,2010（10）:108–121.

［5］季翔 . 江苏寒冷地区既有公共建筑围护结构调研及改造实践研究 [J]. 建筑科学 ,2014（06）: 92-95, 113.

［6］孙宇 . 北方高校教学楼适应性改造研究 [D]. 上海：同济大学 ,2008.

［7］安少波 . 徐州市既有中小学校教学楼围护结构节能改造设计研究 [J]. 北京：中国矿业大学 ,2013.

当代灯光设计新探索

■ 刘 雯 矫苏平
■ 中国矿业大学艺术与设计学院

摘要 灯光设计在设计中占有举足轻重的地位，随着时代的发展，灯光设计也在逐步发展，在当代经济文化背景下，灯光设计呈现出多样化及个性化的发展趋势。通过对发光车道、互动乐趣灯、奥林匹克公园瞭望塔、星光原野、音乐喷泉等案例的分析，本文诠释了当代灯光设计呈现出交互化、生命化、模糊化、趣味化、多维空间等新观念。

关键词 灯光设计 新探索 空间设计

传统的灯光设计，灯光的主要用途是照明装饰。相对简单，大多为投光照明、轮廓照明，功能比较单一，大多是满足人们的照明及装饰需求，灯光常常处于静态过程。

随着经济文化的发展以及科学技术的进步，灯光设计也发生了日新月异的变化，灯光设计不仅能为人们提供照明装饰的作用，也在设计中更加趋向复杂多样化，被赋予了新方式。灯光渐渐过渡到根据载体特征和设计表现的需要，选择使用适宜的多种照明手法组合运用的形态。灯光设计的表现力是无穷的，已超越了纯粹照亮的使用目的，灯光是满足功能和情感双重需要综合的设计手法，灯光设计的意义也更加丰富，全文将对比展开研究。

1 交互化

灯光被作为具有生命反应特征的有机体，空间中的人作用于灯光，灯光也对于空间中人的行为作出反应，灯光与人相互交流与互动。

荷兰尼厄嫩有一条在黑暗中闪闪发亮的自行车道（图1）。荷兰小城纽南是梵高的故乡，Roosegaarde 工作室以梵高的名画《星夜》为灵感，在城市的道路上推出了世界上第一条贯穿了荷兰北布拉班特省的夜光自行车道，以此向大师致敬。这条车道全长一公里，全程只采用了 LED 灯与鹅卵石两种元素，并采用太阳能对 LED 灯供电。设计师的初衷是将科技与人的情感体验通过一种独特的方式融合在一起。他说："对于我而言，这就是诗意技术的真正意义。"在黑暗的夜晚，当人们骑着自行车在道路上前进时，道路上的灯光指引着人们的前进方向，而人也构成了道路中的那一颗"星"，人与灯光在道路上彼此交流互动。

例如互动乐趣灯（图2），人们通常会用手轻轻拍打狗狗的头部来表达对它的喜爱，而这款灯具就充分借鉴了这一点。在开灯的时候，只要轻轻拍打灯罩顶部，灯泡就会亮起，这是因为灯罩顶部内置感应器，而且还配有三挡可调亮度，想要进行亮度的调节同样可以通过拍打来实现。这种拍打的动作就像人们爱抚小狗的头部一样，根据人拍打的频率和力度狗狗给出不同的反应，正是通过这款灯具独特的感应技术，人们实现了人与灯光的交流与互动，此款狗狗乐趣灯就是人与灯光交互化典型的例子。

图1 夜光自行车道

图2 互动乐趣灯

2 生命化

灯光具有"呼吸""循环""生长"和"生成"等生命特征。灯光的生命周期包括从原材料转变为可利用产品的生产过程开始,到它们经过运输,在一座建筑物中完成其使用寿命,最终被拆除和替换的时刻为止。灯光的某一周期结束后,将会进入下一个循环。

由五个独立塔组成的奥林匹克公园瞭望塔(图3),它的基本造型是由高低错落依次排列的五环图案构成。它就像是一个在夜幕中发光的生命体,灯光在五个建筑空间中来回游走时相应地形成了光与影的变化,此时的灯光就像是一个生命体。灯光在照射到建筑上时,将会相应地产生不同的照明方式,形成不间断的连续性的种种状态变化进程,人们在观望它时,将会体验到一种建筑的生命模式,感受到时间的流逝。灯光的照明效果按照季候的不同,其颜色也相应地产生了不同变化。例如春天的光色主要为暖绿色;夏天的主色调为奔放的蓝色和绿色;秋天的主色调为金色;而冬天则是以白色光为主。当然它不仅仅是在季节上会有差异,从星期一到星期五依然会有其不同的变化形式,这些变化都是在夜幕中通过灯光的变化来实现的。由灯光来实现的时间变化的景象,不禁让人体验到建筑本身生命周期也在不断发展变化着。在建筑上由于灯光的色彩及光影的变化,使得建筑也产生了一种动态的变化,并且使建筑产生一种由不计其数地不断游走于建筑之上的生命体所构成,让人感到建筑这个自然体的生命。

图3 奥林匹克公园瞭望塔

有一种D形塔能根据当地人们的心情改变颜色。人们的心情通过每日调查揭露。绿色、红色、蓝色和黄色分别代表了憎恨、喜欢、快乐和恐惧这四种情绪。这四种颜色充当了照明灯的角色。灯塔直接与一个网站链接在一起。这个网站上记录了人们的心情,哪种心情在哪一刻最多,灯塔就会相应呈现出哪种颜色,每天晚上灯塔的颜色是那天占最大比重的心情对应的颜色。这种将人的心情通过灯光色彩来表现的灯具,像是具有了人的情绪,能够根据人的心情变化而变化相应的色彩,具有生命体的特征,体现出灯光设计生命化的发展趋势。

3 模糊化

在传统的灯光设计中,灯光的功能比较明确,然而随着时代的发展以及科学技术的进步,在当代设计中,灯光呈现出一种跨界的趋势,灯光可能是艺术品,可能是一个座椅,甚至可能是一面墙,灯光设计愈加呈现出一种模糊化的趋势。

相信人们都有这样的体验:夜晚在公园中散步时,远远地看到前面有一盏灯,但是当你走近时却发现刚刚看到的那盏灯实际上也是一张座椅。这就使得灯光和座椅之间相互转换,给人一种模糊的情感体验。

在巴斯的Holburne博物馆展出了"Field of Light星光原野"装置作品(图4)。英国艺术家Bruce Munro在博物馆四周的场地中布置了5000个色彩斑斓的亚克力灯具,每个灯具设有一个磨砂的球形灯罩。灯光亮起后,在闪耀整座博物馆的同时也照亮了黑暗的夜空。这个作品的缘由是艺术家Munro20年前在澳大利亚一处贫瘠的沙漠旅行时,亲眼目睹了一场雨后一朵朵花开放的瞬间,这一瞬间就深深地烙印在他的心中。为了重现这一美丽的场景,让世人领略它的魅力,他创作了"Field of Light"这件作品。白天的时候,这些灯像沉睡的美人,安静唯美;夜幕的降临就像唤醒了它们,顷刻间它们就化身为生机勃勃、熠熠生辉的花海。人们行走在路上,远远看上去像是一片花的海洋,然而走近才发现是一盏盏五彩缤纷的灯光。这件装置作品使得人们把花海和灯光的概念模糊,这也正体现出当代灯光设计模糊化的发展趋势。

图4 Field of Light 星光原野

在韩国首尔绿色工程中,在自然景观中引入了一款名叫月亮石(图5)的发光石头。这种石头内部嵌入了发光二极管,它们将取代与自然景观不协调的照明设备在夜间提供照明。这些石头使用时候不需要额外电源提供能源支持，置身于河水之中的它们借取流水的能量，内部的发电设备把水流的动能转化为电能，使用起来十分环保。同时，因为石头内部使用的是发热量很小的 LED 灯管，它们工作时候所放出的热量不会大量影响水温破坏环境。灯光藏匿于石头中，石头作为灯光的载体，使灯光与周围的景观协调，此灯光设计打破了灯光与石头之间界定，模糊了石头与灯光之间的关系，更加体现出灯光设计模糊化的发展趋势。

图 5　月亮石

4　智能化

光是空间环境中最活跃的要素之一，能给空间带来无穷的魅力。现代化的灯光设备，其功能与作用，愈加呈现出智能化的趋势。环境照明智能化，除了具有节约电能、改善学习环境、提高工作效率、提高管理水平等优点之外，还能通过多种照明控制方式，使同一环境实现多种照明艺术效果，为环境增光加色。

现代的人居环境中，照明已不再单纯地满足人们视觉上的功能需求，更应具备多种控制方案，使环境更加生动，艺术性更强，给人丰富的视觉效果和美感。比如，一栋大楼的室外照明、投光照明可以预设为春夏秋冬四季变化、周末节假日场景、大型庆典场景等，这些在传统的人工控制方式下是很难实现的。广元凤凰楼（图 6）的灯光照明设计与上文提到的奥林匹克公园瞭望塔有异曲同工之妙，均体现出灯光设计智能化的发展趋势。

随着科技的发展，照明设计中逐渐出现了生动有趣、可以随意调节的智能化灯具，使空间设计取得更加令人满意的效果。如今灯具市场上出现的智能化灯具越来越多，包括：可调灯光的分布；可调节亮度；可变换色彩；照明灯光的自动系统化等。智能家居照明灯具，它具有节能、健康、多光色、人性化的设计，人们就可以通过智能手机或其他智能终端对家中的灯光进行任意控制，从多达 1600 万种的颜色中选择自己喜欢的灯光颜色，甚至还可以实现灯光随音乐闪动的效果，创造个性化的家居照明氛围，享

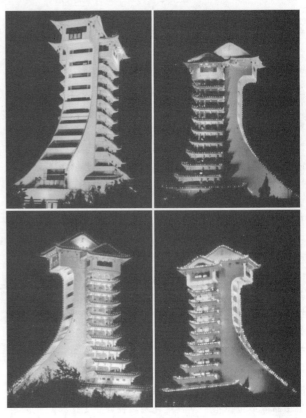

图 6　广元凤凰楼

受无与伦比的智能照明体验，每个人都可以做自己房间的设计师。可满足人们从婴儿到老年不同年龄段、不同环境、不同季节、不同生活、不同情感的照明需求。

迪拜音乐喷泉（图 7）喷出的水柱有 1000 多种变化，灯光会伴随着喷泉的喷射而不断变幻，灯光根据不同的音乐节奏自动调节着亮度及色彩，可以说是名副其实的千变万化。喷泉配有 6600 个灯光以及 50 个彩色投影机，它的喷洒动作并不僵硬，相反的，它像是在人们面前跳着优雅的舞蹈，伴随着它的是数首阿拉伯以及来自世界各地的歌曲，在悠扬的音乐声中，把烟花效果、舞蹈动作都通过喷泉并配上音乐表现出来，相当的美妙、壮观。灯光照射在飞溅起来的水花上，制造了活泼生动的视觉效果。灯光可

图 7　迪拜音乐喷泉水体照明

图 8　新加坡圣淘沙滨水步行道夜景灯光照明设计

些地灯方便人们行走，灯光也用来给树木及雕塑照明，在喷泉水里也藏有五彩斑斓的灯具。

新加坡圣淘沙滨水步行道（图 8）为了缔造更加舒适、轻松的步行体验，沿步行道设置了有盖天篷的自动人行道，让访客可以在高低不同的角度欣赏壮阔海边景色。天篷上装有 LED 点光源，从远处望去，就像是一片璀璨的星空；在步行道的边缘还配置了外形精美的暖黄色光 LED 景观灯；在扶栏上安装了暖黄色光的 LED 轮廓灯，通过 LED 亮化工程设计，营造出一个浪漫温馨的步行道夜景照明设计氛围。大型园林花园设计展示了各类趣味盎然的地区特色园景，可供进行户外休闲活动，而且在日间也为步行道上的访客提供了天然的遮荫处和清爽宜人的环境，在此处的地板上还装上了 LED 埋地灯，通过灯具的有序排列，犹如星星点点的夜空，梦幻而美丽。

灯光的位置根据具体需求它的位置是多变的，越来越多的广场（图 9）更加注重夜晚的灯光照明，广场埋地灯按照一定的规律组成，通过生动的发光图形，让人的视觉产生一种低层面的整装图案效果，给人以美的知识性享受，创造一种新鲜奇特的感受，与自然环境浑然一体，耐人回味。灯光也逐渐出现在植物中（图 10），采用不同颜色的照明光源对景观绿化进行泛光表现，有效地控制眩光，对于一些小乔木和矮灌木采用不同颜色的彩卤灯照亮，还原白天的色彩。灯光对雕塑的照明也极为重要（图 11），主光、辅光、背景光相互配合，灯位的选择、投射角度、光源的遮光都是关键，要防止眩光对观看者的干扰。这些案例体现出，在当代灯光设计中，灯光的设计将根据实际需求，其位置是多维的。

以根据预设，自动调节亮度，自动调节色彩，这些都体现出灯光智能化的趋势。

5　多维空间

当代灯光设计中，灯光不仅仅局限于在墙壁上，而出现了多维空间的趋势。灯光开始出现在水面上、陆地上，甚至石缝草丛中。夜晚在公园中散步，不难发现广场上有

图 9　广场地面照明

图 10　灌木树木照明

143

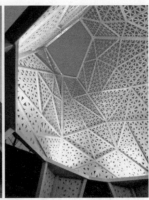

图 11 重庆万科凤鸣山公园景观雕塑照明

结语

当代灯光设计中，更加重注了人与人、人与灯光以及灯光与灯光之间的交流，更加促进了人的情感交流。社会在不断发展，人们的生活和工作方式在不断地改变，需求也更加多样性及灵活性，灯光设计的现代化是一个新时代的新课题，我们应对此予以足够的重视，并在不断研究、不断探索、不断实践中求得丰富发展，以使其日臻完善、完备、完美。

参考文献

[1] 照明学会.空间设计中的照明手法 [M].北京：中国建筑工业出版社，2012.
[2] 德里克·菲利普斯.现代建筑照明 [M].北京：中国建筑工业出版社，2002.
[3] 江源，殷志东.光纤照明及应用 [M].北京：化学工业出版社，2009.
[4] 黄绍义.谈灯光设计的现代化意识 [J].文艺生活·文艺理论，2015 (6).
[5] 尹伊君，郝贝贝.灯光设计与城市空间 [C].中国光文化照明论坛论文集，2014.
[6] 邢雯雯.壁画新元素——霓虹灯 [J].艺术与设计，2012 (3).
[7] 郭洁.灯光设计在园林景观中的应用 [J].中国科技信息，2010 (22).
[8] 栾慧.光环境下的艺术设计——灯·光的空间创意研究 [D].山东师范大学硕士学位论文，2013.
[9] 俞嘉华，赵昊.论照明设计对室内空间塑造的作用 [J].艺术与设计，2012 (9).
[10] 付光美.光之语境与建筑空间 [D].东北师范大学硕士学位论文，2008.
[11] 吴嘉振.照亮都市空间的光纤之美 [J].艺术与设计，2012 (8).
[12] 孙鲁芳.室内空间光环境的艺术创造 [D].北方工业大学硕士学位论文，2011.

跨界与融合：城市文化延伸下的旧书城环境更新

■ 林　韬

■ 南京艺术学院设计学院

摘要　本文以南京凤凰国际书城旧建筑与室内外空间现状为项目背景，运用衍生超越的设计价值哲学：从江苏地域文化中提取建筑元素，从南京城市形象中构筑理想图景，在创作中把握空间的内涵及其形式、功能及精神层面的母题"原型"，对建筑与环境艺术设计学科的设计价值方法论和设计实践价值的生态可持续发展的探索，具有现实创新意义和理论参考价值。

关键词　书城　更新　建筑　城市文化

1　项目现状与问题

1.1　现状

南京凤凰国际书城位于繁华的湖南路商圈，人流较大，商业发达（图1）。从书城的生存现状来看：一方面，来自于互联网微信微博平台、网络APP客户端以及电子书店和线上书籍的快速更新与普及，还有国际品牌书店的入驻，迫使旧书城急需转型，打造自己的文化理念与地域品牌；另一方面，在于书城自身，南京凤凰国际书城作为市中心历史已久的文化地标，从其环境与室内外装修水平和书城经营模式来看，仍然脱离不了传统陈旧的面貌，未将文化核心落于实处，这是关键问题。

1.2　问题

依据现状，不足之处，归纳如下：一是目前国内关于城市文化空间依然多拘泥于传统模式；二是对城市文化空间新解读和再利用的理论探索十分匮乏；三是我国当前城市文化战略多拘泥于经济效应和传统文化事业，城市书城文化空间开拓性、创新性以及人文情怀仍显不足。因此，文化城市的道路任重道远。

2　衍生超越的设计思想

城市文化是一座城市的灵魂，是城市综合实力的体现，是全面深化改革的动力，更是城市形象的基础所在。

2.1　城市文化与文化城市

从传统观念来看，文化是一种社会意识形态，是与经济相对立的两个不同范畴。如今，伴随信息化与全球化的进程，文化已突破传统观念，其经济效应日趋上涨。

城市文化，即"已有的物质文化及精神文化的总和"。本文主要从两个层次阐述：一是对文化定义推理、演绎，例如Edward Burnett Tylor的定义：城市文化是为人类存在于城市社会组织当中，所具备的知识、道德、法律、（宗教）信仰、艺术、风俗习惯等，和一切城市社会所获得的任何能力以及习惯；二是从城市文化自身特点进行定义，例如英国剑桥大学刘合林博士在《城市文化空间解读》一书中，认为城市文化简单来说就是人们创造的物质、精神财富的总和，是城市人群生活状况、行为方式、精神特征及城市风貌的总体形态。

文化城市，指动词概念，即通过文治教化，"以文化人、以文化城"，用文化"濡化"一座城市。然而，现代城市的核心是市，市的核心是人，人的核心是文。城市的价值观，是城市文化的灵魂精髓；是"文化城市"的关键所在。

2.2　设计思想与整体目标

首先，尊重传统文化。当今，全球化盛行，受全球文化传播的影响，浓郁的地方特色文化受到巨大的冲击与部分的流失。因此，作为全球文化传播首要路径的城市书城文化空间，仍是掌控文化传播的重要场所。尊重传统特色文化，有两种方法：一是实现文化传承与超越，实现推陈出新，革故鼎新；二是科学保护传统的文化资源（继承），基于传统精粹文化资源基础之上通过国际交流、融全球文化之精华（衍生），从而实现整体创新（超越）。当然，在哲学意义上，这属于"扬弃"的过程，需要不断地深层研究与实验探索。

其次，以文化作为手段，促进未来城市经济可持续增

图1　南京凤凰国际书城项目

长。实际上，城市经济的增长某一程度上，是城市文化得以继承与发展，城市得以维系支撑的基础。

再次，促进城市居民日常交流，消减居民心理与情感的隔阂以及认同感与归属感逐渐退化。因此城市书城文化空间的更新设计中，必须充分理解和重视城市居民的这一精神状态，运用文化手段缓解这一现状矛盾。理论上，缓解这一矛盾的途径有两种：一是重塑文化生活空间环境这一交流媒介以实现和谐交流；二是提供日常交往的场所以鼓励情感交流沟通。

综上所述，南京凤凰国际书城更新设计，思想核心在于衍生与超越。让传统地域特色文化与全球文化共存，社会文化与经济发展进一步相协调，传统地域特色文化与现代文化相融合，世俗文化与高雅艺术共生等（衍生）。最终实现城市文化创新，城市文化教化，城市文化全球范围传播等理想的图景（超越）。

设计整体目标更贴近读者的精神需求。建筑形态，注重借鉴自然之景和融合江苏的地域文化特色；室外空间，依据优越的地理环境，将文化空间与生态环境有机结合，实现旅游景观与商业空间的自然连接；室内空间，以文化为核心，将书城空间重新规划，功能分布进行合理的布局，以适合不同人群的需要，营造良好的阅读与休闲氛围。基于这三个方面，在南京凤凰国际书城的更新设计过程中不断寻找表皮、边界、内涵之间的平衡，着重强调人性化因素，处理好人、书、环境三者之间的关系，以求达到最佳效果。

3 更新设计的具体过程

3.1 从地域文化中提取建筑原型
首先，对南京凤凰国际书城的建筑形态提取，一是通

时光隧道 TIME TUNNEL　景深 DEPTH OF FIELD　蜿蜒 WINDING RUGGED

图 2　形态提取

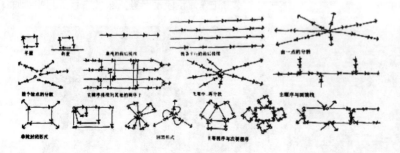

图 3　形态提取

过对常见的江苏非物质文化遗产——昆曲的服饰元素以及表演者的动态进行抽象概括，二是从南京明国时期的建筑形态以及家具陈设特征进行元素提炼（图2），三是通过对传统苏州园林的经典空间动线格局进行分析提炼，组合其中精彩的线性元素（图3）。最终获得贯穿始终的三种形态元素：第一种是时空隧道形态，第二种是景深形态，第三种是蜿蜒形态；其次，将抽象得到的几种形态作为支撑建筑的系统结构，呈现从底部到顶部四周扩散的特征；最后，融汇整合，获得建筑外空间。

进一步深化设计，首先，把以上形态结构并置，获得多个灰空间，分配空间层级；其次，处于不同层级的灰空间又以不同形式围合形成室内空间，并连接成茎状体系；再次，运用古典的造园手法：渗（穿插）、藏（下沉）、曲（盘绕）、露（上挑），表达不同的空间关系（图4），这样通过对空间组合不仅隐喻了建筑改造的继承与超越之意，而且还可以满足书城文化空间的功能性；最后，将组合成的不规则平面垂直立体化思考，确定界面，让空间形态既丰富，又符合透射规则；最终将整个南京凤凰国际书城的新空间形态确定下来（图5）。

当然更新设计过程中，融入当今较为前沿的实验性设计手法：参数化设计。在设计初期阶段，分析并制作装置，进行模拟，用以探索研究"物理模拟异性结构的空间再现"，生成具有高度复杂性的有机空间形态，并赋予形态、表皮全新的内涵（图6～图8）。

3.2 从城市形象中构筑理想图景
1961年，雅格布斯（Jane Jacobs）在文章《美国大城市的生与死（The Death and Life of Great American Cities）》中写道，对大规模城市重塑改造以及规划设计师们所主张的理念和手法，并没有将城市引向具有人情味的居住环境，反而造成城市空间的无情、冷漠、资金浪费以及城市穷人区进一步恶化与扩张。他认为城市提供多样性的选择是基本要求，提出了"芭蕾街道"及"街道眼"等重要的设计概念。

一方面，寻求一种充满人情味的城市文化空间。城市的改造发展是现实的趋势，然而充满人情味的城市文化空间也是居民所共同追求的美好环境。因此理想图景需要融入文化城市这一概念。作为一个文化城市，书城文化空间既是街道芭蕾的上演空间，亦是各种各样文化共融的大舞台，还是城市得以延续和发展的综合系统。其核心就是重塑与维护城市居民的城市文化空间景观与社区间邻里的情感纽带，加强利于城市各类人群感情交流的物质空间塑造，一定程度上，陶冶人心、潜移默化，也让城市的治安得以保障。

另一方面，文化城市既回答了当前书城文化空间发展可实现的理想图景，也诠释了实现该目标图景的基本途径（图9、图10）。

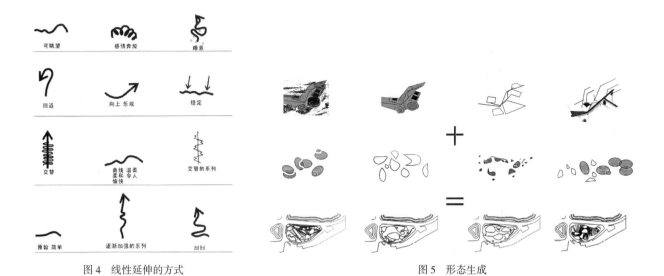

图 4　线性延伸的方式　　　　　　　　　　　　图 5　形态生成

图 6　实验性探究

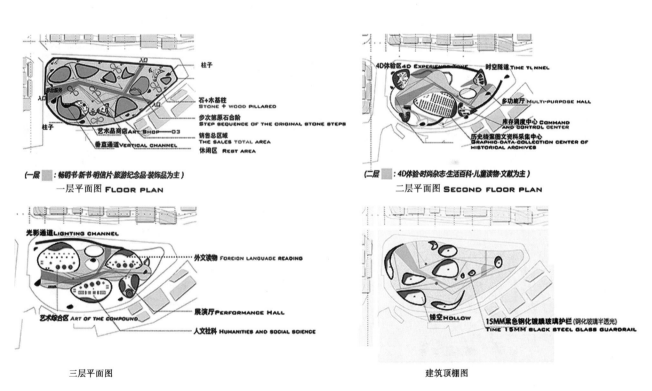

(一层：畅销书·新书·明信片·旅游纪念品·装饰品为主)
一层平面图 FLOOR PLAN

(二层：4D体验·时尚杂志·生活百科·儿童读物·文献为主)
二层平面图 SECOND FLOOR PLAN

三层平面图

建筑顶棚图

图 7　一层至三层平面规划及顶棚效果

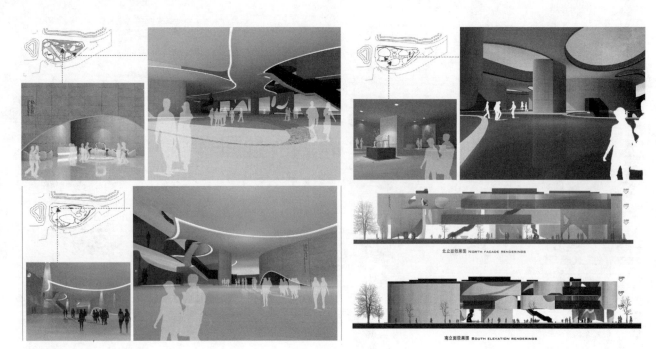

图 8　室内空间效果

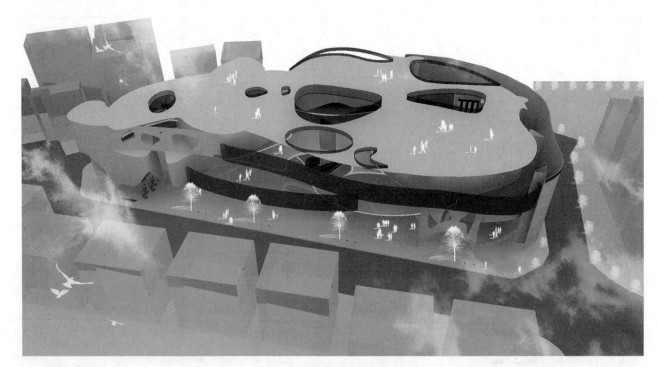

图 9　建筑鸟瞰效果

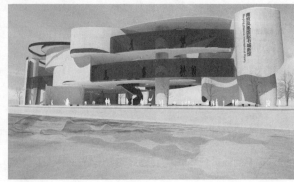

图 10　室外空间效果

最终以城市文化为核心，以文化城市为手段，组织文化空间形态与社会网络、城市经济活动，满足城市文化多样性的需求，且不断前进、发展充满人情味的城市现代文化生活空间，用文化提升城市居民素养、用文化促进城市经济快速发展，"以文化城"。

结语

该项目的研究，根据预先的整体设计目标，结合江苏地域文化特色，立足于南京城市文化环境，以衍生与超越作为设计的核心思想，对书城进行一次更新设计的实践。

力求建筑整体及其室内外环境更为适合文化商圈氛围，在提升市民文化生活品质的同时，更进一步丰富书城文化空间的内涵，构筑属于南京的新型城市文化地标符号。当然，更为深远的意义在于：营造一个统一而又充满活力的城市文化系统，提升物质空间的文化含量，增强城市文化竞争力，同时对提升城市文化在区域文化中的"可视度"具有深层价值。希望通过这一带有实验性质的设计实践研究，由此引发建筑学与室内设计、景观设计之间交互关系的更为深层的思考。

参考文献

[1][美]林奇.城市意象[M].方益萍，何晓军，译.北京：同济大学出版社，2011.
[2][美]麦克哈格.设计结合自然[M].黄经纬，译.天津：天津大学出版社，2006.

作为一种操作策略："拼贴"在室内设计中的体现

■ 徐 杰

■ 南京艺术学院设计学院

摘要 本文尝试将"拼贴"作为一种操作策略，运用到室内设计中，研究室内空间中界面模式、空间结构、流线组织，试图挖掘"拼贴"概念的更多含义和表达方式。本文作为一种尝试性研究，表达"拼贴"手法的更新、创新、复兴以及多种元素、概念的碰撞与融合，对室内设计研究方法具有一定的指导意义。

关键词 拼贴 操作策略 室内设计

1 理论背景

"拼贴"一词最早正式提出源于立体主义绘画，在经历未来主义、达达主义、超现实主义、波普艺术之后，拼贴艺术达到顶峰。从广义的角度来讲，拼贴并非只是一种作画技法，可以作为一种思考方式、操作策略、多元化的理念看待。从平面延伸到立体，从拼贴延伸到拼接，从技法延伸到理念，从有形延伸到无形。这实际上是将拼贴的意义进一步延伸，它早已经从绘画延伸到雕塑、建筑、电影、电视、文学、戏剧、音乐。它的核心是不同元素、材质、理念、风格、手法的并置拼接，探索堆叠、并置、对立、类比、肌理、透明性的相关概念以及相互关系。

科林·罗的《拼贴城市》中所表达的设计概念，已经将拼贴艺术脱离单纯的绘画领域，结合到建筑设计理念中。在处理传统城市与现代城市的关系上，科林·罗通过拼贴的手法解决两者之间的矛盾问题，为现代城市规划、建筑设计从思路和手法上探索出一条与过去截然不同的新理念。而室内设计作为城市规划、建筑设计的进一步深入与继续，在设计其结构、组织、界面时，将"拼贴"的概念引入进去，试图从设计手法、设计观念、设计思维等方面表达设计元素的多元性。

2 概念阐释

隐喻原先是文学中的修辞手法，在艺术设计领域中通常作为设计方法运用。设计师通过合理隐喻表达自我情绪、意志，通过隐喻的手法将抽象意象相互结合，表达空间结构的内在精神，最终使得建筑空间更具故事性、历史性、文化性。拼贴作为一种设计方法、一种操作策略，并不是简单拼凑，而是将多元的设计元素相结合，产生新的设计思维。伯纳德·屈米在进行传统建筑改造时通过"吞噬细胞""格栅并置""虚空间序列""堆叠"等手法实现新旧共存，其设计观念上就是一种空间的拼贴。拼贴手法在室内空间中的运用大多通过隐喻的手法表达，比如对历史文化符号的解读，体现时间与空间的结合，传统与现代的结合，新与旧的结合。

2.1 符号元素的延续

室内设计是建筑设计的进一步深入与继续，通常在室内设计的时候会融入一定的传统文化，地域文化，历史元素的重新拼接、转变成为一种在新环境下为现实需要服务的设计元素。现代化的城市建筑设计造成城市空间极度拥挤，如何在原有的建筑基础上进行新的历史改造成为新的问题，如何在现代化的建筑设计中既保留传统的历史符号又能够做出新的策略。

斯特林设计的斯图加特州立美术馆将象征图式或符号，以及历史上的风格，进行重组和构成。该美术馆由展馆、剧场、音乐教学楼、图书馆及办公楼组成，不仅功能复杂，而且在建筑形式与装饰上也采用了多种手法加以组合，以拼贴的手法将特定的历史符号与现代元素相结合，既有古典的平面布局，也有现代元素的构成韵味，给人以耳目一新的感受（图1）。

2.2 空间事件的并置

建筑空间中除了利用历史符号的拼贴表现外，还可以通过空间形式语言的事件表现。设计往往通过一系列的空间拼贴与气氛营造，达到整体空间形态对历史事件或是民间传说的隐喻，即通过空间序列的叠加配合着光影等辅助手段进行事件的叙述，从而表达一种历史性、文化性。

以南京大屠杀纪念馆新馆的设计为例（图2），呈现出一系列反复线性连续的空间，将同一时间发生的不同事件

图1 斯图加特州立美术馆

图 2 南京大屠杀纪念馆

进行整合、处理、安排与同一空间中，表达一种特殊空间体验的关联性，时间、事件、空间的结合，抒发着绝望、痛苦的情感。在这个充满压抑的昏暗狭窄空间中，蕴含着与思想、组织关系有关的两条线索：其一是充满断裂碎片的直线，其二是无限连续的曲折。该纪念馆由多个事件串联："屠杀场景"——通过对屠杀场景的真实还原，让参观者身临其境般感受当年大屠杀的惨绝人寰，通过空间氛围传达出设计者的精心布局；"枪械器备文物展柜"——真实具有代表性；"万人坑遗址"——空间中布满红色的蜡烛，通过镜像的无限延伸，表现无尽的寂静，从而表达对受难者的哀悼。多个相互联系的元素经过拼贴编排的空间组合似乎在向观者述说着一个详细的历史情节，从而产生多元情感上的共鸣。

3 拼贴手法在室内设计中的体现

拼贴在室内设计中表现的手法通常以这样几种方式表现：模糊界面、模块化拼贴、镜映式拼贴。随着类型学、拓扑结构等手法逐渐出现在设计学方法中，模糊界限的手法也越来越常见，打破常规的孤立关系，试图尝试一种模糊的、概念的、虚幻的理念。图案是空间界面设计的重要方式，从平面图案到立体图案的转变，从简单图案到序列排列拼贴。现成品的转译也是室内空间中经常运用到的一种手法，用来表达空间的氛围，隐喻空间设计的概念含义。

3.1 模糊界面拼贴

门、窗作为室内设计中的一部分，通常是分开讨论的，通过拼贴的手法将门窗等不同建筑构件进行相互联系，以材料为媒介，类似拓扑结构，将这些建筑构件进行串联产生独特的视觉效果。当代室内设计中工业风越来越受年轻人的青睐，废弃物品的利用，建筑结构的原始保留，将各种不同程度的界面进行拼贴组合，产生意想不到的效果。一个完整的室内空间中，既有刷满涂料的墙面、裸露的砖墙，也有刚刷完清水泥的墙面，整个空间中不同材料、不同视觉效果、不同概念的形式进行交叉、重叠、组合，表达出意想不到的效果。早期波普风格的大师们采用波普式

的拼贴手法将日常生活中的废弃物品进行重新组合产生新的艺术效果，通过不同的废旧物品交叉组合表达不同的设计概念，将几个看似不相关的物件进行组合。

位于印度孟买的一座住宅设计通过材料、建筑构件的拼贴，表达出新的设计理念（图 3）。孟买本身是一个非常混乱而碎片化的城市，其中的视觉语言就是一种拼贴的语言，通过物理上的拼贴方式呈现这座住宅，包括其中的材料、能量，以及不可见的历史、空间、记忆。

从正立面上就能看出这一点，窗户全都采用的是城市中住宅废弃的旧窗户，将窗与门等建筑构件采用拼贴的反方式进行结合，模糊具体构件间的界限，用来表达传统文化、历史符号。将老式的窗户作为起居室的主要背景，上方是混凝土，地面是抛光的白色大理石。金属管就像竹子一样形成了一面"竹墙"，结合了结构柱，滴水管成为了一件雕塑作品，为人们带来愉悦。中央庭院中具有铆钉连接的生锈金属板，背景上有一面利用场地整理中形成的废弃石料构成的墙壁。旧房子残留的具有百年历史的柱子带回了一些回忆，让人产生一种乡愁之情。这种拼贴式的方法强调了室内的材料和元素，产生了旧与新之间、传统与现代、粗糙和精致之间的对比，表达更新、创新、复兴的设计概念。特别是回收的砖块材料，以及旧的木条、殖民时期的家具、编织废料等，通过新的处理产生了别样的效果。

3.2 模块化拼贴

狭义上图案指平面的纹样、花纹，而广义上的图案含义广泛，立体造型也包括到图案的范畴中。在室内设计中，拼贴式的图案运用相对比较广泛，结合材料作为空间界面设计，模糊界面之间的关系，从立面到顶棚再到隔断形成错乱交叠的效果。该方案中彩色陶瓷的应用比较有特点，周围纯色瓷砖的拼贴，类似于伟大的"米罗"壁画的解构。陶瓷材料面砖全程应用于设计中，表达自然、谦逊和尊重地中海的历史和传统。但每个空间都有其他的新材料参与进来，帮助我们赋予空间独特性（图 4）。模块化的设计结合拼贴的手法，通过材料表达空间质感。

图 3 印度孟买新旧交织住宅

图4　模块化餐饮空间

3.3　镜映式拼贴

现代室内空间中，除了对于空间功能划分、布局空间交通组织，空间结构构件、软装的设计，有时我们会将现成品直接引入室内设计中，不仅仅是现成的家具，也有可能是日常生活中的现成品直接被拿来进行空间的装饰，杜尚曾经直接在一个小便器上进行签名作为艺术品，并命名为《泉》。通过将现成品进行夸张、放大、堆叠，搬进室内空间中。现成品的转译实现了新的设计思维与设计方法。

在概念餐饮空间设计方案《光·空间》中，将室外的交通设施凸面镜引进室内空间，以拼贴式的手法结合材质表现，表达从平面到立体的界面转换。将凸面镜放置室内空间中可以产生空间扩展的效果，但实质上有区别于平面镜扩展空间，凸面镜在扩展空间的同时会不同程度的对空间造成形变，产生一定的乐趣，让室内空间变得生动（图5）。

结语

拼贴从构成主义绘画中作为一种手法脱离出来，在室内设计中被重新定义为设计方法，打破传统设计观念的和谐美，完全不受传统逻辑观念的影响，拼贴作为一种新的操作策略、设计思维被运用，一直都在更新其概念的新含义，以创新的手法从设计风格、表现手法、材料等多元化的角度去进行空间结构、界面、组织的设计，实现时间与空间、传统与现代、新与旧的新功能，在现在室内设计中的运用非常广泛。

图5　概念餐厅设计方案

参考文献

［1］卫东风. 商业空间设计［M］. 上海：上海美术出版社，2013.

［2］王方. 拼贴设计在 20 世纪先锋派建筑中的运用研究［D］. 南京艺术学院硕士学位论文，2014.

［3］陈又林. 现代艺术中的拼贴——从绘画、雕塑到现代设计［D］. 华东交通大学硕士学位论文，2011.

［4］吴萍. 论拼贴艺术及其当代意义［D］. 武汉纺织大学硕士学位论文，2010.

展示设计中可借鉴 "望闻问切" 的宏观性哲学理念

——以高校博物馆的展示设计为例

■ 任康丽
■ 华中科技大学建筑与城市规划学院

摘要 高校博物馆的设计中借鉴中国民族医学"望""闻""问""切"（也称"四诊"）的宏观性哲学理念可提升我国高校博物馆的教育水准。"望"引导的主观判断能给予学生对展品本质性提示；"闻"的感觉方式有助于激发学生的聚合性思维；"问"的交互形态可激发学生的批判性思维；"切"的隐含知觉设计提供了学习中的趣味性体验。"四诊"观念的教育方式是创造性地发展了博物馆的展示方式，在当下中国高校博物馆所面临的教育问题中将起到积极的借鉴作用。

关键词 中医"四诊" 高校博物馆 展示设计

"望""闻""问""切"是中医诊察疾病重要方式，它含有普世的中国哲学理念，将这种带有中国哲学含义的交流方式应用到高校博物馆设计中是创造性地发展了博物馆展示设计思维方式和手段。望，指观气色；闻，指听声息；问，指询问症状；切，指摸脉象，合称四诊。这四种诊察疾病方法，体现了中医学主观思维对象的综合识别，其诊断信息出自动态互动回馈。高校博物馆展示设计中借鉴"四诊"方式，使参观者达到与展品形神一体的关注，是高校博物馆展示设计新思路。"四诊"概念引入空间设计更能全面、完整体现高校博物馆本质特征——教育与科研综合一体。体现博物馆"3E功能"（教育、娱乐、提升——Education、Entertainment、Enrich）。

1 四诊"望"的哲学理念使展示设计更具思维判断性和宏观性

1.1 "望"引起对展品思维判断

"望"有引导主观判断，给予参观者对展品本质性提示。中医"望"概念注重引导视觉感官对可见物思维判断，它比一般性视觉多出了判断展品本质的条件。一般性展示设计概念是利用展品引导参观者的视觉，展品如一呈现，它缺少参观者对展品思维判断的积极性，利用中医"望"的概念进行展示设计方式是要让参观者有欲望感知这展品可能是什么？应该是什么？引导参观者在视觉感官上的思维判断，作出特定的思维分析，这种由"望"揭示的展示设计概念是主动性思考，帮助参观者判定关于展品知识原理、概念、定义等知识内容。例如，在中国地质大学博物馆展厅，应用了中国医学"望"概念，以钟乳石与其生长环境进行展陈设计，参观者不仅了解到钟乳石的形态，而且从视觉环境角度引导参观者对钟乳石的生长环境、颜色、性质、地质条件产生思维性判断（图1）。中医"望"概念呈现的展示设计激发着参观者带着求知欲望去了解展品，对展品知识点进行思维判断（图2）。

图1 钟乳石展示区域

图2 吉林大学自然博物馆中马鹿展区环境设计

"望"概念展示是既通向精神又通向物质的，它比一般性展示的看更立体、更全面、更准确。望诊是中医诊断疾病的重要方法之一，正如《丹溪心法·能会色脉可以万全》中，"欲知其内者，当以观于外；诊于外者，斯以知其内。盖有诸内，必形诸外"。[1]望诊是观察判断病人全身

153

和局部的神、色、形、态。"神"是精神、神气状态;"色"是五脏气血的外在荣枯色泽的表现;"形"是形体丰实虚弱的征象;"态"是动态的灵活呆滞的表现。将中医学判断形望诊概念应用到高校博物馆展品展示中使展示中的视觉表征更为全面、准确,以视觉通向思维,对展品有不同角度、区域的观察使参观者产生更为立体和全面的思维判定。因此,利用"望"概念的设计,能使参观者形成既通向精神又通向物质的全方位准确的思维判断。

1.2 "望诊"可引导出宏观、整体的展示本质

"望诊"可引导出宏观的、整体的展示本质。"望诊"内涵丰富,这种诊断观念将患者自身情况与健康问题及背景关系视为一个整体,重视对病患的综合化、动态化的审视,从而由"望"的诊断方式揭示病因。在高校博物馆设计中借用"望"诊断理念能建构出"望诊"式的展示设计,以获得多视点、宏观的揭示展示主题的方式。参观者从视觉现象中发现与领悟展陈中掩藏的内在视觉经验与逻辑关系,从而引导出宏观的、整体的展示本质(图3)。

"望诊"理念引导的展示空间是宏观的、整体的展示思维。博物馆中的实物、照片、图版、文字被编排成具有"望"特殊视点需要的素材,其展示形态格局决定了"望"的内涵(图4)。"望诊"的逻辑思维方式,使展示内容呈现出更为关联性、宏观性、整体性的总体格局。像中医的"望诊"那样,看到口就想到味,看到物就判断其品为何,中国的传统建筑就有符合"望诊"理念引导的建造设计,寺庙、宫殿、府邸、民居每种建筑类型都有被望的形态,从宏观性、整体性的外观特征上就能判断其建筑在社会形态中的本质属性。这种"望"的兴奋过程与展示形式及空间组合进行链接,参观者很快就能宏观性、整体性地理解展品的内在本质关联(图5)。

"望诊"在博物馆展示空间有视觉互动,参观者可将一般的视觉变更为动态的视觉。(图6)从生理学角度讲视觉是光作用于视觉器官,使其感受细胞兴奋,将信息经视觉神经系统加工后产生。通过视觉,感知外界物体的大小、明暗、颜色、动静,有80%以上的外界信息要由视觉互动获得。在高校博物馆展示设计中加入"望"理念展示,它凸显了有机互动方式,能让观者明确展示内容同时生成对展示的本质判断欲望,产生敏锐的思维互动。通过不同方式"望"的动态设计,使参观者形成不同视角反映,更清晰体现展品宏观性、整体性。例如,贝聿铭设计苏州博物馆庭院的枯山水景观,从第一眼就能体会到中国山水画的内涵;(图7)仰望的设计能够让观者了解展示物空间高度和构造类型;俯瞰的动态能够让观众寻找物体环境属性及与周围的事物联系等。这种展示可能会将某展品多点重复以带来多种视觉感官在展厅中复合呈现,有利于展品内涵宏观性、整体性展示(图8)。

"望诊"理念引导的展示设计视觉空间格局是由展示形

图3 "望"概念内涵的总统夫人事迹展示,美国历史博物馆　　图4 "望"理念引导的图片、文字、模型互为对照的话剧历史特征展示,中国现代文学馆　　图5 "望"概念呈现出整体性的展示格局,佛罗里达州立大学博物馆

图6 Zaha设计的具有"望"概念的视觉动感展厅,迈阿密Art Basel当代艺术展　　图7 "望"的宏观性枯山水景观中的体现,苏州博物馆　　图8 俯瞰方式的多点呈现展示,今日美术馆

图9　丹佛艺术博物馆中通过"闻"概念的设计使音乐、画面融为一体；华南理工大学收音机展厅中如能随着参观，
让不同时代的收音机播放不同时代的新闻或音乐，这样更有助于学生思维模式的转变

式的运动轨迹暗示出来。也就是说观赏者对运动的感知不仅是基于展品本身，而是展品在形状、方向及亮度值等方面的变化。展厅中任何物体的视觉形象，只要它显示出类似的楔形形状、倾斜方向、明暗相间或模糊的表面等这些知觉属性，就会给人一种动态的印象。因此"望"方式在二维平面的立体变化能够让参观者不仅关注展品本质内涵，动态"望"方式展示建构更有助于参观者对展示内容心理上的适应与理解。"艺术创作充满着思考、选择、犹疑、揣摩、发现，这个过程付出巨大而又令人痴迷。艺术家个人的艺术追求、艺术特色物化在艺术家创作时的每一道笔触、每一个色块之中，每一次的推敲和尝试都意味着艺术家对自己真实意图的逐渐明晰和修正"[2]。展示设计的过程也如同艺术的创作过程，在不断地思考、选择、怀疑、判断、发现中探析展示的本质，使其展示设计感悟到设计的内涵体验。毋庸置疑"望诊"理念引导的设计展示空间会妙趣横生，从而"望诊"方式的展示设计所引导出的是宏观的、整体的展示本质。

2　"闻"与"问"的展示模式带来聚合性思维和批判性思维

2.1　"闻"概念引导的聚合性思维展示模式

"闻"概念能够引导聚合性思维展示模式。中医"四诊"的"闻"指了解病人的声息状况来判断身体内部病状。"闻而知之谓之圣"，即通过听声音和嗅病气测知病况。中医"闻"的是事物的运转，身体的运转，肺的运转，气息强弱，这些都是"闻"诊断的关键性把握，其"闻"的内容不仅仅是声音、语言、呼吸，而更重要的是由"闻"方式转化为对病理情况的深刻思考。中医在"闻"诊过程中获取大量素材，删选已有信息，各种典型的材料经过精心的提炼与聚合，为其诊断主旨服务。借用中医中"闻"概念的高校博物馆设计可提升参观者聚合思维能力，将广阔思路聚集成一个焦点，展品有声音表现，对比的声道，让展品的背景知识、本质属性以及其他相关特征在有声音辅助条件下形成更为立体的时空展现。参观者可有一种超过以往感觉经历的体验，"闻"概念的设计是感受信息有不同来源、不同层次、不同材料的综合性展陈形式。

由"闻"概念展示引起博物馆设计思维状态在心理学上是名为聚合型思维形式。对展示设计而言，它要求相对声音有更为丰富的展示手段和方法来实现其本质。心理学的聚合思维是指"从已知信息中产生逻辑结论，从现成资料中寻求正确答案的一种有条理的思维方式"。在展示过程中观众所感受到的展品应以多种咨询呈现，声音讯息的特征给出的是动态的感觉，从而参观者在选择、综合、过程中理解展示本质。如丹佛艺术博物馆中关于西部绘画的展示设计中，配置了耳机，参观者能边看画作边聆听西部音乐，陶醉在一种视觉与听觉放松、融合的欣赏过程中，形成画境美好的联想。"闻"概念的聚合思维展示模式具体可归纳为：对展品音乐背景的介入，视频或音频的介入，展品与音效的三维互动，展厅中人与物的对话，群体的表演或讨论，特殊展品味道的设计（图9）。

"闻"方式的聚合思维概念能在高校博物馆中形成多样的声音媒介互动环境。中医从"闻"的过程中知晓患者的语言，"心主神明，心病则语言错乱"；通过听到的呼吸变化可推测脏腑的虚实；通过听到的肠鸣可辨别病位和病情。一切都从声音中来，不同声音的测定形成聚合思维后的明确诊断。听觉是仅次于视觉的重要感觉通道，声波作用于听觉器官，使其感受细胞兴奋并引起听神经的冲动发放导入信息，经各级听觉中枢分析后引起感觉。因此，利用声音的媒介进行展示设计更具有互动性和表现性。具有"闻"概念的多种声音设计能够引起参观者对展品多重关注，形成深刻的联想背景，挖掘观众感性知觉。"闻"方式的聚合思维概念能在高校博物馆中形成多样互动环境，是创造性地发展了博物馆展示思维方式和手段。

2.2　"问"的交流方式能激发参观者批判性思维

"问"交流方式设计在高校博物馆中可激发学生的批判性思维。"问"诊是了解病情、诊断疾病的重要方法。《景岳全书·十问篇》中曰"一问寒热二问汗，三问头身四问便，五问饮食六胸腹，七聋八渴俱当辨，九因脉色察阴阳，十从气味神色见"。[3]古代医者在有序列的"问"中了解病人的主诉、现病史及过去史。"问而知之谓之巧"，在问诊中及时了解患者对自觉症状的主观描述，从而在交流中获得疾病的主要矛盾所在，明确诊断价值。中医在"问"的过程中带有独特的反思与判断过程，"问"交流方式引入高校博物馆设计能使参观者通过对展品的关注、浏览、仔细揣摩，激发对展品观澜后的反思和评价，是一种"问"的演变。博物馆中"问"的交流模式有利于高校学生对事物的鉴别、理解、深刻研究。

"问"环节展示设计是促使参观者形成批判性思维有效平台。"批判性"一词源于希腊语 kritikos，意指辨别力、洞察力、判断力，引申为敏锐、精明。批判性思维与人们在推理或判断过程中运用辨别力、洞察力和判断力密切相关，博物馆的展示设计中可以利用参观者对展品"问"的评价体系将学生批判性思维得以训练，利用展示空间不同大小、形态、色彩氛围的设计，加深参观者对展品信息认识和提问，促进语言与交流的形成。

"问"加深批判性思维，参观者对展品自身的反思和判断，发现问题并确定问题，设计者须有针对问题的构思创建展示设计。要做到参观者能有评价、提问的机会，并引起参观者对以往记忆储存中信息与之展品信息产生碰撞。在高校博物馆空间设计中需给予一个思考、讨论的时空环境。这样的空间形式可以是一间大教室与展厅连接；可以是摆放一排座椅让师生膝下畅谈；也可以是一个小听筒让参观者通过语音识别系统边看边得到解答。例如在美国的高校博物馆中为参观者提供了临时性讨论空间，展厅中一般预留空间较大，椅子也是灵活可以搬动的轻质材料，学生和教师能够在展厅中面对展品进行提问和讨论。"问"方式的演练能够有效地在展厅中形成空间互动氛围，为参观者批判性思维修炼提供一种条件。高校博物馆"问"环节展示设计必然会使参观者在自学同时进行群体讨论、独立思考、思维联想、准确判

断，了解信息的同时做出自我评价（图10）。

3 四诊 "切"的概念设计有助于展陈的真切感和趣味性体验

3.1 借用"切"内涵塑造展品真切触感

所谓"切诊"就是脉诊和触诊。脉诊即切脉，掌握脉象。触诊，是以手触按病人的体表病颁部分，察看病人的体温、硬软、拒按或喜按等，以助诊断。"切而知之谓之工"，中医利用触觉直接了解病人的情况，并能在第一时间根据自身对病人的接触，判断病况。借鉴"切"之概念，能够让参观者在博物馆中触碰展品，同时亲历展品的性质、特征、肌理属性等，得到真切触感带来的心理判断。带有"切"之意义的展示设计能使展品表达更为深切，从生理上和心理上与参观者相通、相容。高校博物馆中展品的展示价值是多方面的，用"切"方式设计的空间能够使展品关键性特征表达准确。触觉是分布于全身皮肤上的神经细胞接受来自外界的温度、湿度、疼痛、压力、振动等方面的感觉。通过直接或间接的触碰展品，感受展品的真实性，让参观者唤起记忆、对于展品有更深入地了解接触。例如在东北师范大学自然博物馆中展示着大量的动物化石，学生能够触摸野马头骨化石、野牛头骨化石、猛犸象肱骨化石等展品，通过"切"身体验，知晓化石的表面肌理特征、形状大小、色彩变化等，真实的触摸体会更有助于激发好奇心，产生探究兴趣。"切"的准确感悟与认知体验，是视觉、听觉展示的深入状态，中医四诊中"切"转化为高校博物馆触摸性设计展示模式具有不可代替的真切感触（图11）。

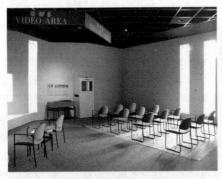

图10 美国博物馆展厅设计中常预留空间，有利于"问"环境的实施；哈尔滨工业大学航天馆内陈列展品较多，如能给予学生讨论、提问的空间环境就更有利于学生在博物馆中受教育

图11 东北师范大学自然博物馆中的触摸野牛骨展区；丹佛艺术博物馆中的互动触摸＋识图记忆展区：前者"切"的展示方式较为单一，后者将"切"的思维进行了转换

3.2 "切"展示模式内涵传递展品趣味性

"切"展示模式内涵在传递真切触感的同时使参观者对展品相关学科产生更为浓厚的兴趣。"大学博物馆教育则强调学习的趣味性,其特点在于学生自愿与自我导向,由学生的兴趣、好奇、探索、幻想、互动而产生学习动机,从而进行文化陶冶。"[4]在高校博物馆中通过真"切"的认知,给予参观者触摸珍贵展品的机会,这与其他类型博物馆"禁止触摸"截然不同,它促成了一种自然而然的趣味空间环境。如中山大学人类学博物馆中教师会让同学们触摸古人类劳动生产工具的化石,学生产生强烈的新奇感,通过与展品互动,所有的感官都被调动起来,从而形成良好的启发性教育。高校博物馆利用自身教育资源有利条件,能使闷在课堂中学习的学生走到校园博物馆触摸展品,让参观者感受到"物"与"人"在空间、时间上的碰撞,得到有趣味性的体验(图12)。

高校博物馆中"切"教育模式还是允许学生参与一些特定的展陈设计活动,得到体验与感悟。博物馆中应设定发挥学生自主完成的展示项目,让学生在博物馆中找到饶有兴趣的实践环节,设置个体或小组完成的展示实践内容。如美国一些大学在博物馆教育课程中安排一部分布展实习课程,让学生亲自设计展厅,动手制作展示道具,熟悉各项展示策划等内容,并在布展完毕后参与讲解活动,体验与参观者的交流、管理等一系列的技能,这种教育模式培养了学生责任感和综合能力。"切"入性的环节安排,使学生受到的教育更为丰富、真实。高校博物馆中"切"的体验不仅仅是在参观者与展品之间的直接触摸交流,也是在"切"的过程中唤起学生思维的碰撞。这既适应了教学需求,也改善了书本固定学习模式。高校博物馆还可利用数码技术在展厅中通过电子触屏、影像触摸方式与展示内容进行结合,参观者可体验由触摸产生的趣味,"切"感知会更多地由新的媒体技术得以丰富的实现,"切"的展示模式内涵传递展品的真切触感可趣味衡生。

结语

中医的"四诊"临床诊断模式体现对生命的精神层面、整体层面的把握。"中医学的精髓在于辩证论治,而辩证是以望、闻、问、切四诊为依据,通过四诊合参,达到审查病因、阐述病机、确定治疗原则以及判断预后等目的"[5]。"四诊"概念展示设计在当下高校博物馆设计中应用具有创造性,能从整体和细部考虑参观者的接受效果。高校博物馆是高等教育模式中创新群体,无论是文科院校还是理科院校都能从宏观"四诊"哲学思想中把握其互动性的展示内涵,可极大地丰富科研与教学。与时俱进的环境创新,使新的展品、新的思想、新的技术在高校博物馆中优先展现,具有宏观"四诊"展示概念内涵的展示空间特征,对推动高校博物馆专业化、规范化、制度化的长期发展具有实践性的启发意义。

图12 美国诺顿博物馆中的剪纸互动展示活动,吸引观众参与;上海东华大学博物馆中有非常好的民间服饰展厅,如果能够将"百家衣"的手工艺让同学们亲自参与制作,其展示教育意义就更为理想

参考文献

[1](元)朱震亨. 丹溪心法·能会色脉可以万全 [M]. 沈阳:辽宁科学技术出版社,1997.
[2]周青. 艺术观念的物质化疏离与精神转向 [J]. 美术研究,2013(1):112.
[3](明)张介宾. 景岳全书 [M]. 北京:中国中医药出版社,1994.
[4]刘立勇,朱与墨,等. 高校博物馆在大学创新教育中的功能 [J]. 高等教育研究,2011(1):99.
[5]王忆勤,许朝霞,等. 中医四诊客观化研究的思维与方法 [J]. 上海中医药大学学报,2009(6):7.

"建筑漫步"及当代延展

■ 李纤纤[1]　矫苏平[2]

■ 1　中国矿业大学艺术与设计学院硕士研究生　2　中国矿业大学艺术与设计学院教授

摘要　从勒·柯布西耶所提出的建筑漫步出发，对建筑漫步的基本特征进行解读，并指出建筑漫步的特点：①非固定变化的视点，变化的景观；②多重路线；③出人意料，不断出现的惊喜。剖析勒·柯布西耶建筑作品中建筑漫步，随着当代建筑的多样化发展，当代建筑的"建筑漫步"也走向多元与复杂。

关键词　建筑漫步　游历　多视点　多重路线

1　勒·柯布西耶"建筑漫步"的探索

勒·柯布西耶是现代主义建筑的主要倡导者，在20世纪用革命的方式设计出了许多优秀的建筑，从住宅、博物馆、艺术中心到教堂。他一直坚持着对空间的不断探索，使建筑观念以及人们的生活方式发生了很大变化。他曾称自己的建筑作品为"建筑漫步"（Promenade Architecture）。

1.1　建筑漫步的概念

"建筑漫步"第一次出现是在柯布西耶对萨伏伊别墅的描述中，"在这栋房子里出现了一种真正的建筑漫步，步移景异、出人意料而且有时候还会让人感到震惊"。"建筑漫步"是柯布西耶新建筑探索的重要内容，他认为现代建筑的主要特点之一是"漫步"，只有能"漫步"的建筑才能称之为好的、优秀的建筑，他曾这样谈论过建筑："一个建筑，必须能够被'通过'，被'游历'。好的建筑，无论内部还是外部均可以被'通过'，被'游历'——这样才是好的建筑。坏的建筑，则僵死地围绕着一个固定的、不真实的、虚构的点。这绝对与任何人类法则都格格不入。"❶

结合柯布西耶的言谈表述与设计实践，"建筑漫步"的特点归纳为以下几点：非固定变化的视点，变化的景观；强调在空间中的游历，自由线路，可提供多重路线供参观者漫游；行走在空间中，能够给人出人意料的感觉，不断出现的惊奇让人对空间充满感动与好奇。"建筑漫步"极大地突破了建筑线性的、固定的、静止的、封闭的空间法则，表现出新的开放的空间意象。

1.2　勒·柯布西耶建筑作品中的漫步探索

1.2.1　萨伏伊别墅

萨伏伊别墅是现代主义建筑的经典作品，整个建筑是由立柱支承，共三层，整体主要采用了钢筋混凝土框架结构，它是柯布西耶建筑设计生涯中最为杰出的建筑作品之一。

萨伏伊别墅充分反映了柯布西耶"建筑漫步"的思想。作为连接垂直交通空间的纽带，提供了之字形坡道和螺旋

形楼梯两种方式（图1）。从架空的底层进入，沿着坡道不知不觉地上升，所体会的感受与通过楼梯时不同。人在行进的过程中，通过移动自己的位置和视点方向，将不同的空间效果和连贯的时空体验结合到一起，避免了在楼梯步行时的单调性和片段性。

图1　之字形坡道和螺旋形楼梯

在萨伏伊别墅里，从不同角度看都会获得不同印象，出人意料，使人惊奇。沿坡道向二层行进，参观者的视线可以一直追随着由顶层射下来的光线，随着身体的移动，空间的景象不断发生变化，由底层向上能隐约看到三角形

❶ ［法］勒·柯布西耶. 勒·柯布西耶与学生的对话［M］牛燕芳，程超，译. 北京：中国建筑工业出版社，2002：41-43.

玻璃窗所投下的光带。在这段行进过程中，参观者的视线将被限制在由坡道所构成的纵向的竖直的空间里，四周的白墙随着光线的变化发生微妙的变化。当参观者由半平台折返时，可看见二层的庭院，视线一下子被打开：庭院、起居室、室外的树林，层层叠叠地映入眼帘。最后，坡道又由室内转向室外，庭院中的植被和人的活动成为场景的主角。若沿着坡道继续向上，通向屋顶花园，若穿过庭院来到起居室，则又重新进入室内，无论是由上到下还是由内到外，萨伏伊别墅中的坡道处处都表现出内部与外部空间的交融。柯布通过这种动态的、非传统的空间组织形式来让人们感到出乎意料，同时又伴随着不断地满足之情（图2、图3）。

图2　之字形坡道上的步移景异

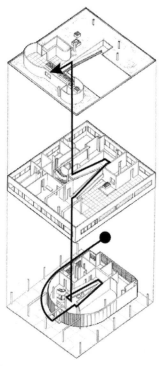

图3　沿坡道行驶路线

在萨伏伊别墅中的漫步体验是一种柯布式的连续被暗示的空间感受——有始有终，具有具引导性，参观者的空间感受则会因建筑师所组织的空间秩序不断发生变化。空间中存在着明显的内在秩序：停车库——坡道——庭院——起居室——屋顶花园。参观者被这种具有引导性且纯雕塑的手法吸引其中并随之产生运动。

1.2.2　拉罗歇－让纳雷别墅

拉罗歇－让纳雷别墅是一件非常有影响力的作品，它开创了"白色时代"的先河。当柯布西耶晚年被记者采访，他解释到，这是他早期承前启后的作品，是"理解自己作品的钥匙"（图4）。

图4　拉罗歇－让纳雷别墅

拉罗歇－让纳雷别墅的参观路径也是由楼梯和坡道组成。参观者在空间中的游历，通过变换自己的位置和视点方向，将不同的空间情景变化和持续连贯的时空体验相结合。拉罗歇别墅中的每一个空间都被赋予了不同的功能，这些功能通过一个有序的建筑布局联系在一起，从内部向外看，可以看到无尽变化的景象，反之亦然。正如柯布西耶所写："一进入建筑的内部，参观者就会立刻被他看到的建筑景象所打动，沿着定制的路线人们会发现一个与效果图上显示的完全不同的世界，光线涌入室内，到处是明亮的墙面，还有它在其他地方产生的影子，窗洞口为人们展示了外面的景象，反过来它又与这个建筑和谐统一。"❶

进入门厅，首先映入眼帘的应该是那个悬挑出来的小阳台，它提供了一种从此向下眺望人们刚刚经过的空间这种诱人的期望，从而吸引参观者按照这一路线漫步建筑，并且在上升的墙面突然中断悬挑出一个空间，使入口大厅更具趣味性。到达二层小阳台，窗外优美的景色通过右边巨大的玻璃墙面映入眼帘，视野变得开阔（图5）。

图5　悬挑小阳台

❶ 富永让.勒·柯布西耶的住宅空间构成［M］.北京：中国建筑工业出版社，2008.

穿过走道尽端的双开门，进入一个纵长空间的艺术画廊。画廊中的多种不同的色彩刺激着参观者的眼球，激起了参观者不同的情绪，给人一种强烈的感觉，使得这一空间更突出且更具特色。通过画廊左边的正方形窗户，再一次与窗外优美的景色相遇，并且可以瞥见别墅的餐厅。狭长的画廊使参观者产生了流动的感觉，沿着画廊的长轴方向前进，这种感觉由于引向第三层的坡道而加强。沿着坡道向上，参观者面临着一种新的空间体验，可以看到下面的景象，或者向上看，可以清晰辨认出屋顶花园的布局（图6、图7）。

图6　画廊中多种不同的色彩

图7　狭长的坡道

1.3　小结

"建筑漫步"是柯布西耶建筑探索的重要内容，柯布西耶想通过一种有秩序的路线引领参观者来体验时时刻刻都在变化的空间，调动参观者的身体感觉，在整个建筑中，在各个空间中，来回走动，变换位置，运用自己的意识，在一系列建筑场景之间移动，体会空间的变化，反复体验移动的连续所产生的强烈感受，不同的情景变化所带来的移步异景的体验。换句话说，柯布西耶在组织建筑漫步时所使用的所有策略只有一个目的——唤醒参观者的感官。

2　当代建筑"建筑漫步"的延展

当今社会是一个多元化发展的时代，各种新的建筑思潮层出不穷，而审美观念也在时时刻刻改变着。20世纪八九十年代及其以后，以混沌理论、涌现理论、折叠理论等为代表的复杂性科学理论突破了以往传统科学范式对人们的逻辑束缚，揭示了自然界和人类社会的产生、发展和运作的非线性特征，动摇了人们看待事物时传统机械、线性、决定论的思维方式，而将世界描绘为混沌和有序深度结合、由非线性系统组成的复杂性综合体。它复杂多元，兼具偶变与必然、异质与同质、不受决定论支配。受复杂性科学的影响，建筑学领域也出现了以非线性思维为特征的复杂性设计理念，"建筑漫步"也因此趋向复杂与多样。

2.1　模糊空间中的"建筑漫步"

本文的模糊空间指的是空间内外边界模糊以及上下层的模糊。基于非线性复杂思维，混沌学揭示出事物的无序与不确定性，在建筑设计、室内设计领域，一些设计师否定固定的建筑形态观和界面关系，表现出不确定与模糊的空间意象，模糊空间中的"建筑漫步"也越来越明显。

2.1.1　上海世博会丹麦馆

BIG建筑事务所在上海世博会所设计的丹麦馆，由两个上下倾斜重叠的圆环首尾连接而成，形成了联系各个高度、室内与室外、展览与公共活动的连续的交通模式，打破了传统建筑中"层"的束缚，消解了"层"的界限，使得室内与室外、层与层之间的关系模糊（图8）。

图8　上海世博会丹麦馆

展馆的参观路径由自行车道和步行道组成，展馆的屋顶平台上建有自行车道、自然游乐场和自行车存车处。自行车道从上到下均以淡蓝色材料铺垫而成。参观者可以选择不同的行径方式进行游历。行走在步行道上，持续不断地变化自己的位置和视点，所产生的空间景象也是不同的。行驶在自行车道上，在速度中所产生的空间景象又是另一番风味。

展馆中的一系列活动都将发生在两个平行面之间，这两个面形成室内与室外两个部分，以曲线的平滑方式实现建筑与环境的相互交叠包裹，建筑外部空间与内部空间、建筑内部各个空间的有机交合，无固定边界，形成新的功能与意义。展馆外立面是由穿孔的钢板制成，这些孔所形成的是丹麦大都市的影像图案。从展馆内部，骑自行车的人在穿过展馆时可以看到丹麦的城市影像。从展馆外部，人们也可以隐约看到展馆内的灯光和活动。夜幕降临，展馆内部空间的活动将为路过的人们照亮脚下的路（图9）。

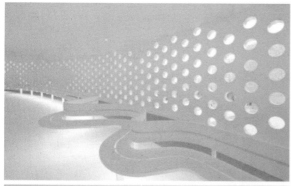

图9　不同角度的空间景象

2.1.2　深圳当代艺术博物馆

由奥地利事务所 COOP HIMMELBLAU（蓝天组）设计的深圳当代艺术博物馆，建筑外表皮随着功能空间的融合而变异，整体形状犹如不规则的有着裂口的大石块（图10）。建筑的空间界面模糊，功能分区模糊，层次模糊，内外模糊，交通流线模糊，建筑体与植物景观的边界模糊。

图10　深圳当代艺术博物馆犹如石头的外观

博物馆中通向各个垂直空间的竖向交通包括电梯、自动扶梯、楼梯，还有从公共广场过渡到博物馆空间（或者说是从博物馆空间过渡到公共广场）的坡道，这些不同的垂直交通可以让参观者从不同的角度观赏这个建筑体。

扭曲的立面吸引游客通过楼梯或者自动扶梯进入建筑的公共广场，这也是博物馆游览路线的起始点，从广场可以直接到达各个地方。建筑采用了大跨的桁架结构，从而产生大跨度的空间，这个桁架结构还顺应了上部的艺术馆展览空间的屋顶采光设想，过滤后的自然光可射入照明。整个空间视线通透，处处充满着惊喜，吸引着参观者的目光（图11）。

图11　深圳当代艺术博物馆内部空间

2.2　折叠空间中的"建筑漫步"

信息化社会思想文化交叉渗透，跨学科学术研究广泛深入地开展，学者与设计师从哲学、数学、物理、生物学、艺术等各个领域寻找设计创新发展的启迪。德勒兹的褶子论包含丰富思想内涵并具有与突出的空间特征，对当代建筑设计、室内设计、城市设计等空间设计产生很大影响。"折叠"成为复杂性建筑重要的结构特征，折叠空间中的"建筑漫步"也在不断地创新和发展。

2.2.1　盖达尔·阿利耶夫文化中心

由扎哈·哈迪德设计的位于阿塞拜疆共和国的盖达尔·阿利耶夫文化中心，又一次成为了当地的城市新地标。该建筑以其独特的姿态，淡化了建筑形象和城市景观、建筑外围护结构与城市广场、建筑形象与背景、室内与室外之间的传统区别。连续的美术字体和装饰花纹从地毯流淌到墙壁，又从墙壁折向天花板，再从天花板充斥到穹顶，建筑也模糊了传统建筑与城市、广场、地面之间的分化，在人们居住的建筑元素与地面之间建立了无缝联系，融为一体（图12）。

图 12　阿利耶夫文化中心的表皮

图 13　褶皱所堆叠的功能区

图 14　强烈视觉体验

　　这座建筑的整体外观呈流线型，从地面开始以曲线的形式不断向上延伸，使得整个建筑的外观表皮成曲线形，建筑中的各个空间也被这个曲线形的表皮所分割。这一曲线的折叠形体表现出空间环境的复杂性，表现建筑与环境的交互关系，建筑内外空间的一体化关系以及有机包裹与流动的关系。建筑中的各个功能区域以及出入口都是在单一或者连续的建筑物表面，由不同的褶皱所堆叠出来。这种流线的堆叠使得空间中的各个独立功能区都被有机地连接起来，因为褶皱形状的不同，所以每个功能区在高度以及空间区隔上也都不同（图 13）。

　　整个空间中复杂多变、令人眼花缭乱的折叠结构与表皮效果宣泄表现的激情，给人强烈视觉体验和心理冲击力，也制造出新的空间效用。在空间中运用无硬角和曲线处理大量的定向、层次、垂直关系等，空间呈现复杂的层次，使参观者可以看到更多的事物，看得更深更远，有更多改变方向的自由（图 14）。

　　在空间中设计了一系列的坡道，以此来连接室内的各个空间，这些坡道形成了一个连续的交通回路。漫步于坡道上，视野开阔，可以感受到整个空间所带来的动感以及整个博物馆独特的建筑形态（图 15）。

2.2.2　乌德勒支教育馆

　　乌德勒支教育馆是库哈斯折叠结构的典型案例，一块混凝土厚板从地面升起，逐渐升高到二楼地面，然后继续抬升，作为礼堂的底板，然后弯折 180°，反方向折回，作为二楼的屋面板继续延伸。传统的地面、墙面、楼面在

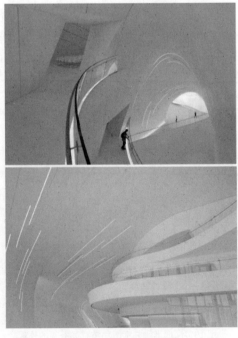

图 15　空间中的坡道

库哈斯这里已经丧失了语义，空间完全由流动的厚板围合和分割。连续阶梯贯穿建筑的一层至三层，使餐厅、考试大厅、会场等几个不同的功能空间相互联系，建筑的立面模糊，内部空间界面与外部相互转化，整个建筑构成多样统一、有机联系的"连续体"，并以"软化"方式与周围环境呼应联系（图16）。

图16　乌德勒支教育馆

对于乌德勒支教育馆的漫步从东北侧进入存在两种可能性，一是沿着外部坡道向上直接进入二层，或者也可以先进入大厅，然后再沿内部坡道也可进入二层。建筑中的内外坡道本是一回事，只不过有分隔。在空间中，坡道是空间运动最活跃的地方，因为在这里空间的垂直界限被消解了，上下贯通与交错、开畅、通透，视点丰富，视线变化丰富，足以令人兴奋。库哈斯运用折叠有意表达了空间的模糊和方向的消解，空间和运动不是一对一的关系，处处都存在着多种可能。在二层礼堂里存在这种多样的可能性，要到达二层礼堂可以从西南角落的楼梯上到二层的餐厅再经坡道上到二层礼堂，或者从坡道直接来到二层礼堂，再或者从东北角的楼梯也可（图17）。

整个教育馆空间设计语义复杂，内涵丰富，系统开放，建筑与环境、与自然相互联系，互生互动。空间中视觉扩展，连接线路有机流动，增加了效能，空间的垂直界限被消解，更加生动。坡道本应具有的较强的吸引力被其指向的不明确性削弱，东北角的楼梯最具空间运动的直观性，二层餐厅的存在则增强了西南角楼梯的吸引力。

2.3　绿化景观空间中的"建筑漫步"

近几年来，伴随城市化进程的加快，城市的人口、规模都还在扩大；另一方面，城市的可用土地越来越受到限制，城市绿化的压力越来越大，人们对建筑本身环境和建筑对环境的影响提出了更高的要求，绿化景观空间中的"建筑漫步"也愈加突出。

2.3.1　高线公园"螺旋塔楼"办公室

由 BIG 设计的位于纽约哈德逊广场的高线公园"螺旋塔楼"办公室，每一层都有向外的开放空间，创造出瀑布般的高空花园，完全连接了底层到顶端的办公空间。露台序列包裹了整座建筑，让人们的日常生活延伸到外面的空气和阳光之中。露台缓缓上升，每一层台面上都种植有绿色植物，整个"瀑布露台"都被绿色覆盖，以螺旋的形式

图17　不同通道

创造了独特、连续的绿色走廊，包裹整个塔楼的立面，让内部的人可以轻松地进入外界的环境（图18）。

图18　高线公园"螺旋塔楼"办公室

露台带总长度达到了半英里，让室内空间和外部环境无缝连接在一起，室内不同层的办公室也彼此衔接。这一元素也成了一种独特的交通空间，同时也为人们提供了健康的休憩活动空间，促进人们的运动并增强了联系和合作，丰富和美化了城市景观（图19）。

图19　"螺旋塔楼"的瀑布露台

2.3.2　伊斯坦布尔 Gülsuyu Cemevi 文化中心

由土耳其伊斯坦布尔马尔设计师 Melike Altınışık 和 Gül Ertekin 所设计的伊斯坦布尔 Gülsuyu Cemevi 文化中心方案是一座具有宗教文化意义的综合建筑。建筑的屋顶景观、露台和庭院布局错综复杂，不仅丰富了访客的游览体验，不分区域的社交也变得更加简单易行。建筑的屋顶被草地覆盖，表现出建筑亲近自然、回归自然的设计理念，使建筑加强了人与自然的联系。建筑师没有遵循一般的建筑语法，而是以文化可持续为理念，着力于设计一处适于教育和纪念活动的公共空间。建筑中的交通流线丰富，上下贯通与交错，视点丰富，视线变化丰富，在不同层面展开着富有变化的空间序列（图20）。

图20　伊斯坦布尔 Gülsuyu Cemevi 文化中心

2.4　地上地下空间中的"建筑漫步"

由朱锫建筑设计事务所设计的小清河湿地博物馆方案是一个部分位于地下，消于无形的建筑。当参观者在起伏的地形中穿梭时，连续不断变化的建筑立面和地面会带给参观者不同的空间体验。整个建筑看上去就是一个连续的地面，且部分散布在水面线之下。湿地中水和陆地相互穿插融合，屋顶由绿色植物覆盖，参观者被三组雕塑一样的山形土堆由屋顶带入地下的建筑空间。建筑空间中视点丰富，视线变化丰富，交通流线随意，空间中线条与体块、实与空、明与暗间的关系均是流动的、融合的，由此为人带来叠加的、富有层次的情绪体验。

无论参观者站在博物馆中的哪个地方，要想向别人清楚地描述这个立足点的具体位置，并不是件容易的事情，要想真正理解这个建筑，必须多次置身其中。漫步其中的游人产生不确定的空间体验，沿着起伏的地形行进时，由远及近，从各个角度去体味，俯视、近观，再进入其中，细细品味。空间开敞，各个空间是流通的，倾斜穿插的面与线赋予空间以流动性与导向性，给建筑以丰富动人的表现力。整个建筑空间令人觉得置身于动态与均衡的雕塑之中，时而清晰，空间豁然开朗；时而遮蔽，行走于昏暗的通道中。视线的通透以及每走一步所展现的不同景象，使参观者也无法清晰地描述这个建筑，不知自己身处何方（图21）。

图21　小清河湿地博物馆方案

2.5 历史与当下的"建筑漫步"

一些当代设计师营造历史与当下的"建筑漫步"。费恩设计的海德马克博物馆的原建筑是一座12世纪的天主教寨堡，后坍塌，18世纪农民将它改建成畜棚，博物馆在废弃畜棚基础上改建而成。博物馆将原有的残垣断壁以最大限度保留下来，残破的门洞直接用一个巨大的钢构玻璃包覆着，作为"防护罩"成为博物馆的入口大门。在这里，一般人们印象中粗鄙肮脏的废弃畜棚被转换与重新诠释，显现出具有浓厚历史文化意蕴的空间美感（图22、图23）。

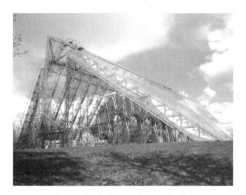

图22 海德马克博物馆钢构玻璃

图23 海德马克博物馆入口大门

在海德马克博物馆的改建中，废弃的畜棚被作为挪威先民不可替代与复制的过去生活的积淀加以精心保存。挖掘出得数百年古文物也直接放置、保存在现场博物馆呈现U字形，经遗址3面包围起来。费恩在充满残破遗迹的院落中间加建了一条徐缓抬升的水泥坡道，构成参观的流线，引导参观者在历史遗存的空间与新建空间中穿越，产生强烈的时空交错的幻觉。村破的古建筑遗存呼唤往日的记忆，

讲述往事，意识在新旧交错中复苏。这条被费恩隐喻为"地平线"的架空走道其下是沉寂多时的中世纪遗迹，其上是恒久变化着的现实。走道旁有三个独立的混凝土小凹室，里面展示从遗址上发掘出来的物品。破损的墙洞以透明玻璃覆盖，固定方式简单直接、清晰明确。走道一端通往北侧文物展示区，另一端持续延伸至原本已经坍塌的厚重砖墙洞口，再穿出户外，缓缓而降，中间经一转折，最后坐落地面和露天遗址衔接在一起（图24）。

图24 海德马克博物馆水泥坡道

结语

在建筑历史和现代运动中，勒·柯布西耶所提出的"建筑漫步"概念，此后建筑空间的认知就由静态的观念向运动过程中形成的连续而整体的空间体验所转变。"建筑漫步"最重要的就是以人运动为中心而展开的空间设计，勒·柯布西耶反复强调："当一个人在谈论运动时，他实际上是谈论生与死的问题，建筑体验的生与死，感觉的生与死。"在生活节奏加快的当今社会，人们对空间的心理需求产生了许多变化，使得人们对于建筑的漫步体验更加细致，以人为本，从而使空间更加舒适。希望"建筑漫步"这一新的空间设计理念，能够给更多的建筑师带来想法，从而产生更多的空间设计技法并创造出更具有人性化、多样化、节奏感的行走空间，做到真正的以人为本来进行建筑设计。

参考文献

[1]［法］勒·柯布西耶.勒·柯布西耶与学生的对话［M］.牛燕芳，程超，译.北京：中国建筑工业出版社，2002（9）.

[2]W.博奥席耶编.勒·柯布西耶全集（第2卷）·1929-1934［M］.牛燕芳，程超，译.北京：中国建筑工业出版社，2005.

[3]［法］Jean Jenger.勒·柯布西耶：为了感动的建筑［M］.周嫄，译.上海：上海人民出版社，2006.

[4]富永让.勒·柯布西耶的住宅空间构成［M］.北京：中国建筑工业出版社，2008.

[5]［日］越后岛研一.勒·柯布西耶建筑创作中的九个原型［M］.徐苏宁，吕飞，译.北京：中国建筑工业出版社，2006.

[6]弗洛拉·塞缪尔.勒·柯布西耶与建筑漫步［M］.马琴，万志斌，译.北京：中国建筑工业出版社，2012（11）.

[7]Paul Valery. Introduction to the Method of Leonardo da Vinci. La Nouvelle Revue Française，1924，27（3）.

[8]王昀.勒·柯布西耶的萨伏伊别墅探访［J］.评论与鉴赏，2001（2）.

[9]斯布里利欧.萨伏伊别墅［M］.北京：中国建筑工业出版社，2007.

农村文化礼堂建设在展陈设计上如何体现"一村一色、一堂一品"的内涵要求[1]

■ 施徐华
■ 中国美术学院

摘要 农村文化礼堂建设是浙江省政府一项重要的惠民工程，全省各地掀起了农村文化礼堂建设新高潮，杭州农村文化礼堂正处于"提质扩面"的发展阶段，在新常态下如何进一步提升文化礼堂内涵，做到传统文化、地域文化的挖掘和现代价值观念的弘扬有机结合？如何进一步打造文化礼堂特色，特别是新建文化礼堂在建筑风格、功能布局、室内装饰风格、展陈的文化内涵等方面能更好地体现区域特征、彰显个性，使之真正成为农村的文化地标？作为文化礼堂建设的主要内容之一的室内展陈设计也要与时俱进，充分挖掘地方特色，着力打造"一村一色、一堂一品"。

关键词 农村文化礼堂 展陈设计 一村一色 一堂一品

在 2013 年浙江省"两会"上，省政府将建设 1000 家农村文化礼堂列入 2013 年十件实事之一，从 2013 年开始，浙江将用 5 年左右时间，以有现场、有展示、有活动、有队伍、有机制等为标准，在全省行政村建成一大批集学教型、礼仪型、娱乐型于一体的农村文化礼堂。通过文化设施、文脉传承、文明传播，真正让文化成为群众的精神寄托，打造农民群众的精神家园。

杭州市迅速贯彻省委相关会议精神，全市各地掀起了农村文化礼堂建设新高潮，杭州农村文化礼堂正处于"提质扩面"的发展阶段。在新常态下如何进一步提升文化礼堂内涵，做到传统文化、地域文化的挖掘和现代价值观念的弘扬有机结合？如何进一步打造文化礼堂特色，特别是新建文化礼堂在建筑风格、功能布局、室内装饰风格、展陈的文化内涵等方面能更好地体现区域特征、彰显个性，使之真正成为农村的文化地标？作为文化礼堂建设的主要内容之一的室内展陈设计也要与时俱进，充分挖掘地方特色，着力打造"一村一色、一堂一品"。然而，各地文化礼堂在建设过程中，部分礼堂展陈区域设计形式创新不够，主体空间展陈表现形式过于单一，存在着简单的复制现象，一定程度上没有充分挖掘地方文化内涵来展现地方特色。部分文化礼堂虽投入了一定的财力和精力，但在建设过程中只是按高档的普通装修工程来完成，出现了华而不实、脱离当地的文化内涵。鉴于此，笔者拟将亲身主持设计过的多个实践案例的设计过程做了一系列的调查研究与分析记录。并就文化礼堂展陈空间的调研策划、设计定位、空间规划、设计语言表现等做一剖析比较，总结出一套关于提升文化礼堂内涵的设计规律和设计思路，刊鉴。为当地相关部门提供一份文化礼堂空间展陈策划和展陈设计过程方法资料，为文化礼堂建设添砖加瓦。

1 文案策划是文化礼堂展陈设计的基础

1.1 前期调研准备阶段

到文化礼堂所在地进行现场调研，建议成立三个调查小组。A、文献组：收集老照片（生活和生产的回忆）、老报纸、简报和老出版物等反映本村有价值的信息承载物；B、实物组：相关的老物件、可以运用于展示民俗传统与农耕文化的相关物件等清单的整理（包括器物名称、尺寸、照片、用途、简要注释等）；C、人物采访组：请本村中土生土长老人，分年龄段、工种类别等典型人物进行座谈，讲述他们所见证的本村历史变化，他们所知的故事、传说及本人的故事（多媒体影像的形式）。

1.2 文化礼堂展陈主题的选题研究

邀请当地政府主管部门领导、相关专家、当地和本村的文化能人等，组织形成专家会谈形式。在对本村文化礼堂展览宗旨、村民需求、已收集的资料等基础上，确立展览主题。从笔者设计实践成果来看，各村的文化礼堂展览主题的确立都应展示本村最具代表性的文化、地域、历史特色。比如后坞文化礼堂的"后坞生活·山村记忆"的山村主题；东门渔村文化礼堂的"美丽渔村·东门传奇"的渔家风情主题（图 1）；蟠滩文化礼堂的"文化蟠滩·美丽乡情"的历史文化名镇主题等，都体现了"一村一品、一堂一色"的展陈设计理念，这些主题的设立，很好地展示了村史、民风，其深厚的人文基础，让更多的人了解了各村历史久远的地域特色文化。

1.3 文化礼堂陈列大纲和陈列文本的编写

汇总各方提供资料及各方意见，抓取其中重要线索及信息点，在此基础上编写展陈说明、陈列大纲，撰写陈列文本（包括实物展品资料、辅助陈列资料、形式设计建议等）。

❶ 本文为 2015 年度杭州市哲学社会科学常规性规划课题"农村文化礼堂建设在展陈设计上如何体现'一村一色、一堂一品的内涵要求'"（批准号：杭社规〔2015〕5 号、课题编号：M15JC073）的成果。

图1　东门渔村文化礼堂序厅

2　方案设计是文化礼堂展陈设计的重点

　　组织设计人员到现场考察，并根据文本内容，提炼文化元素，转换成具体化、形象化的设计语言，进行展陈设计，具体体现在以下几方面：

2.1　空间规划

　　内容设计到形式设计的过渡，最要紧的莫过于平面布局。所谓平面布局，其实质是理解内容的基础上对空间的规划。如何解决物理空间下逻辑空间的相对连续？如何在小空间里构造出大空间？如何将空间的难题转化成展示的亮点？其中重要的一点是要根据室内空间的特点，按照当地的历史文脉来划分大的板块，如后坞文化礼堂以"一个场景、一户人家、一天的生活（早、中、晚）、一年四季（春、夏、秋、冬）"为主线来划分室内展陈空间的板块，艺术地再现山里人家生产生活习俗，极具浓郁的山村文化特色。如石浦东门渔村文化礼堂以"海之情韵、海之信俗、海之精灵、海之技艺、海之体验、海之乐歌"六大板块来划分室内展陈空间布局，是渔民生活和生产习俗的生动再现（图2）。总之，空间规划中，一方面要抓重点，促进信息有效传输率，着眼于提升空间利用效率；此外，也必须伴随一些形式设计的初步构想，并非以裁减信息量为依托。

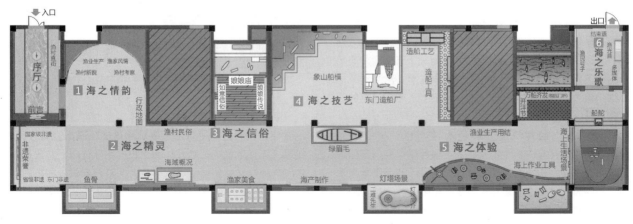

图2　东门渔村文化礼堂平面图

2.2　形式设计

文化礼堂的展陈形式设计应根据确定有代表性的文化主题来展开，其本身可以很好地展示该村的村情、村史、家谱、民风。但部分却成了形式化的展示，抑或只是当作一项普通的工程来对待，没有进行深入挖掘，其形式单一，在各文化主题上往往只是用几张照片来呈现，容易让参观者产生视觉疲劳。文化礼堂不只是几栋房子，几张图片的单一展现，而是展示一个村子的文化、特色，该村一个时代的缩影，其最终效果是挖掘、传承传统文化，而不是一个简单的复制。在展览实物时，用直观的方法展示清楚实物的使用方法，以及加强周边空间的关联性展览，有助于增强展览效果。多种农具的组合展示，或结合写真雕塑的劳作场景，以及其他场景或重要实物中心，整合实物、版面、道具、背景画等群组性展览团块，都可以起到"1+1＞2"的效果（图3）。

图3　后坞文化礼堂——"山乡晨光"展示区

2.3　特色原生态场景营造

文化礼堂中展陈的实物不能全部简单罗列。从某种意义上说，这些展品只是当地普通的生活用品和生产用具，它没有太多的文化价值，但它承载了特定时期特有的功能和背景。应将一些特殊的实物放在一个拟真的原初环境中，才能揭示物件背后产生的原因，在生活中的用途及和人的故事。全复原、半复原及象征性复原的针对性运用，避免了过于追求写实时易流俗于形而下的可能。如后坞文化礼堂中营造街道的儿童游戏场景，踢毽子、滚铁环以及几个小孩租"小人书"（街头连环画地摊的场景）。在"山村夜晚"板块中塑造了一个当地山村农户家中特有的"浴汤"场景（早期山里人家在用柴火烧着的大铁锅中洗澡，既保暖，又环保）。这些既极具山村生活特色，又富有原生态场景的营造勾起当地年长一点村民的无限往事。从某种意义上说，整个文化礼堂的展览，本身也浓缩了一个村落的原生态场景。

2.4　活态的现场展演和传承

后坞文化礼堂中八十多岁的老人现场织草鞋，东门渔村文化礼堂中渔娘织补网和老渔民渔家号子非遗传承人现场哼唱等将趣味性、知识性和传承性相融合。这种现场式的"高峰体验"，是一种让村民感受到发自内心深处的欣快、满足、超然的情绪体验。这也是文化礼堂展陈设计所希望能够带给人们的体验目标。要达到这个目标，关键是要使观众能够全身心地投入进来，创造性地参与充分和互动，充分挖掘可动手的、参与性的、有适度挑战性的展陈方式，以深化观众多元的感官体验为目标，带给观众丰富而充满趣味性的文化礼堂休闲经历。

2.5　光的控制

文化礼堂在设计过程在审美识别的追求中，除了文化元素外，色系和灯光也起到重用。在后坞文化礼堂色系的设计中采用了中性的灰色系列配合冷暖多层次的灯光，陪衬出山乡山色。在东门渔村文化礼堂中所渲染出来的是海洋的蓝色系列，每个特定的空间都应产生普遍的审美认同。

光的控制，对文化礼堂而言，是展览能否出彩的关键，所以也是设计的灵魂。除了一般性的光源、光路的照明等设计外，对室外光干扰的隔离以及特殊情况下巧妙引进"天光"也是设计重点。例如东门渔村文化礼堂在"海之体验"场景板块中，利用原来的窗户引入天光，打开窗户面对的就是一望无际的大海，可以令人产生空间延伸的错觉，以便产生更自然逼真的效果。

2.6　材料的运用

要因地制宜，充分使用当地的材料。如在后坞文化礼堂中设计选材上，大量运用了本地盛产的竹子。经过特殊工艺的处理和艺术加工，设计制作了别有竹乡风味的展柜、展台和家具，效果甚好，也可谓展览展示设计一个很好的案例（图4）。如在东门渔村文化礼堂中，设计师用得比较多的一种装饰材料就是渔网和老船木。渔网的设计元素用金属来替代，就像我们在操场上的那些钢丝网。这些当地普通的常见材料，通过现在的一些设计艺术手法，以一些相对漂亮的方式来进行重新组合，把它们运用到合适的空间中去。

图4　后坞文化礼堂——"民艺天工"展示区

2.7　版面的处理

版面除了按视觉艺术的处理外，还也可以做出自己的地方特色。如后坞村是浙江省非物质文化遗产旅游景区，村里"洋家乐"特别红火，因此根据实际需求，文化礼堂内展陈版面文字处理上进行了中英文对照标识。如东门渔村，在版面文字内容上除了用普通话陈述外，还请当地的老渔民用当地特有的方言进行翻译，也为东门渔村文化礼堂增加了浓郁的渔家特色。

近来，常听到这样的事情：有些村落的老者走出家门每天走进文化礼堂一次次一遍遍来看看和摸摸久违的农具和器物，有时还带着孙辈和玄孙辈的小朋友，并经常很投入地进行一些回忆以及为同行者讲解和诉说当年意气风发的劳动场景。看来越来越多的人开始参与到文化礼堂的共同设计和运作中来了。

结语

目前杭州市农村文化礼堂建设正在各地蓬勃开展，当前已处于"提质扩面"的发展阶段。文化礼堂建设中的展示中心、传习所、活动空间的建设，将日益成为以后相当长的时期内全市农村文化保护与建设工作重要内容之一。

农村文化礼堂建设毕竟是新生事物，特别是室内展陈空间作为其主体建设部分，完全成熟的理论可做指导的不多，完全成熟的样板可供参考的也不多，它不像博物馆、图书馆等公共文化设施那样历史久远而成熟。虽然文化礼堂与历史民俗题材的博物馆有类似之处，但其功能定位、性质、面对群体毕竟有所区别，因此只能在实践中继续摸索，积极探索新方法、新思路。有关文化礼堂的建设全市已建成一部分，但真正符合要求和专题研究的还不多。本文将着眼于农村文化礼堂展陈设计实践的研究，总结经验教训，提出一些文化礼堂展陈策划与展陈设计基本规范和要求，对当前农村文化礼堂建设在展陈设计上如何提升"一村一色、一品一堂"内涵要求提供可鉴之处。

参考文献

［1］夏宝龙. 建设美丽浙江　创造美好生活［J］. 宣传半月刊, 2014（11.12）.
［2］王淼. 把根留住. 杭州丛书［M］. 杭州：浙江大学出版社, 2006.
［3］杨建新. 浙江非遗丛书［M］. 杭州：浙江摄影出版社, 2009.
［4］过灵芝. 杭州农村文化礼堂建设调查研究［C］. 2014年杭州发展报告·文化卷, 2014.

汉口租界教堂建筑外窗结构及装饰研究

■ 汤 佳
■ 华中科技大学建筑与城市规划学院

摘要 文章以汉口租界教堂建筑外窗为主要研究对象，从其发展沿革、结构造型、装饰特征入手对汉口天主教堂、基督教堂、东正教堂的建筑外窗进行分析研究，以探求西方文化影响下汉口租界教堂建筑所蕴含的时代内涵、艺术价值及文化特征。

关键词 汉口租界 教堂 建筑外窗 结构 装饰

基督教作为世界主要的宗教之一，在中国传播已有1300多年历史，其间经历唐代、元代、明代和近代四次发展高潮，特别是鸦片战争后各类不平等条约的签订，清政府被迫同意外国传教士来华自由传教，西方宗教由此从沿海深入内陆，在中国大陆迅速建立、渗透、蔓延。

明崇祯十年（1637年）葡萄牙籍传教士何大化"因奉教官员之请，至湖广开教。"❶后由于清廷的传教禁令，基督教在汉的传播长期处于秘密发展的阶段。直到1860年第二次鸦片战争后，各类不平等条约的签订迫使清廷解除传教禁令，外国传教士再次大举来汉传教，教士所到之处必先租屋设堂或买地建堂，以作为其立足武汉、传播宗教文化的基地。因此，19世纪60代至20世纪50年代成为武汉教堂建设的鼎盛时期。武汉的教堂建筑在武昌、汉口、汉阳均有分布。其中汉口教堂数量较多，主要分布在中山大道至沿江大道一带，按宗教类型可分为天主教堂，基督教堂和东正教堂。

1 汉口租界教堂分类及溯源

1.1 汉口天主教堂

武汉天主教的传播始于明朝崇祯十年（1637年），葡籍传教士何大化来武昌，曾在蛇山脚下修建一座小教堂，

但不久后便遭摧毁。清顺治十八年（1661年），法籍耶稣会神父穆迪我来武昌重新建堂，发展教徒多人，自此天主教在武汉地区的传教活动一直延续下来。但由于当时清政府严令禁止传教，因此教会发展并不兴盛。直到1858年《天津条约》签订后，武汉天主教的传播才逐渐进入繁盛时期。武汉现存天主教教堂大多建造于19世纪下半叶至20世纪上半叶，到1950时武汉共建成近20座天主教堂，其中汉口为总教区，共建有10座，包括圣若瑟堂（图1）、圣母无原罪堂（图2）、耶稣君主堂等。

1.2 汉口基督教堂

随着1858年《天津条约》的签订，外国传教士来华开展宗教活动越来越多。1861年，英国基督教传教士杨格非到达汉口，成为最早进入华中地区的基督教传教士。1864年7月，杨格非在汉口夹街建造了一所小教堂，取名"首恩堂"。这也成为华中地区最早的基督教堂。1880年杨格非又在英商人的支持下在花楼街修建小型礼拜堂，取名花楼堂。1920年，英国伦敦会差会与花楼堂中国信徒协商建立新的格非堂，1931年动工，同年竣工，现位于汉口黄石路口。

20世纪初至40年代为武汉基督教堂建造的高峰时期，格非堂、圣安得烈堂、圣三一堂、圣救世主堂、圣米迦勒

图1 圣若瑟堂

图2 圣母无原罪堂

❶ 成和德. 湖北襄郧属教史记略［M］. 上海：上海土山湾印书馆，1924.

图 3　汉口老教堂：救世堂、圣三一堂、荣光堂、魏氏纪念堂

堂等著名的基督教堂均建成于这一时期。到 1949 年武汉解放初期，全市共建成 76 座基督教教堂，现存 17 座。武汉基督教为了更好地在当地普通教民中布道传教，其教堂建筑风格相较于天主教堂更为朴实亲切，并在设计中融入了大量中国传统装饰元素，创造了一种中西合璧的建筑风格，如救世堂、圣救世主堂和圣三一堂。此外，基督教堂中还存在哥特式风格、文艺复兴风格、西方古典建筑风格，如荣光堂、魏氏纪念堂等（图 3）。

1.3　汉口东正教堂

1715 年第一届"俄罗斯正教驻北京传道团"进驻北京罗刹庙，东正教自此以组织的形式开始在华开展各项活动，但传道力度不大。1860 年中俄《北京条约》签订后，沙俄正式派遣外交使团来华，力求扩大传道力度，但收效见微，只在少数地区建有教堂或祈祷室，其中就包括汉口的阿列克桑德聂夫堂。

阿列克桑德聂夫堂由来汉经营砖茶生意的俄国商人与驻汉第一任俄领事商酌并筹资修建。教堂于 1885 年年初在今鄱阳街 48 号落成，是武汉仅有的一座砖木结构的东正教堂。1891 年 3 月 11 日，俄皇太子访汉，除主持新泰砖茶厂 25 周年庆典外，还特意莅临东正教堂参加盛大宗教活动（图 4）。

图 4　阿列克桑德聂夫堂老照片及改造现状

2　汉口教堂建筑外窗结构特点

2.1　汉口天主教堂建筑外窗结构特点

汉口天主教堂的建筑风格主要分为罗马式风格和哥特式风格两类。罗马式风格教堂包括圣诺瑟堂、圣方济各沙勿略堂、耶稣君主堂等，其中以圣诺瑟堂保存最为完整，且最具特色；哥特式风格教堂则以圣母无原罪堂为代表。

汉口罗马式天主教堂建筑外窗的造型以方形长窗为主，也有少数半圆形窗和圆形窗。其中方形长窗面积较大，窗形窄而高，且多为双层结构，里层为玻璃彩窗，外层为百叶窗，这种做法在武汉的世俗建筑中也十分常见。外层百叶窗的基本构成方式是在固定的木质窗框内安装长条状斜棂，两条斜棂间留有空隙，可通过旋转窗中央的细木立轴调整百叶的倾斜角度。罗马式天主教堂中的半圆形窗和圆形窗多为单层玻璃彩窗，彩窗图案丰富绚丽，在建筑立面上起到了一定的装饰作用。汉口哥特式风格教堂的建筑外窗以哥特式二心尖券窗和圆形玫瑰花窗为主要类型。尖券窗多为双层结构，内侧为木质玻璃彩窗，外侧为铸铁窗栅。

圣若瑟堂又称上海路天主堂，由意籍教士余作宾主持修建，1875 年动工，次年建成，是一座罗马式风格教堂。圣若瑟教堂主教府采用丁十字巴西利卡式平面布局，建筑体量巨大，建筑立面高耸厚重，给人以宏伟庄重之感，为了减少建筑沉重封闭之感，其外窗面积较大，窗形窄而高，其宽度约为 1.5m，高度约为 4m。建筑主立面一层两侧为两扇木质长窗可分为上下两部分，下部方窗为双层结构，里层为玻璃彩窗，外层为木质百叶窗，上部半圆形亮窗则为单层玻璃彩窗。教堂主立面二层及侧面为多扇方形长窗，长窗窗楣为典型罗马式三角形窗楣（图 5）。

圣母无原罪堂又称法国堂，是一座哥特式风格的小型天主教堂。圣母无原罪堂于 1910 年建成，最初是专供汉口法租界内外侨使用的天主教堂，又称"贵族堂"。1953 年圣母无原罪堂终止宗教活动改作他用，2014 年重新修复开堂。修复后的圣母无原罪堂仍然保持了哥特式建筑风格，建筑下层的外窗为二心尖券窗，窗内侧为色彩艳丽的玻璃彩窗，外侧为铸铁窗栅。尖券窗的窗框依照窗体的轮廓由弧形和直线石条共同拼接而成，直线部分的窗框用间隔排列的方形石块进行装饰。建筑上层为哥特式建筑中最具代表性的圆形玫瑰花窗，花窗图案精美丰富，在室内形成神秘绚烂的光影效果（图 6）。

图5　圣若瑟堂主立面及侧面外窗结构

图6　圣母无原罪堂玫瑰花窗及二心尖券窗结构

2.2　汉口基督教堂建筑外窗结构特点

基督教堂建筑外窗按造型划分可分为方形窗、圆形窗、拱券窗、异形窗。方形窗包括平开式方窗、固定式方窗、旋转式方窗三种。在平开式方窗和固定式方窗上常常设有亮子，以增大采光面积。旋转式方窗包括平转式和立转式两种，平转式方窗是以横向木条为轴，上下旋转关启，如救世堂外墙上的旋转窗皆为平转式方窗；立转式方窗则是以垂直木条为轴左右旋转关启，如荣光堂二层的隔断窗则为立转窗式方窗（图7）。

图7　救世堂中的平转式方窗及荣光堂中立转式方窗结构

汉口教堂建筑中拱形窗的形式也十分多样，其差别主要体现在上部拱券形制的不同，大致可分高跷拱窗、平顶拱窗、半圆形拱窗以及哥特式尖券拱窗。圆形窗包括椭圆形窗和正圆形窗两种，在救世堂中的实例较多。异形窗在教堂建筑中运用不多，但大多都设计精美、造型独特，往往能在建筑立面上形成画龙点睛的装饰效果，如救世堂南

立面的凯尔特十字窗和北面圣坛的圣光冠冕十字窗都充分突出了救世堂神圣庄重的宗教氛围。

基督教堂窗框的造型一般有以下三种做法：①外框按照窗户的形状围合出完整的线框并逐层向内缩进，形成透视窗的形制，这种做法多运用于哥特式风格的教堂。此外，在哥特式教堂建筑中还会利用线型石条窗框将上下两扇窗户围合成一个整体，强调垂直流畅的视觉效果；②在窗上部设置三角形窗楣或者弧形窗楣；三是用整体石条或拼接砖块作为窗框装饰，以此在立面上形成简单的凹凸和肌理变化。

荣光堂和救世堂作为老汉口代表性的基督教堂，其建筑外窗的设计都颇为考究且各具特色。荣光堂原称格非堂，是武汉现存最大的基督教礼拜堂，三层砖木结构，是典型的哥特式教堂。教堂入口处为一座高耸的钟楼，钟楼中部开大型哥特式尖券窗，尖券窗由较粗的木质棂格分为三部分，每部分都包括上部固定的尖券和下部可开启的长窗。钟楼两侧一层和三层为三扇透视尖券窗，二层为方形长窗。二层的长窗和三层的尖券窗由外侧红砖拼接的整体窗套合为一列，在视觉上形成一种贯通流畅、垂直向上的动感。教堂两侧一层均为方形长窗，二层均为透视尖券窗，窗户间的装饰壁柱由底层贯穿到顶，起到装饰和分隔墙面的作用（图8）。

图8　荣光堂建筑立面及外窗结构

1864年英国基督教循道公会传教士医生师维善在今汉口汉正街475号创办普爱诊所，并以此为基础传教。1870年后为满足日益增多的信众的礼拜需要，普爱诊所改建为一座简陋教堂，称大通巷福音堂。1930年汉协盛营造厂再

次对教堂进行改建，终建成如今的救世堂。救世教堂为中西合璧式建筑，南立面虽采用了中式传统的单檐庑殿琉璃屋顶，但教堂的平面布局及门窗装饰却带有浓厚的西式风格。教堂南立面入口上方巨大的白色凯特尔十字窗与屋顶上的十字架交相辉映，突出教堂的宗教氛围。教堂东面、西面、北面外墙上开多扇方形旋转窗，旋转窗分为上下两扇，可分别旋转开启，窗内为木质十字窗心格，内嵌彩色玻璃。教堂北面圣坛的外墙中央有一个直径达2m的圣光冠冕大十字彩色玻璃窗，光线透过十字彩窗投向圣坛，庄重而神秘（图9）。

图10　圣母无原罪堂玫瑰花窗结构

天主教堂的建筑外窗多为石条窗框，在完整的石条上勾勒出单层或双层的脚线，或是在窗框上间隔排列凸出的石块以达到一定的装饰效果。罗马式天主教堂建筑外窗的窗楣装饰也比较典型，石质三角形窗楣用多层细密的脚线进行装饰，窗楣下方则以雕刻精美的兽腿作为装饰。此外，天主教堂还会在仿建筑外窗造型的石龛内雕刻圣经人物造型的浮雕来丰富建筑立面的装饰造型（图11）。

图9　救世堂入口立面凯特尔十字窗及圣坛处圣光冠冕大十字彩色玻璃窗

2.3　汉口东正教堂建筑外窗结构特点

阿列克桑德聂夫堂在平面造型上采用了东正教常用的希腊十字造型，教堂中央上层为六边形筒状鼓座，鼓座上承六坡攒尖屋顶，屋面以绿色铁皮铺制，屋顶上为金色"洋葱形"宝顶，宝顶上立有十字架。筒状鼓座每面均开有一扇拱形采光窗，采光窗的窗框为三层透视窗框，最外层窗框为"洋葱头"造型，其余两层为简单的弧形。采光窗的窗体为两层结构，外层是黑色铸铁窗栅，里层为木质棂格窗。阿列克桑德聂夫堂集中式高侧窗的采光方式在拜占庭式教堂建筑中十分常见，这种设计能够在教堂高耸空旷的室内空间中营造一种向心向上、威严神秘的宗教氛围。教堂底层为八面高大的三层透视拱券，拱券最外层为"洋葱头"造型，正南、正北面的拱券上方开双联式拱形彩窗，其余各面则为单扇拱形彩窗。

图11　圣诺瑟堂正立面圣经人物浮雕

3.2　汉口基督教堂建筑外窗装饰特征

老汉口基督教堂的建筑外窗的装饰特征主要表现在彩窗图案、窗框造型和窗周围墙面及壁柱的造型上。

基督教堂建筑外窗中的彩色玻璃以红、黄、蓝、绿四色为主，多以"十形字"和花朵植物为设计主题。较为常见的设计方式是在方窗内直接用彩色玻璃进行色块拼接，或是在"十字形"细木棂格内镶嵌几何形彩色玻璃，形成彩色十字的造型；而哥特式尖券窗有些则会在上部弧形尖券内用圆形、半圆形或较粗的弧面棂条拼接组成花朵图案然后再安装彩色玻璃（图12）。此外基督教堂中异形彩窗的设计也独具匠心，如救世堂圣坛处的建筑外窗就是由巨大的白色十字与圆形彩窗组合而成，圆形彩窗内红、黄、蓝、绿四色玻璃呈放射状由内向外逐层拼接，形成圣光冠冕的华丽效果（图13）。

3　汉口教堂建筑外窗装饰特征

3.1　汉口天主教堂建筑外窗装饰特点

汉口天主教堂外窗装饰特征主要体现在彩窗图案及窗框装饰上。

汉口罗马式天主教堂建筑外窗彩色玻璃的图案可分为三种类型，一是在相同大小的木质方形棂格内分别镶嵌红、黄、蓝、绿四色玻璃，形成简洁的色彩拼接图案，如圣诺瑟堂一层的玻璃彩窗；二是用细木棂条在窗内构成十字形棂格，并在十字形棂格内用红、白两色的彩色玻璃拼接成花朵图案，其余部分则用压花玻璃填充，如圣诺瑟堂二层中央的玻璃；三是在半圆形玻璃窗中用黄、绿两色玻璃构成花朵图案，如圣诺瑟堂一层的半圆形彩窗。哥特式天主教堂建筑外窗则是以玫瑰花窗的造型最为精美，如圣母无原罪堂二层玫瑰花窗的图案就是在圆形的石质窗框内用铁质棂条划分出花朵图案后，用红、黄、蓝、绿四色彩色玻璃进行填充（图10）。

图12　魏氏纪念堂外窗装饰

图13 救世堂十字彩窗装饰图案

基督教建筑外窗的窗框造型以哥特式教堂建筑最为典型。哥特式教堂建筑外窗为三层缩进式透视窗框，外面两层窗框为红砖窗框，其颜色材质与建筑墙面保持一致，但拱券处砖石的排列方式与墙面有所区别。里层的窗框为木质窗框，刷以朱红色油漆，整个窗框色彩与墙面相互融合。此外，在基督教建筑外窗的窗户两侧通常还会装饰有方形壁柱，壁柱的柱身材质与墙面保持一致为清水红砖，柱础、柱头和腰线的部分则用灰色几何石材进行简单装饰，这样不仅加强了窗户间垂直流畅的线条感，也能起到分割墙面、丰富立面装饰的效果。

3.3 汉口东正教堂建筑外窗装饰特征

中国近代东正教堂的建筑风格在很大程度上受到俄罗斯教堂建筑的影响而带有明显的"俄式风格"，这种"俄式风格"是在拜占庭建筑风格的基础上结合俄罗斯本土建筑文化而逐步形成的一种风格样式。阿列克桑德聂夫堂作为武汉仅有的东正教堂，其建筑外窗的设计依循了俄国东正教堂建筑外窗的建造风格和装饰样式，以"火焰"和"洋葱头"为主要装饰元素，以此代表着信徒祈祷的热忱和对上帝殿堂的渴望[1]，如教堂建筑外窗的窗楣及三层透视拱

券墙面的最外层都为"洋葱头"造型；在窗框及周围墙面的设计中利用砖石的凹凸排列及多层叠加来增加外窗装饰的层次感和立体感，这种设计方法在教堂的三层透视墙面和多层次的窗框设计中都有所体现；窗户两侧装饰有方形壁柱，壁柱柱头仿檐口造型，刻有多层细密的脚线；窗台下方墙面多有方形几何装饰，与弧形的窗体、窗楣及窗框形成曲直对比，使整个立面装饰更加丰富活跃（图14）。

图14 阿列克桑德聂夫堂建筑外窗装饰细节

结语

"建筑遗产"是指"体现建筑美学价值和发展历程、承载文化意义和历史信息，对社会生活和城市环境有重要意义，应当被视为建成环境遗产而加以保留的建筑"[2] 教堂建筑作为汉口近代建筑遗产，是西方文化在汉传播的历史见证，它所承载的历史信息、文化意义和艺术价值真实的展现出近代汉口社会文化发展的历史轨迹。因此从建筑外窗这一细节构件入手，深入挖掘汉口教堂建筑的独特魅力，可以为武汉当下建筑遗产的研究与保护提供更加有力的支持。

参考文献

[1] 胡榴明.三镇风情：武汉百年建筑经典 [M]. 北京：中国建筑工业出版社，2011.

[2] 徐宇甦，陈李波，余格格.武汉近代教堂建筑类型研究 [J]. 华中建筑，2014，07：149-154.

[3] 李百浩，湖北省建设厅.湖北近代建筑 [M]. 北京：中国建筑工业出版社，2005.

[4] 李晓丹，张威. 16—18世纪中国基督教教堂建筑 [J]. 建筑师，2003，4：54-63.

[5] 李传义，张复合.中国近代建筑总览·武汉篇 [M]. 北京：中国建筑工业出版社，1992.

❶ 马英超，喻德荣.设计风格相融性研究——以拜占庭建筑风格在中古俄罗斯的发展为例 [J]. 广西轻工业，2011（5）：93-94.

❷ 常青.建筑遗产的生存策略——保护与利用设计实验 [M] 上海：同济大学出版社，2003：2.

初探城市景观设计中文脉传承的综合表达

■ 舒惟莉

■ 中铁十二局集团有限公司勘测设计院

摘要 中国当代城市发展在全球化经济的浪潮中渐渐迷失了方向，对自己传统文化的不自信和过快的速度造就了千篇一律的城市肌理和环境污染。本文通过从宏观的角度剖析景观、景观设计、文脉、文脉传承的深层语境，揭示他们的内在联系，试图初步探索出城市景观设计中以文脉传承为基石，重塑我们的精神家园，实现以人为本、共同营造的新途径。

关键词 景观 语言 塑造 联系 景观设计 文脉 文脉传承 以人为本 共同营造 生态平衡

1 命题的起因

"那伏在摩托车龙头上的人，心思只能集中在当前飞驰的那一秒；他抓住的是跟过去与未来都断开的瞬间，脱离了时间的连续性；他置身于时间之外；换句话说，他处在出神的状态；人进入这种状态就忘了一切，因此什么都不害怕；因为未来是害怕的根源，谁不顾未来，谁就天不怕地不怕。"[1]这摩托车上的人几乎就是我们新中国成立以来的"破四旧，立四新"运动到20世纪90年代之后全国范围内造城运动的写照：在那场史无前例的文化浩劫中，城市及部分乡村延续千年的传统景观几乎被损毁殆尽，取而代之的是苏联式乌泱泱的方盒子、林立的工业烟囱；而20世纪90年代改革开放以来，为适应全球经济一体化，

为赶超所谓欧美的现代化，又是一轮新的模仿和建造如火如荼展开，因为城市的扩张，很多乡村也卷入这一系列的造城运动中。以至于一位韩国教授告诉白岩松说："我在书里知道你们中国有五千年的文化，可是在你们的街上我看不到。"❶扎哈·哈迪德❷说："中国是一张令人难以置信的，可以用来创新的白纸。"在这样的历史大背景下，我们的城市沿用勒·柯布西耶"辉煌城市"❸的模式，经过一次次的规划建造，全国的大小城市几乎成为千篇一律的复制品（图1~图4），失去了自身原有的特征和风貌。沈从文《边城》中的诗意及浓郁的乡土色彩也失去了培育的土壤，早已荡然无存。因为要发展经济，所有的事物都要给经济让路：时间、空间、人们的情感和精神需求以及如何与自然和谐共生。

图1 广东省韶关市

图2 长沙市

图3 广东省惠州市

图4 广州市南海区

注：从上面四张图片可以看出，四个城市的肌理几乎没有差别。

---

❶ 资料来自《白岩松：城市报刊亭可改造成WiFi中心》人民网2015年3月12日报道.

❷ 扎哈·哈迪德（Zaha Hadid）（1950—2016）伊拉克裔英国女建筑师。在中国的项目有：广州歌剧院、北京银河SOHO、望京SOHO、上海凌动SOHO等.

❸ 由勒·柯布西耶1930年提出，主张用全新的规划思想改造城市，设想在城市里建高层住宅，现代交通网和大片绿地：①功能分区明确②市中心建高楼，降低密度，空出绿地③底层透空在（解放地面，视线通透）④棋盘式道路⑤建立小城镇式的居住单元。该理论已被西方大多数国家以过于机械，缺乏人性而否定.

作为近几年来国际建筑界最炙手可热的设计机构，BIG一直是人们关注的焦点。在BIG设计的台湾花莲海滩住宅（Hualian Beach Resort），是以中国山水画为母题构思的（图5、图6）。无独有偶，国内最知名的建筑事务所MAD近来也在做山水城市的设计实践，灵感也是来自中国的山水画艺术（图7、图8）。而作为MAD事务所创始人马岩松的老师，扎哈·哈迪德设计的北京望京SOHO就是以"山"为主题的（图9、图10）。

如此体量庞大的三个项目不可避免地主导了当地的城市景观。姑且不论这样的景观是否真的如中国山水画一样带给人们诗意，让人不由自主产生共鸣，从而在内心欣然认同，一个不可否认的事实就是——现在中国城市的发展往往面临这样的境况：一个巨硕的建筑或建筑群主宰着城市的景观，如北京的国家大剧院、国家体育场（鸟巢）、中央电视台大楼、苏州的东方之门等不胜枚举。中国城市化建设浪潮吸引了历史上最多的外国建筑师涌入。可是他们为国内各个城市设计的许多建筑真是我们需要的吗？很多时候我们难道不是被迫接受开发商提供给我们的产品吗？因为别无选择——以和我们密切相关的住宅为例，拉菲水岸、普罗旺斯，什么牛津花园、剑桥小镇，什么纳帕溪谷、曼哈顿花园……我们自身的审美权在哪里？我们的文化话语权又在哪里？是什么强行割裂了我们的精神世界？这难道不值得我们深刻反思吗？

从思想层面上来看，西方和中国的建筑景观是两种表现完全不同的哲学体系：西方体现的是征服、个性张扬及威权，而中国讲究的是天人合一、融于万物、道法自然以

图5　BIG的台湾花莲海滩住宅设计方案概念

图6　BIG设计的台湾花莲海滩住宅

图7　MAD设计的城市森林

图8　MAD设计的南京正大喜马拉雅中心

图9　扎哈·哈迪德设计的北京望京SOHO

图10　北京望京SOHO室内

及内敛和平衡。所以由西方设计师为我们打造建筑景观不可避免会出现和我们传统文脉相悖的现象。

现如今，那一栋栋由西方建筑师设计的遍布大江南北让人瞠目结舌的几何体，那一条条纵横穿行供机动车行驶的宽阔的马路，那一个个一下大雨就成为泽国的大小城镇，那一片片干涸的大地……人们在这样的环境里生活，很多时候感觉就像蝼蚁——常常被挤压得慌不择路。这种现象值得引起大家的思考：如何在景观设计中做到文脉传承的诗意表达；如何在利用西方先进技术及理念塑造城市景观的同时重塑我们的精神家园；如何与自然和谐共生——这是每位城市建造主持者和设计者都不应忽视的课题。

2 景观及景观设计的定义

2.1 什么是景观

景观，在人类社会开始之前就在地球上普遍存在：地球由于自身的地质活动塑造出千姿百态的地貌；动物之间通过自己族群特有的语言共同捕食或躲避敌人；植物因为温度、光照时间以及生长土壤的性质而出现生长差异；人类在水边和大地上生存和发展，通过五觉（嗅、听、触、视、味）来感知世界，获取食物，为遮风避雨人类建造了原始的住所。所有这一切构成了景观最本初的形态。在语言和文字产生之前，人类就是通过自然界的景观来认知世界的：动物不同的叫声表达不同的信息，追随某种植物生长轨迹可以找到食物，阳光，风，云报告着天气的变化……景观的物质现实是所有自然及人类活动的结果——景观被自然界中动植物、天气、地质活动以及人类的双手和思想所塑造。这种塑造发生在不同时间、不同空间、不同尺度的建构过程中：从短暂到持久，从弹丸之地到全球范围内——太阳辐射促进万物生长；风起云涌，雨水落下，滋润土壤并雕琢大地；动物迁徙引起湿地、草原或海洋景观的变化；植物的适应性生存可以让一座山峰不同高度呈现出不同的面貌；地质活动会改变地貌；大气污染引发雾霾；人类利用工具、规则以及其他行为来塑造景观。

"景观是一种可以阅读、讲述并流传下去的语言。"[5]这是毋庸置疑的。景观中的所有元素如阳光、空气、水、山体、树木、动植物、道路等等都具备自身特有的语境，这些元素帮助人们构筑物质现实，并通过大小、形状、结构、材料、构成和功能等等来实现，这些都等同于文本语言中的字、词及语汇。事实上，我国汉字作为象形文字在产生之初就是来自于自然界的所有事物，以及人们置身于自然中的生产活动的结果。贾岛的"僧推月下门"和"僧敲月下门"的推敲二字之别，就证明了汉语相同语境下不同词语表达出不同的意境，这和景观世界是相通的。景观塑造过程中景观元素和语言一样，由其自身的语法原则和发展规律控制并引导，一些景观手法可以通用于所有的场所和环境，另一些则是特定的。比如我国明代计成在《园冶》中提出"巧于'因''借'，精在'体''宜'""虽由人作，宛自天开"的造园法则适用于所有的园林艺术，但皇家园林和私家园林又有本质的不同，这又是由律法和投资

等特定因素决定的。

景观可以传达思想、理念以及情感。从古到今，人们祭祀时建造的高台和庙宇，为追寻永生修建的陵墓，为彰显皇权修建的皇宫，为兴利除害修建的水利工程……这些人造景观无一不体现人类的思想和理念。一个人出生及成长，自身都会不自觉地烙下周围景观的印记，人也会从情感上对此产生深刻的眷恋，每个人在生理和心理上也都携带着这种基因。所以，景观区别于环境最本质的语境就是人的思想、理念以及情感。人类的思想、理念和情感引导着景观的形成，景观也是人类精神世界的客观存在——人们通过各种活动无意识或有意识地塑造景观，就是为了传达思想和理念，表达情感。

景观中各要素是相互联系相互制约的。一方面，人的活动会影响自然环境，"随着时间的推进，尤其是20世纪以来，人类获得了改变世界地强大力量，这种力量不仅强大到令人担忧，而且其性质已经发生了变化"[3]；另一方面，景观会有其特定的规律来维持自身的平衡。而这种平衡会产生什么样的后果，是由各要素之间的联系决定的。所以景观最重要又最容易被忽视的特性就是其揭示的事物之间的联系。景观是由这些联系相互作用的综合系统，不能单纯地归为"自然的"，或是"人类文明的"，它是时间和空间的共同作用的结果，是"自然"和"文明"综合作用的表达。如果忽视景观的综合特性就会导致忽视景观世界之间各种错综复杂的联系，把景观当作装点门面的饰物，从而会给人们带来意想不到甚至灾难性的后果。

2.2 景观设计的定义

"只有强大的文明社会才有可能从大尺度上操作环境，有意识地进行大规模物质环境的改造也只是在最近才成为可能"[4]。城市内的景观不仅包括花园和公园，还包括地貌、建筑、河道、水利工程、街道、下水道里的基础设施甚至于人行道等——建筑景观可以看做是所有人造景观的总和。从远古时对大自然的敬畏到如今对大自然肆无忌惮的掠夺，现代人类因为长期以来缺乏对景观的深层解读而制造了太多的悲剧：随着人类的发展，人口数量快速增加，人类集中活动的区域不断扩大、乱砍滥伐、过度开发、环境污染等导致的动植物栖息地急遽萎缩，动植物的种类和数量呈几何方程式的减少，最终导致的后果就是温室效应、极端天气频发、灾难性气候增加——人类也付出了沉重的代价。

景观设计并不只是简单静止的构图。如果将景观仅仅看作是风景，就会在投入时优先考虑外观和其象征性，这样会隐藏紧张和冲突，也掩盖表象之下的联系。以近年来发生在我国各大小城镇的典型现象为例：暴雨过后，各城市经常性发生严重的积水（图11~图14），这样的负面景观的出现，和城市设计时先考虑表象而忽视了各种元素之间的联系是分不开的——如地下排水管网和路面排水系统的联系，地面渗水和地下水位补充之间的联系，硬化路面和生态系统之间的联系等。而妄顾这些联系的后果就是给人们生活及出行造成极大不便，给人们财产造成极大损失，甚至于破坏生态系统平衡。

图11　2012年6月20日大雨后杭州市内积水　　　　　图12　2013年7月6日大雨后武汉大学门口大量积水

图13　2013年10月8日上海莘庄南广场地铁入口出现积水　　　图14　2016年5月10日大雨后广州市内积水

　　景观设计者应该是一个懂得阅读景观的人，可以从中寻找出一个或多个看似不相关的事物之间的联系。一些细节能透露很多内容，它们可能是一个大型运动的迹象。比如地质学家从珠穆朗玛峰上的鱼类化石推断出那里曾经是一片沧海桑田；阿尔弗雷德·魏格纳从"大西洋两边海岸线极度的相似和吻合"这一现象提出了地球大陆板块漂移学说，并发现了地壳板块不是固定不动的而是运动着的这一现象。景观设计者也需要具备这些能力——能够透过表象发现本质的能力。

　　景观设计和作诗行文一样，用特定的语言表达设计者的诉求。中国的3500多个基本汉字，有人可以用寥寥几个字写出意味深长的诗，也有人可以写出洋洋洒洒的长篇巨著。景观设计也是如此，可以是写实的、比喻的、夸张的、对比的、白描的，也可以是诗意的、辩证的、悖论的、有观点的。其最终的目的就是改善环境、造福于民；传达思想、引人深省。

　　"事实上，一处独特的、可读的景观不但能带来安全感，而且也扩展了人类经验的潜在深度和强度。尽管在一个形象混乱的现代城市或乡村是可能的，但是在一个生动的景观中，同样的日常生活必定会有崭新的意义。从本质上说，城市自身是复杂社会的强有力的象征，如果布置得当，它一定会更富表现力"[5]。比如一处适合的水利工程可以造福子孙后代，如都江堰；一处不适合的违背自然科学规律的景观只会贻害后人，如阿斯旺水坝。

　　景观设计的重要性由此可见一斑。

3　文脉及文脉传承的定义

3.1　什么是文脉

　　文脉，就是文化脉络，是在人类社会出现符号和文字以后，在阅读和塑造景观的过程中对人类活动轨迹的书写和记录。文脉既包括文化的时间脉络，也包括文化的空间脉络。文脉是一个动态的概念，是介于各种元素之间对话的内在联系以及局部与整体之间对话的内在联系。因此，从时空发展的轨迹和联系而言，文脉和景观是水乳交融、不分彼此的。

　　诗词歌赋、琴棋书画是文脉，笔墨典籍、民间艺术是文脉，历史延续下来的物质文明和精神文明都是文脉的有机成分——老子的《道德经》是文脉，由《道德经》衍生出来的道法自然、天人合一的与自然和谐共生的理念也是文脉；战国时代李冰主持修建的守护了肥沃的成都平原2000多年的"都江堰"是文脉，中国从大禹治水延续4000多年的"疏"和"导"的治水理念也是文脉；赣州在宋朝由刘彝主持修建至今仍发挥作用的地下排水网络"福寿沟"是文脉，而刘彝关于城市规划的理念也是文脉；紫禁城是文脉，宋代李诫编撰的《营造法式》也是文脉。

由此可见，文脉不是一个虚无缥缈的名词，文脉是和国计民生息息相关的实实在在的精神和物质财富。龙应台说："传统不是怀旧的情绪，传统是生存的必要。"[6]因此，做好文脉传承是人类社会得以延续必不可少的关键一步。

3.2 什么是文脉传承

丹尼尔·里伯斯金说："一个有意义的建筑并不是历史的拙劣模仿，而是表达。"[7]同样，文脉传承不是简单地用一些传统符号装点门面，也不是一味的对从前的模仿。真正的文脉传承是把历史延续下来的对国计民生有用的思想、理念和技术切实应用到实际的建设活动中，以此从真正意义上丰富人们的物质和精神生活。

对于我们的文化遗产，政府非常热衷于申遗，似乎有了那张"世界文化遗产名录"的名片，文化遗产就会身价倍增。很多地方政府以此作为旅游创收的途径，花很大的人力物力投入到申遗工作中。可文化遗产对于我们的意义难道就只在于作为古董展示，吸引更多的中外游客吗？

现在大家都知道大量使用传统混凝土是造成城市热岛效应、环境污染的重要原因之一，都在寻找一种可替代的建材。2008年，福建永安土楼申遗成功了，大家都欢欣鼓舞能通过旅游快速变现，与此同时人们似乎忘记了那些存续500多年的土楼所用生土墙就是一种现代人孜孜以求的会呼吸的材料，可以使用在很多场合代替混凝土。专家们很早就知道这种生土墙是一种绿色环保的材料——冬暖夏凉、营造方便、造价低廉、可回收利用、无污染、土墙里的筋骨可以用竹子完全取代木材，而竹子是速生材料。可现在除了浙北的几栋实验性建筑使用外，该工艺并没有得到大力推广。

2013年8月，日本建筑师坂茂设计建造的瑞士苏黎世Tamedia媒体公司大厦引起引起全世界建筑界的关注，因为该大厦是完全用"榫卯"结构连接的木构建筑。而"榫卯"，是中国流传4000多年的传统工艺，在唐代传入日本。事实上，当代日本很多住宅和大型公建都是运用他们叫"河合继手"的榫卯结构结合现代装配式技术建造的。

这一系列的现象值得引起大家深思：我们在大量引进和运用国外所谓先进技术、理念、思想的同时，我们自己流传千年被时间验证过的宝贵的技术、理念和思想却被束之高阁，或被弃如敝屣。如何让这些文脉在我们的手中真

正发扬光大——这是我们每一个人的责任和使命。

4 城市景观设计中文脉传承的综合表达

4.1 如何在景观设计中做到文脉传承的诗意表达

上善若水。水善利万物而不争，处众人之所恶，故几于道。居善地，心善渊，与善仁，言善信，政善治，事善能，动善时。夫惟不争，故无尤。

——老子《道德经》第八章

我国是多江河湖泊的国家，这是大自然的馈赠。如何引导水资源为民服务是千百年来各个时期的国之大计。

下面以水利工程为例。

都江堰水利工程由创建时的鱼嘴分水堤、飞沙堰溢洪道、宝瓶口引水口三大主体工程和百丈堤、人字堤等附属工程构成。科学地解决了江水自动分流、自动排沙、控制进水流量等问题，消除了水患，使川西平原成为"水旱从人"的"天府之国"[8]。

刘彝治理赣州时，"因势利导，把城市排水系统规划设计成集城市污水、雨水排放、城市诸多池塘蓄水调节雨水流量、调节城市环境空气湿度、池塘停积淤泥、减少排水沟的淤积、池塘养鱼、淤泥作为有机肥料用来种菜的生态环保循环链系统"[9]。这种城市规划理念不但考虑了城市排水问题，还考虑了自然生态系统的平衡以及人们的休养生息。

现代的水利工程"不仅要满足经济社会发展需要，还应该满足生态系统健康和可持续发展需求。水利工程建设应在有效发挥兴利除害功能的同时，充分发挥其生态效益"[10]。这样的理水法则才是和李冰及刘彝的治水和规划理念一脉相承的。

1970年建成的尼罗河阿斯旺水坝，在给埃及带来快速变现的经济效益的同时也带来了巨大的生态灾难❶；当时由前苏联设计的三门峡工程也早已经显现出了其狰狞的一面。在大自然和人民面前，我们每一个人都不能天不怕地不怕，我们要时刻保持清醒的头脑，要有敬畏之心。特别是在这些关系国计民生的大项目上更要有严谨的态度和作风，任何违背自然规律的做法无异于饮鸩止渴，任何不切实际的幻想和好大喜功、急功近利的冲动都会酿成惨重的后果。更重要的是我们要有承认错误的勇气和修正的决心，知错就改，善莫大焉。

所以，景观设计的第一要务是安全和责任。没有安全做前提，任何的诗意都只是空中楼阁。好的景观建造者和设计者首先要具备高度的责任心，即心怀苍生的胸襟和务实的态度，在思想上如老子所说一样"居善地，心善渊，与善仁，言善信，政善治，事善能，动善时"，这是我们传承了2000多年的思想精髓，任何时候都不能舍弃。这是

---

❶ 这些生态灾难包括：由于尼罗河的泥沙和有机质沉积到水库底部，使尼罗河两岸的绿洲失去了肥源——几亿吨淤泥，土壤日益盐碱化；由于尼罗河口供沙不足，河口三角洲平原内陆收缩，使工厂、港口、国防工事有跌入地中海的危险；由于缺乏来自陆地的盐分和有机物，致使沙丁鱼的年收获量减少1.8万吨；由于大坝阻隔，使尼罗河下游的活水变成相对静止的"湖泊"，使血吸虫病流行。（资料来自于《中文维基百科》）.

任何一个景观建造和设计中做好文脉传承的基石，只有基石稳如磐石，上面的楼宇才能大放异彩。

政府要给予文脉传承以适合的土壤。我们不能为了展示所谓的前卫和开放就把大量的项目让西方的设计师来设计，因为只有我们自己的设计师才有可能真正做到文脉传承。在这一点上，日本扶植和培养本国设计师的做法是值得借鉴和学习的。

每一种语言都是生长的，景观语言也不例外。景观设计中文脉传承需要结合现代的技术水平和人的需求。比如盖高层建筑时，结构部分可以用现代的技术和材料解决，而其余的如隔墙、装饰等部分可以结合传统工艺如生土墙、竹制材料等完成：用生土墙材料和工艺制作成预制产品以适应现代化的建设进程。而一些大型单多层民用建筑则可以大量使用生土墙技术。

"运用修辞学可使景观更加感人和富有条理。景观的诗学就是创作类比和培养悖论"[11]。以四川境内茶马古道为例（图15、图16），千年古道现如今不仅仅承载着时间凝聚的历史，也述说着自己的来历和湮灭在时光里的故事。雅安茶马古道雕塑群运用类比手法，作为文脉景观讲述着关于生存、身份、力量和成败的故事。

再以中国民居为例：翻开中国传统民居几千年的建筑史，尊重和顺应自然是一以贯之的理念。这些民间建筑形态或体现天人合一，或蕴含处世哲学，让人惊叹于古人建筑理念之精妙，而这些理念就如有机体生长的遗传密码，也是塑造景观的法则，这样生长出来的景观才是生机勃勃的，其内在自然蕴含着感动人心的力量（图17~图20）。

图15　1908年茶马古道背茶砖的男子　　图16　四川雅安茶马古道雕塑群作为历史记忆的景观具有特殊意义

图17　四川福宝古镇　　　　　　　　　　图18　山西盂县梁家寨大米村

图19　福建永定土楼　　　　　　　　　　图20　贵州安顺石板房

4.2 如何在利用西方先进技术及理念塑造城市景观的同时重塑我们的精神家园

我国在 2015 年 10 月由国务院办公厅印发的《关于推进海绵城市建设的指导意见》中，推行了一系列减少城市开发建设对生态环境的影响的措施，诸如"城市'海绵体'既包括河、湖、池塘等水系，也包括绿地、花园、可渗透路面这样的城市配套设施。雨水通过这些'海绵体'下渗、滞蓄、净化、回用，最后剩余部分径流通过管网、泵站外排，从而可有效提高城市排水系统的标准，缓减城市内涝的压力"[1]。这些措施吸取国外"海绵城市"先进理念，从宏观上把控了城市发展和自然生态和谐共生的方向，并将引导城市建设健康发展。

我们的城市建设不能一味的盖高楼、修马路，我们要和有远见的人一样，也得考虑城市里人的休养生息和自然的生态平衡。简·雅各布斯[2]早在 1961 年就在其著作《美国大城市的死与生》中尖锐地提出了"我们建设城市究竟是为汽车还是为人"的问题。美国后来的城市规划受到她影响做了很大调整：城市建设要首先考虑人，然后才是汽车。我们的城市建设和规划也要以人为本，不能本末倒置：让车横行无忌，让人无处可逃。

城市建设和景观设计除政府引导外，还需要全体公民的共同参与。简·雅各布斯说："设计一个梦想中的城市不难，但重建一种生活需要想象力，只有当城市是由每个人创造的时候才有能力为所有的人提供所需要的东西。"借此"海绵城市"改造之际，可以实行以社区为单位，让公民一起参与的方式来进行，以此弥补以前城市建设遗留下来的除淤堵、环境污染、生态失衡之外一些其他的诸如缺乏生气、缺少人文气息、和中国传统格格不入等问题。这样也可以加强邻里交流、激活街区生活，共同营造我们的精神家园。

真正好的设计要有能力唤起人们深厚的感情，不能只是带给人们对"设计"的某种羡慕，却远远谈不上内心深处的激动，更不可能有丝毫的震撼力量[12]。

城市不能无休止地扩张，"超级城市"并不是个美好的梦想，这已经在我们很多城市中得到证明。我们应该放慢脚步，让城市像自然界的所有有机体一样自然生长，像花的生长一样——"如果你想获得一朵真花，你不会用镊子一个细胞挨一个细胞地制作，而是从种子中养育它"[13]。当然这需要时间和耐心，还要付出情感。

我们不能把在摩托车上飞驰的状态作为我们生存的常态，那样出车祸的几率会大大增加。

结语

现在我们不断地引进新的城市建设新理念：无论是海绵城市、数字城市、还是智慧城市，这些归根到底是为人服务的，人的因素才是这些所有建设和规划的主体，以人为本应成为时代的主题，并切实运用到所有的实际工作中；同时，景观设计与城市建设都要尊重自然科学规律，在做好文脉传承的基础上结合现代科学技术，要和自然和谐共生，保持生态系统平衡，这样才能真正造福于民。

参考文献

[1] 安妮·惠斯顿.景观的语言：文化、身份、设计和规划.张红卫，李铁，译.中国园林，2016，32（2）.
[2] [美] 蕾切尔·卡逊.寂静的春天.许亮，译.北京：北京理工大学出版社，2015.
[3] [美] 凯文·林奇.城市意象.方益萍，何晓军，译.北京：华夏出版社，2001.
[4] 王富泉，李后强，丁晶，陈远信.论都江堰水利工程的系统辩证原理.系统辩证学学报，1999（1）.
[5] 一座城市的优劣不能只看地表更要看地下，选自 2012 年 08 月 06 日《人民日报》文章.
[6]《基于全局观视野下的推进水生态文明建设的对策措施》.选自九地国际规划官网文章.
[7] [美] 亚历山大，等.城市设计新理论.陈治业，童丽萍，译.北京：知识产权出版社，2002.
[8] [美] 亚历山大.建筑的永恒之道.赵冰，译.北京：知识产权出版社，2002.

关于改造装修工程中给排水设计常见问题与解决方法的探讨

■ 胡海涛¹ 刘灵菊²
■ 1 中国中元国际工程有限公司 2 北京北方节能环保有限公司

摘要 相对于新建建筑的装修，旧楼改造的装修工程给排水设计有其一定的特殊性，本文结合实际工程案例分析了装修改造工程过程中给排水设计常见的问题，并对这些问题的解决方法进行了探讨，论述了装修改造工程给排水设计的重点和难点，为优化装修改造工程的给排水设计提供参考。

关键词 改造装修工程 给排水设计

引言

随着人们生活水平的不断提高，对环境的审美标准也日益增高，现代室内装修时，不仅要求给排水设施合理设计，方便使用，还要求具有一定的美观性。因此在进行装修时需要按照一定的原则和要求进行室内给排水设施的安装与设置，在满足新的消防规范的基础上，保证用户给排水的使用要求，并尽可能提高装修的视觉效果。

相对于新建建筑的装修，旧楼改造的装修工程不仅仅是在建筑观感上进行的简单装饰、装修，在其使用功能上同样进行了很大的改造。这些改进和增加功能的实现，很大程度上依赖于机电设备专业的改造安装。受限于旧楼原有建筑结构格局功能的限制，改建工程比新建工程设备专业施工难度更大，需要注意的工作细节更多[1]。

1 给排水工程常见的问题和解决方法

1.1 给水工程

在旧楼改造装修工程的给排水设计中，给水工程最常见的问题就是末端用水点位的位置、数量、用途的改变，比如新增卫生间、新增厨房、新增水景等，由于旧楼没考虑预留此部分用水量，也没有考虑其水压的要求，原有管路基本满足不了新的各用水点的水量和水压需求。所以，不管建筑是局部翻新，还是整体改造，都需要先校核改造后建筑的用水量和各用水点的水量和水压。

如笔者就碰到过这么一个项目，一个原使用功能为商业的6层多层建筑，现将1层局部以及2～6层改造为专科医院，其中3～5层为病房层，6层为手术层，原建筑每层只设了一个公共卫生间，建筑用途改变后，用水量是原有用水量的好几倍，原来的水压也不满足新的使用需求，为了保证用户给排水的使用要求，只能增加生活水箱，增加生活给水加压设备。

1.2 排水工程

在旧楼改造装修工程的给排水设计中，排水工程最常见的问题就是新增的排水点位如何排走，附近有排水管路的，还可以就近接入，附近没有排水管路的，就需新增排水立管，排水立管宜靠近排水量最大的排水点[2]，为了便于精装修专业可以将立管砌墙封闭，排水立管还应尽量靠近墙角处或结构柱边上，这样对于空间布置的影响最小，不占用使用空间。

在装修工程中，标高问题也是排水工程遇到的常见的问题之一，以上述案例为例，排水管路在二层吊顶内汇总，由于重力排水，排水管路必须保证一定的排水坡度，势必对装修的吊顶标高有影响，为了将影响控制到最小，在满足规范的前提下，应尽量将排水管贴梁底敷设，选用最小的排水坡度，汇合管路应选择布置在走廊或次要房间的吊顶内，尽可能保证重要房间或重要区域的吊顶标高。

2 消防工程常见的问题和解决方法

随着《消防给水及消火栓系统技术规范》（GB 50974—2014）和《建筑设计防火规范》（GB 50016—2014）的执行，在旧楼改造装修工程的给排水设计中，消防工程成为了业主、设计师、施工人员甚至审批人员最头痛的问题，不同人员对新规的解读也都仁者见仁智者见智，对于高层建筑的局部改造装修，大多数人认为保持原系统进行末端调整即可，可对于多层建筑的大面积改造装修，分歧就很大，有的认为应从系统上满足新规要求，有的认为还只是末端调整，系统保持原状，在此，笔者不做进一步的探讨，只对配合精装过程中末端调整遇到的常见问题进行论述和解答。

2.1 消火栓系统

在旧楼改造装修工程中，由于建筑室内平面布局的改变，原有消火栓的安装位置经常出现不符合消防规范的要求，比如消火栓被分隔在了屋内，比如分隔后的房间超过了保护距离等，在配合精装修调整末端消火栓箱位置的时候，必须遵循以下几条原则：

（1）室内消火栓的布置应满足同一平面有2支消防水枪的2股充实水柱同时达到任何部位的要求[3]。当有房间超过了保护距离时，可以调整原有消火栓箱的位置，或者增加消火栓箱，增加的方式应就近接消火栓环管或主立管。

（2）室内消火栓应设置在走道等明显易于取用处，以便用于火灾的及时扑救。当装修过程中被分隔在了屋内时，必须移到屋外的走廊内。

（3）装修时应将消火栓箱做明显标志，不得封包隐蔽。在装修公共区域时，为了实现背景墙的统一美观，消火栓箱通常会被装上暗门，这种情况下应在消火栓箱门上用红色字体注明"消火栓"字样，并保证开启角度不应小于120°[3]。

2.2 自动喷水灭火系统

在旧楼改造装修工程中，自动喷水灭火系统的喷头的末端移位是最平常的工作，为了视觉上的美观，装修专业会将吊顶上的灯具、风口、烟感、喷头等调成在一条直线上，或者为了保证公共区域的吊顶效果，喷水形式由下喷改侧喷等，虽然只是末端的移位调整，但既要满足规范要求，又要配合好精装修，在调整的过程中要注意以下几条原则：

（1）距离符合要求。不管是喷头之间的距离，还是喷头距墙、灯具、风口等的距离都应遵循规范对建筑不同等级的设定要求。

（2）喷头选用：矿棉板或石膏板吊顶的部位一般采用装饰隐蔽型喷头，其余采用直立型标准玻璃球喷头，敞开

式格栅吊顶不宜设于喷头之下，当设于喷头之下时，格栅吊顶应满足一定的条件，其中开口面积占吊顶面积的比例不小于70%[4]。

在配合装修的过程中，为了保证吊顶标高，喷淋主管应尽可能布置在走道内，或者穿越次要房间，连接主管的分支管应上翻在梁窝内，然后再连接各个喷头，尽可能不穿越梁连接喷头。

结语

旧楼改造的装修工程不仅仅是在建筑观感上进行的简单装饰、装修，过程中设备专业的改造调整难度更甚于新建建筑，不管是新增给排水管路立管位置的选择，还是消火栓箱的移位封包，还是喷淋管路的连接敷设，都需要通过合理的综合考量，进而按照一定的流程和顺序进行设计，这样才能够让装修工程更加的有效果，提升装修的最终品质。

参考文献

[1] 柴宁. 浅谈给水排水改建工程 [J]. 工程技术，2011（13）.
[2] GB 50015—2003 建筑给水排水设计规范（2009 年版）[S]. 北京：中国建筑工业出版社，2009.
[3] GB 50974—2014 消防给水及消火栓系统技术规范 [S]. 北京：中国计划出版社，2014.
[4] 黄晓家，姜文源. 自动喷水灭火系统设计手册 [M]. 北京：中国建筑工业出版社，2002.

精装修工程施工管理要点

■ 郑 嵩

■ 中国中元国际工程有限公司

摘要 本文对精装修房的施工管理要点，结合实际施工进程进行详细的阐述。

关键词 精装修工程 施工管理 装修细节

在当前激烈的市场竞争环境下，购房者对"精装修房"的质量、装修细节等要求较高，精装修工程管理以其精密、细致的管理模式可以满足这一需求。它主要包括施工进场前的现场协调工作以及进场后的一系列管理工作，主要包括设计交底、样板施工、工艺技术等。

1 施工进场前现场协调

由现场管理人员进行精装修施工单位及其他施工单位的相关注意事宜的协调工作，主要协调以下事项：

（1）协调建设方指定的分包单位之间的关系，例如空调、消防、安防以及弱电等问题，同样需要有文字协议约束。

（2）协调与其他施工单位的交接验收，为精装修单位施工打基石，交接验收后需做验收纪要，并给出明确的整改时间、指出接收的相关条件等。包括：①原建筑垃圾是否已经清运；②土建施工质量，如平整度、烟道畅通性、垂直度等方面的检查；③消防主机等设备是否处于正常工作状态；④管道洞口、地面闭水试验；⑤铝合金门窗及幕墙淋水试验；⑥铝合金门窗及幕墙外型目测检查，包括五金件是否齐全，使用灵活度，撞伤与否、形状、破损情况，是否存在砂浆污染及污染情况，玻璃的破损情况等；⑦检查给排水系统是否正常；⑧强、弱电、空调、消防系统接口是否到位。

2 施工进场、设计交底

现场管理人员负责协助并参加施工进场动员及设计交底两个会议。会议结束后，由会议主办方做出会议纪要，该纪要需送达各方签字确认。

3 样板施工精装修工程

在大面积施工之前，首先应进行样板施工，通过样板施工，明确材料选用、施工方法，并可根据现场实际情况对设计施工图进行调整，保证大面积施工的顺利进行。

4 施工过程工艺技术管理

4.1 精装修施工过程工艺技术管理主要内容

包括：①现场放线；②水、电及室内机电设备安装及试压调试；③吊顶及隔墙基层施工，卫生间防水施工，及隐蔽工程验收；④墙顶面批灰，墙地砖（石材）施工，地板基层施工；⑤成品木制品安装（门套、固定家具等），墙面修整打磨及面层处理；⑥墙顶面乳胶漆，墙纸、软包施工；⑦开关、面板、洁具、龙头、电器、五金、灯具安装调试；⑧地板、地毯施工，石材结晶处理；⑨细部整改、验收。现场管理人员应了解认识精装修工程各阶段、各种材料的施工管理技术，保证精装修各阶段、各材料间的合理衔接和搭配。

4.2 精装修施工过程各部分管理方法

施工过程应严格按照国家相关规范要求进行控制。部分施工管理方法如下：

（1）吊顶工程。①根据不同的使用环境和要求，选择适用的吊顶形式。根据不同的使用部位选择适用的吊顶材料（石膏板、矿棉板、硅酸钙板、铝板等）；②对各部位吊顶标高与现场条件、设备安装提前综合考虑，相互矛盾处及时进行相关调整，避免后期造成工期延误；③制定天花综合排版图，对灯具、风口等构件在顶面的位置与装饰效果综合考虑，避免设备安装引起的龙骨调整和保证天花（尤其块状金属板、木饰面）的对称美观；④石膏板面层施工时，在转角、开口等应力集中处，应有防开裂措施（"L"形板或底衬木夹板）；⑤使用其他吊顶材料时，需严格按照相应材料的不同施工方法进行施工。

（2）隔墙工程。①根据不同的使用条件（高度、环境），选择不同的骨架材料，如：木龙骨、轻钢龙骨、型钢等。骨架材料必须做防锈、防腐处理；②隔墙应满足一定的刚度，如：石材或瓷砖装饰面的隔墙，不应因隔墙的变形而发生爆角、断裂；③对隔声要求比较高的隔墙，骨架应与结构顶面连接，并填充隔音棉至结构顶面。

（3）墙柱面饰面工程。①根据设计风格及材料选择合理的缝处理方式（V形、U形、平缝）和阴阳角处理方式，仔细推敲其施工的可行性，并提前做出调整；②石材的墙柱面饰面施工方法主要有干挂、湿贴和灌浆等，应根据使用部位的不同要求而选择合理的施工方法和转角石材拼接方式。天然石材施工前应预排版，保证纹路及品相的匹配；③墙纸的施工应在基层找平并清油封闭后进行。墙纸应采用优质、环保并与之相对应的专业胶粉施工，严禁乱用黏结剂，墙纸要按方向铺贴，并注意墙纸对花及色差控制；④木饰面安装结构基层应有可靠的防潮措施，对成品木饰面与基层的连接构造需认真审核，应保证安装牢固、平整，面层不允许使用枪钉固定。

（4）地面工程。石材、瓷砖、木地板地面施工前应制定综合排版图，对地面设施综合考虑，避免过小尺寸的使用和避免地面嵌入设施的骑缝、压缝等现象，保证地面的和谐、美观。该排版图必须经过"现场管理人员"书面确认。

（5）防水工程。①根据不同的使用环境，选择经济、环保的防水材料（聚氨酯、JS等），宜采用涂膜防水；②根据不同的使用部位和重要性，选取合理的工法施工；③施工完成后及时保护，并进行蓄水试验，试验合格方可进行下道工序施工。

（6）成品木制品材料控制。①所有木制品应根据现场符合实际尺寸进行深化设计，"现场管理人员"应对深化设计成果进行审核，木制品尺寸由精装修单位根据现场尺寸进行审核，避免与现场结构面、设备造成矛盾；②施工单位应根据精装修施工进度编排合理的木制品生产、到货计划，以满足各工种收头工作的有序进行。

（7）石材加工、安装控制。石材工程在精装修中是一个相对复杂的内容，既是设计亮点、也是施工难点，应制定专项控制方案。①精装修单位应综合装饰施工图及所有石材面嵌入设备、设施，绘制详细的石材排版图，石材排版图必须经过"现场管理人员"书面确认；②石材供应商应根据装饰施工计划，制定详细的石材供应计划，并及时动态调整；③供货期间，精装修单位应派专人跟踪加工情况（质量、进度），并核对出厂石材排版情况及出厂编号，"现场管理人员"定期进行检查；④石材到场后应小心存放，并严格控制背面网格布处理、六面防护等环节，施工前进行预排版，对石材的品相色差再次调整；⑤石材施工完成后，如受到损坏，修复的成本很大且很难恢复到原来的施工效果，所以石材施工完成后，必须做好成品保护。

5 施工阶段的主要管理内容

（1）材料管理：①材料、设备的安装使用条件是否与现场条件符合；②材料的到货时间是否可以保证；③材料、设备的成品保护措施是否到位；④采购计划的时间节点是否合理，是否可以满足施工进度要求。

（2）质量管理：现场管理人员负责精装修施工质量管理的日常工作，应加强对施工现场的日常巡视，对施工中出现的质量问题及整改情况进行跟踪、作相应记录。

（3）进度管理：①要求施工单位拟订总体进度计划、月进度计划、周进度计划及施工进度控制节点；②分析施工单位进度计划的合理性、可行性、提出调整意见；③监督施工单位进度计划的执行情况，并适时采取措施保证计划的实现。

（4）成本管理：对于个别施工前未予明确确认价格的材料、施工中变更的材料、新增施工费用及由于建设方原因引起的返工费用，进行审核，并上报资本管理部审批，合理控制相关费用。

（5）安全管理：现场管理人员应增强安全管理意识，定期召开安全专题会议并加强现场巡检力度。

（6）分包管理：现场管理人员负责具体协调处理精装修单位与分包单位（空调、网络弱电、消防、安防等）管理与配合的具体事宜。

（7）验收、整改管理：①隐蔽工程验收，现场管理人员负责对隐蔽工程验收的具体管理工作，并会同监理形成隐蔽工程验收的验收记录；②工程竣工验收，精装修工程施工结束，现场管理人员负责协助进行竣工验收，并填写相关《精装修工程项目竣工验收表》；③现场管理人员负责督促施工单位就工程竣工验收过程发现的问题进行整改。

（8）资料管理：现场管理人员负责精装修工程资料管理的日常工作，并检查督促各分包单位的工程资料纳入精装修施工单位，精装修工程的所有资料统一归口到土建施工单位。

结语

总之，精装修工程现场管理是一项需要运筹帷幄、细致运筹的工作，过程虽有艰辛，然结果值得回味。

有机理论在高尔夫球场建筑设计中的实际运用

■ 卢 松 陈梦园 崔琳茜
■ 中国中元国际工程有限公司

摘要 有机理论建筑形式适宜于任何自然环境场地上的建设，它与自然是母与子的关系；建筑本身是人类理智思维下的产物，必然的和人文历史交织在一起，形成基因传承的父子关系。

关键词 有机理论 有机体 合目的性

2013年春节过后，我们来到既将改造施工的高尔夫现场踏勘，站在会所二层南露台上满眼望去，低矮起伏的果岭穿插错落，宽阔起伏的草地上间歇地点缀了些许水面、石桥和不知名的高大乔木。

影像变化、时空倒转，一群来自荷兰、苏格兰、中国的牧羊人悠闲地赶着羊群出现在眼前的草地上，三五成群，正飞舞着手中的牧羊棍击打着地上的石子，比比谁击得更准、击得更远，偶尔一次失手的石子被打入了一个兔洞，感觉这次偶然的"击石入洞"是一个很有意思的失误，惊喜大于郁闷，于是亚欧大陆草原上的牧羊人不约而同玩起这种有趣的游戏，久而久之打入一个特定兔洞成了最终的目标，这种游戏久经时间的洗涤，最终发展成现代的高尔夫球运动。

1 高尔夫球运动的起源

1.1 荷兰起源说

荷兰人一直都不认同高尔夫起源于苏格兰的说法，他们认为最早的高尔夫是起源于荷兰的。荷兰人把一个名叫"kolven"的古老运动称为最早的高尔夫，但kolven是一种室内运动，而高尔夫是一种户外运动，这是两者最基本最本质的区别！而且，kolven运动所使用的球要比一般的高尔夫球大，球杆要比高尔夫球杆重，更重要的是杆是没有角度的（图1）。

图1 打高尔夫球场面

1.2 苏格兰起源说

流传最广的一种是古时的一位苏格兰牧人在放牧时，偶然用一根棍子将一颗圆石击入野兔子洞中，从中得到启发，发明了后来称为高尔夫球的运动（图2）。因此，高尔夫这个词最早出现在14世纪苏格兰议会中的文件中。这是唯一一个有议会文件记录的说法，而且得到了世界大部分高尔夫热爱者的认同。

图2 西方打高尔夫球场面（右图中打高尔夫的女士是苏格兰女王玛丽）

1.3 中国起源说

公元前二三百年时，中国有种称为"捶丸"的球戏，这种运动近似于现代高尔夫。中国古代《丸经》中记载，元代的捶丸运动，必在蓝天碧水之下、湖泊河流之旁，君子们轻挥球杆，便将小球打入洞中。捶丸没有裁判，游戏者互相尊重对方，从对方立场考虑如何击球，并由球童捡球，是专门培养君子的运动。到了明代以后，这项运动在宫廷中也较盛行（图3）。

图3 中国宋代捶丸场面（右图中长须捶丸者是明宣宗朱瞻基）

回顾高尔夫球的历史和形成环境，是作为高尔夫场地上有机建筑设计过程中必需着重思考的因素、是启发设计思路不可缺少的源泉，有机建筑的本质是有生命力的建筑，建筑的外延与时间、与环境、与历史，彼此相互关联融合成一个整体，同时建筑自身也是有机的，形体的穿插、材料的排列，形体和元素在建筑中不断重复再生为一个有机的整体，如同细胞不断复制而成为不同的个体生命一样。

2 有机建筑理论与高尔夫球场建筑设计

兰克·洛伊·莱特的有机建筑理论是一个现代的观点，作者认为在古代东方的哲学中有"师法自然"等近似理论，并已广泛运用于园林及建筑设计中，被古代工匠一代又一代不间断地实践着，这些理论下的作品成外在形体到内在的精神，全身心地融入于自然环境中，[1]"人法地，地法天，天法道，道法自然"指明了天、地、人、自然的相互关系是在特定时间和特定空间中互为目的的。有机建筑理论在作者看来只是这个哲学体系中的一个具体的运用方法。莱特认为，设计应着眼于整体的生命、服务整体的生命，它是如此必要，在这个伟大的"传统"下没有其他传统是必要的。不去珍视所有现在、过去、未来那些束缚着我们、先入为主的造型。如果你倾向于依照材料的本质来创造造型，反而我们该去赞扬那些来自常识或超常感官的单纯规则。

有机建筑的概念不只是建筑与自然环境彼此间的关系，同时也是将建筑视作如同一个有机体。整个建筑的布局依照一个中心的意境与主题。并且有机建筑也关注建筑里的每一个元素：从窗户、地板、甚至填补空间的单一张椅子家具摆饰以及周遭环境很好地整合成整体、彼此相关联的组成，每一个元素彼此间都息息相关，反映了建筑内外元素和自然环境形成互为目的共生环境系统。

有机体的各个部分不仅是互相依赖、不仅只是在与全体的关系之中才成为部分，而且是互为目的与手段、互相产生出来，因而是"有组织和自组织的"[2]；它并不以外在的东西为目的，只把那些东西当作维持自己生存和延续的手段。这样一来，整个无机自然界都可以作为产生有机体的手段而被联结在一个以自然物本身（有机体）为目的的大系统中。

用草地上的三块石头（图4），这样来总结概括高尔夫改造项目中的中途卖店建筑，建筑与周边草地形成的形体与体量关系在感观上非常恰当。

图4 三块石头

中途卖店位于高尔夫场地中央，扁方形体块，距北面主入口891m，距会所出发台674m，建筑面积342m²，1层框架结构由咖啡厅、西厨、值班室及卫生间等功能空间组成（图5）。为球手全场活动中，在中途提供休息补充体力的场所，供应简单的西式餐饮，既给运动员提供方便，同时也给经营带来了创收。

图5 高尔夫改造项目之中途卖店

高尔夫改造项目中的会所位于正南面，与酒店联结成160m的超长方形体块，会所入口距北面场地主入口191m，建筑面积5069m²，结构形式为两层框架结构，一层由大堂公共区、出发区、餐饮区、洗浴区及卫生间等功能空间组成；二层由公共区、餐饮区、VIP休息区、办公区及卫生间等功能空间组成。会所是这次建筑改造项目中的重中之重（图6）。

图6 会所建筑远景

会所建筑于2015年5月改造完工。

水平长条形、屋面小尺度高低起伏与平缓的绿草地及微微参差的沙地形成和谐的互相呼应的几何形关系。

会所一层全部采用天然石材外饰面、二层为暖灰色真石漆、灰蓝色的斜坡屋面，其中局部天然石材突出屋面形成了材料和形体的穿插关系；开窗面积南面大、北面小，符合北方的气候特点，同时故宫红的门窗框架增强了建筑的地域感。

图7 会所内景

会所的室内也于同年6月完成，内部主要材料继续沿用室外同质石材和木质饰面（图7）。

高尔夫改造项目中的打习房位于入口西面，长方形体块，距北面主入口186m，距会所出发台289m，建筑面积4404m²，3层框架结构，1层由大堂、卖店、水吧、VIP包间、打习位、办公教学等功能空间组成；2层由打习位、戊类库房等功能空间组成；地下层为库房。整个室内功能配制为高尔夫新手提供练习击球、教学和娱乐等服务。

艺术品虽实际上是由一个外来的理智把合目的性原理加到自然物中去的，但看起来却必须像似自然本身的合目的性的产品，而不露出一点人工的痕迹来（图8）。

人和自然、和社会都是互为目的地，这种目的越纯粹、越和谐，也就越成功。建筑作为人的理智产物，在形式上能否与环境融合？草地上的建筑形式可以是迈耶式的快餐式构成，也可以是密斯式的精密机械技术，更可以是妹岛和世与西泽立卫的灵性暧昧式，也许还是最纯粹的草原式建筑最合适，成功与否要看在过程和结果中各要素间是否达到互为目的性这一原则。

图8　会所设计图

参考文献

[1]［德］康德.判断力批判［M］.邓晓芒，译.扬祖陶，校.北京：人民出版社，2002：175.

绿色设计理念在室内设计中的应用

■ 郭　佳

■ 中国中元国际工程有限公司

摘要 21世纪不仅是信息社会，也是生态社会，我国提出了生态文明建设的奋斗目标。绿色设计理念顺应了时代发展的潮流，也必将成为室内设计发展的趋势。随着科技的快速发展，人们对自然认识的不断加深，变废为宝，关注健康，节能环保等绿色设计理念被应用于室内设计之中。人们在室内设计中越来越倾向于利用自然的力量，减少对环境的干扰与破坏。绿色设计理念的广泛应用成为室内设计的趋势之一。本文就绿色设计理念在室内设计中的应用进行分析研究。

关键词 绿色设计　室内设计　应用分析　设计理念

引言

室内设计工作关系到人们生活的舒适度，绿色设计理念避免了室内装修中出现污染，提高了人们的生活质量。再者，室内设计工作是一项高能耗的工作，为了实现室内装修行业的可持续发展，要及时的推行节能、低碳、绿色的设计理念，切实地提高室内生态环境的合理性。

1　绿色设计理念

设计师在不同阶段有着不同的追求，绿色设计理念的产生有很复杂的背景因素，在20世纪的年代中，设计风格比较保守，然而随着社会的进步，设计师开始重新追求新的风格，在新世纪到来之际，他们开始转变原有的设计思维，赋予室内设计更多的艺术特性，这种艺术追求开启了设计行业的新篇章，他们在设计的时候更多地融入新的因素，并且把社会和人类的需求纳入设计的过程中，变化都对设计理念提出了更高的要求。在工业日益发达的社会，很多设计都存在严重浪费资源的情况，虽然通过设计，人们的生活环境有了很大的改进，但是这种商业化的设计也给环境增加了很大的负担，无限制的消费并没有全方面地满足人们的各种需求，相反这些设计带来的不满却引发了更多的思考，很多设计师开始不断探寻更完善的方式，并且将生态环境因素也纳入到设计中去，由此绿色设计理念开始出现并且不断扩展，这种理念更加注重材料的天然性质，在材质的选择上有了更高的要求，使设计品的污染程度更低。

2　室内绿色设计的应用原则

2.1　循环利用

室内绿色设计提倡的是人和自然的完美结合，并在此基础上将使用的装饰材料进行分类，分为常规能源和不可再生资源，强调要重视各种资源的回收和循环利用，尽量减少可再生资源的使用，将可持续发展理念贯穿到室内设计所有工作中，这也正是室内绿色设计的本质体现。

2.2　适度消费

当前，商品经济十分发达，其中室内设计是人们消费的重点，也成了新的经济增长点，而在室内设计中运用绿色设计理念也成了人们居住消费的重要革新。室内绿色设计提倡"以人为本"，给居住者提供健康、优美的居住环境，相较于传统的消费观念，室内绿色设计强调的是适度消费和节约消费，这也是新时期设计观念、消费观念以及审美观念的有效体现。

2.3　生态美学

所谓生态美学就是基于传统美学添加一些生态元素，可谓是美学史上的重大发展。室内绿色设计囊括了生态美学的基本要素，提倡自然与和谐，注重设计的简洁与质朴。具体而言，室内绿色设计就是要尊重自然规律、融合生态美学，借助先进技术与手段，体现设计者创意思想的同时也能留住自然之美，尽量确保室内绿色景观和自然的协调融合，让居住者能感受到大自然的美与魅力。室内绿色设计就是借助这种意境上的设计，给人以精神上的享受与满足。

3　绿色设计理念在室内设计中的应用

3.1　绿色设计理念在空间布局上的应用

对于室内设计来说，空间布局是有着一定生命的。而且，空间的合理布局可以在很大程度上满足人们居住的基本要求，如采光、通风等，从而营造出适宜人类生活居住的物理环境。在现实生活当中，有些坐北朝南的住宅，室内设计师会有意降低朝南的窗台高度，并适当提高朝北的窗台高度，这样做不仅可以让室内空间的空气流动更为合理，而且创造了南北通透的通风格局，有助于起到冬暖夏凉的作用。在厨房的布置上，将厨房单独在套式房间的北端方向或西北方向，并通过对门窗和空间的组织安排，使室内能够形成过堂风，以保证厨房产生的油烟不会影响到其他房间。随着室内设计的发展与人们生活需求的提高，现代的室内设计更加注重空间的功能分区，强调空间布局的实用性和利用率。在居民住宅当中，设计师已经开始采用立体的划分方法，将室内空间分隔成不同的功能区域，如动静分区、干湿分区、专门的储藏间及更衣室等，一方面避免了室内空间的互相干扰，另一方面也提高了室内空间布局的实用性和利用率（图1）。这些都是绿色设计理念

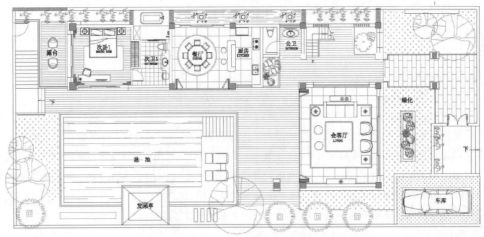

图1　绿色设计理念在空间布局上的应用

在室内空间布局上的合理应用。

3.2　绿色理念在环保材料中的应用

室内设计方案的实现需要装修材料作为载体。因此，绿色室内设计要想真正践行其绿色节能的环保理念，就必须对装修材料加以重视，将环境协调材料或生态材料作为装修中的首选。具体来说，应加大高新技术材料的应用比例。例如在窗户的设计中，可采用以先进技术研发为依托而研发出来的吸热玻璃、调光玻璃及热反射玻璃等，这些玻璃材料同时具有采光和保温的双重功能；在墙体装饰方面，应将木质材料的应用面积控制在合理的范围内，以减少木质材料对油漆涂料的依赖，可用天然织物、墙纸等无毒无害的材料来代替；在天花板的设计方面，目前大多数户型的空间高度都在2.5～3m之间，因此在局部吊顶的材料选用上可由石膏板、硅钙板或水性涂料来代替木龙骨的夹板，而在灯具的选择上也应符合节能的标准，灯具的零部件应有较好的节水性能；在地面装饰方面，其材料种类较多，地砖、木质地板、地毯、天然石材等都是较为常用的可选对象，且这些材料对环境的危害极小，可在地面装饰中多加应用；在软性装饰材料方面，主要是指窗帘、床罩、挂毯等家居用品的选择上，应以棉麻含量比例大、不易褪色为选购标准。综上所述，装修材料的选择要以实际需要为依据，以绿色环保为原则，这样才能使绿色室内设计理念取得最好的应用效果。

3.3　绿色设计理念在室内绿化中的应用

室内绿化由来已久，早期室内设计主要将绿色植物如盆栽作为摆设观景的物件，功能比较单一；而随着工业化和城镇化进程的加快，现存绿地面积远远达不到生态需求，通过室内绿化设计来提高绿化程度已经成了一种常用的有效手段。绿色植物在吸附空气中有毒气体、净化室内空气和降低空气飘尘量等方面有别的室内设施设备所无法比拟的优势，为了营造一个健康的室内环境，人们开始大量将

绿色植物作为一种绿色设计元素融入到室内设计中来。除了可以改善室内空气质量，绿色植物还具备增进室内设计生态美的功能。植物丰富多彩的颜色和形状各异的造型为人们的室内设计提供了多种搭配形式，通过对不同种类、不同功能、不同形态绿色植物的合理搭配，与周围空间起到限定或沟通的作用，可以营造出室内的整体美感。此外，一些绿色植物能释放出芳香气味的物质，而这些物质大都具有保健功能，可以缓解身体的疲劳，有利于人们的身体健康（图2）。

图2　常见绿色植物的应用

结语

推广绿色设计理念，需要社会的持久与整体参与，这不局限于设计师本身，更需要大众和消费者的参与，使人人都具有节约能源，保护生态的意识。事实证明，只有全社会都意识到，并且开始行动起来，绿色设计的理想和目标才能真正存在并坚持下去。营造"绿色"室内设计环境，进行一场设计思维的"绿色"革命势在必行。只有这么做，绿色设计理念才能真正步入到人们的日常生活中去，这是人类对自己生存环境所应尽的责任。绿色设计理念的普及应用将对文明社会的可持续发展产生深远的意义。

参考文献

［1］颜军. 室内环境设计与现代生活［J］. 艺术百家，2010（S1）：45-47.
［2］李恒. 浅析低碳生活与室内设计［J］. 大众文艺，2011（14）：69-70.
［3］张友强. 回归自然、关注"绿色"：应用绿色设计教学理念打造绿色家居［J］. 艺术研究，2007（02）：36-39.

功能与形式的有机融合

——中新天津生态城天津医科大学代谢病医院综合楼室内设计

■ 蔡　越

■ 中国中元国际工程有限公司

摘要　近几年，我国现代化医院建设、接轨国际化医疗服务发展迅速，有效促进了我国室内设计接轨国际化医疗的进程。天津医科大学生态城代谢病医院工程是我国与新加坡政府的战略性国际合作项目，室内设计以绿色、生态、环保为设计理念，结合功能形式、色彩、人性化需求等特点，为发展我的生态城市建设，探索国际化医疗服务的发展模式，树立了典范。

关键词　室内设计　绿色　生态　环保　功能

中新天津生态城，位于天津市滨海新区，地处塘沽与汉沽之间，毗邻经济技术开发区、天津港和海滨休闲旅游区，总面积约31.23km²，规划居住人口35万，距天津城区45km，距北京市150km。

该项工程为我国与新加坡政府的战略性国际合作项目，是继苏州工业园之后，两国间新的合作亮点。开发建设生态城市，展示了中新两国政府应对全球气候变化、加强环境保护、有效利用资源和节约能源的重要举措，具有典型的示范效应。认真总结经验，对于我们学习国外先进的绿色城市设计理念，推进资源节约与环境友好型的社会发展形态，建设优质的国际化医疗服务，探索我国生态城市及其医疗设施的发展模式等，均具有积极地促进作用。

天津医科大学生态城代谢病医院，坐落在中新天津生态城的中部，环境优美、交通便利，南临和畅路，东邻和顺路，北邻生态谷，西至老年社区用地，设在和畅路与和顺路的交口地段。医院的主体建筑有住院楼，医技部A、B区，门诊部和急诊部等，采用钢筋混凝土框架剪力墙结构，地上10层，建筑总高度49.9m，局部5层（3层），建筑面积为46569m²；地下2层为双层机动停车库和餐厅，建筑面积为22422m²。其他单体建筑有门房、污水处理站、液氧站及太平间等。医院共设病床334张，机动车停车位409个，非机动车位330个，总用地面积25000m²，总占地面积9200m²，总建筑面积为68991m²。

天津医科大学生态城代谢病医院的建设，学习并借鉴了国外的先进经验，秉承自然谐和、时尚大气、明快舒适、节能环保、功能完善和以人为本的设计理念，立意与地理环境相结合，突出个性特征和环境优势，强调内在功能美与外在形式美的有机融合，实现室内、景观、建筑和自然环境的和谐统一。

本生态城代谢病医院综合楼的室内设计，以上述理念为指导，结合国内外医院设计的成功范例，在充分调研分析与

图1　建筑外立面效果图

消化吸收的基础上，力求打造一个国际化、人性化、自然和谐、绿色环保、节能舒适的现代化医疗环境（图1）。

1　创建具有主题特色的功能空间

天津是个十分具有地域特色的滨海城市，整个生态城的建设理念独树一帜——保护和加强自然环境。为此，我们将该项工程的室内设计，有机地融入了天津的地域特色和生态城的建设理念。医院综合楼的建筑以生态谷为概念原型，建成门诊、医技和住院部三个形象分部。按照不同的功能需求，将医院综合楼的室内空间分为多个功能区域，分别以"海、林、沙滩、阳光"为主题，对它们进行专题设计，较好地创建了医院环境的地域特色，保证了多类型空间形象的协调一致。在室内设计中，我们将海洋、绿植等具象的元素融入装饰方案，利用新型装修材料的特点，使具象的概念抽象剥离，达到完美的效果。例如，医院1层的入口大厅，我们利用LED透明屏表现鱼缸生动鲜活的形式，利用竖向石材主题墙与装饰绿墙的组合表现绿色丛林的形象意境，利用异性铝格栅挂片表达海洋元素的现代抽象等，展示了较好的创意功效（图2）。

图 2　门诊大厅方案效果图

2　强调室内外空间一体化

在国内外医疗环境调研分析的基础上，天津医科大学生态城医院的室内设计前期，我们确立了将室内、建筑、景观和自然环境有机结合，强调室内外空间一体化的设计理念。新加坡的邱德拔医院，以立体绿化和生态优美著称，整个医院就像个大花园，到处青枝绿叶、流水潺潺，营造了悠闲、安宁的疗愈环境，有助于缓解人们的焦虑情绪、降低血压，加速患者的康复进程。

借鉴国外现代医疗设施与环境设计的成功经验，结合生态城医院室外景观的特点，我们重点加强了室内绿化元素的配置。在医院入口大厅右侧，整面墙采用绿植设计，生机盎然，令人心旷神怡，忘却置身医院的紧张气氛；在医院门诊区的医疗主街，设置室内花池绿植，美化医疗空间，清新空气，营造宽敞舒适、四季如春和以人为本的现代医疗环境（图 3）。

图 3　医疗主街方案效果图

3　独特的色彩设计

经对儿童、成人和老年人医疗环境色彩体系的分析研究，我们以浅色系的米白色为主色调，加配小面积高纯鲜亮的色彩点缀，借助色彩、材料、科技和灵感的组合，营造出温馨、大气、环保和关爱的现代医院形象。

医院公共区域的地面、墙面和天花板构成环境的主色调。地面和墙面采用白色、浅米色和米黄色的石材与树脂板装饰，天花板使用形式多样的白色铝扣板吊顶，墙面与顶面间或融入一些木色元素，以浅暖灰色调营造出温馨、洁净的整体效果，给患者以舒适、宁静的心理感受。在医院的局部区域，运用小面积的蓝、绿、橙红和浅咖等纯度较高的颜色，作为点缀和标示色，用以传达科室分区信息，以及护士站和分诊台等区域的导视信息，形成对人群引导提示的功效。色彩研究表明采用鲜亮明快的色彩点缀，可以降低患者的紧张度和疼痛感，起到安抚患者心理和活跃空间氛围的作用（图 4 ~ 图 6）。

图 4　综合服务大厅效果图

图 5　住院部接待大厅效果图

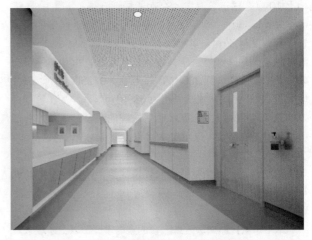

图 6　护理单元走廊效果图

4 配置人性化的室内设施

国际化医疗环境的设计，更加重注人性化的特点。我们在医院的每层楼均设置了挂号收费处，方便患者就医，避免上下层奔波，缓解排队等待的困扰，起到分离流线的作用；在医院的医疗主街增设商业区、阅读区和咖啡休闲区等，完善医疗环境的功能配置；在住院部的每层楼均设有休息室和挑空休息区，便于患者小憩，清新休闲的室内环境，有利于排解患者的烦躁心情。

医疗环境的人性化设计，不仅体现在建筑空间的合理布局，在室内环境与设施配置方面也得到明显加强。我们明确了提高环境品质、关注细部人性化的主导设计思想，将家具设计、灯具设计、标识设计和艺术品陈设完美融合，配置适于各类患者就医的安全无障碍通道，采用人工光源和自然光源的有效结合，增配咖啡休闲区的装饰性照明，巧设艺术品陈设的点光源照明，建立指引明确的导视系统，增加公共区域走廊的医疗扶手，配置病房内的独立卫生间及其无障碍系统。从细微处体现以患者为中心，努力创建温馨、舒适、亲切、体贴、安全、平和的就医环境（图7～图11）。

图7　住院部两层挑高休息区效果图

图8　护理单元休息区效果图

图9　主街2层、3层效果图

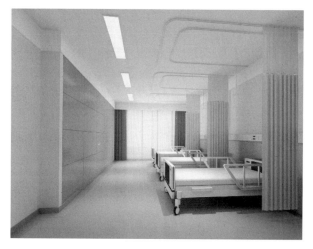

图10　标准病房效果图

图11　VIP病房客厅效果图

5 模块化设计

大型公共医疗设施的室内设计，注重模块化的工作方式，有利于提高工作效率、降低运行成本，优化设计质量。我们在本项工程的室内设计中，认真贯彻模块化的设计思想，对相同的医疗功能空间，采用相同的室内设计布局，利用局部特色体现不同的空间差异，较好的兼顾了模块化与个性化的统一，保证模块化设计、施工、运行和维护的顺利进行，大大缩短了工程建设周期，有效降低了工程运营成本。

6 节能、环保材料的应用

本生态城医院的室内装修，秉承节能、环保和人性化的设计理念，大量选用了适于现代医疗环境的新工艺、新技术和新材料，使用寿命长，便于安装施工，宜于后期清洁维修，具有节能、环保、安全和可持续发展的特点。

层出不穷的新技术、新材料不断激发着设计师的创作思路，医院的照明系统广泛采用 LED 灯具，大大减少了电能消耗，成为国内同行的节能典范；医院入口大厅的吊顶，采用异性铝格栅挂片，形象生动地表达了海洋的创意理念；我们精心选用的木纹转印铝扣板装饰材料轻型防腐、形式多样、时尚易用，将冰冷的铝板变成温暖的木色，给医院平添了许多温馨，并可满足医院的 A 级安全防火要求。

天津医科大学生态城代谢病医院综合楼的室内设计施工，预计今年 5 月底竣工。该项工程的顺利实施，得到了中新两国政府、各相关部门和兄弟单位的大力支持，有效促进了我国室内设计接轨国际化医疗的进程，培养锻炼了专业队伍，是项目团队集体智慧的结晶，为发展我国的生态城市建设，探索国际化医疗服务的发展模式，树立了典范。

几年的实践表明，我们在室内设计施工接轨国际化医疗服务方面，与国外先进水平有明显差距。认真学习和研究国外的成功范例，消化吸收其核心内容，是发展我国现代化医院建设、接轨国际化医疗服务的必由之路。